U0880006

中国电力科学研究院科技专著出版基金资助

DIANLI BIANYAQI RAOZU JIXIE ZHUANGTAI
ZAIXIAN ZHENDUAN YU PINGGU

电力变压器绕组机械状态
在线诊断与评估

主　编　李　辉
副主编　曹　辰　陈江波　李学斌　徐博文

中国电力出版社
CHINA ELECTRIC POWER PRESS

内 容 提 要

电力变压器绕组机械状态在线诊断与评估是保证电力变压器正常运行的基础，为准确诊断和评估变压器运行状态，保障电网安全运行，本书针对电力变压器绕组机械状态开展在线诊断与评估，包括电力变压器结构与机械特性、电力变压器绕组机械状态测试方法、电力变压器绕组机械状态数据、电力变压器绕组机械状态特征提取技术、电力变压器绕组机械状态多信息融合评估等内容。

本书可供从事电力变压器状态评估、故障诊断等相关专业技术及管理人员使用。

图书在版编目（CIP）数据

电力变压器绕组机械状态在线诊断与评估/李辉主编．—北京：中国电力出版社，2021.3
ISBN 978-7-5198-5372-3

Ⅰ.①电… Ⅱ.①李… Ⅲ.①电力变压器—绕组—故障诊断 Ⅳ.①TM410.7

中国版本图书馆CIP数据核字（2021）第031067号

出版发行：中国电力出版社
地　　址：北京市东城区北京站西街19号（邮政编码100005）
网　　址：http：//www.cepp.sgcc.com.cn
责任编辑：高　芬（010-63412717）
责任校对：黄　蓓　马　宁
装帧设计：赵丽媛
责任印制：石　雷

印　　刷：北京博图彩色印刷有限公司
版　　次：2021年3月第一版
印　　次：2021年3月北京第一次印刷
开　　本：710毫米×1000毫米　16开本
印　　张：14.25
字　　数：238千字
印　　数：0001—1000册
定　　价：92.00元

版 权 专 有　侵 权 必 究

本书如有印装质量问题，我社营销中心负责退换

编　委　会

主　　编　李　辉

副主编　曹　辰　陈江波　李学斌　徐博文

编写人员　蔡胜伟　郭慧浩　庚振新　李晓龙　于在明
张　彬　王　东　汪　洋　王　斌　邵苠峰
尹　晶　程　婷　王大玮　程建翼　鄂士平
李　昇　张　俊　陈金猛　王　尧　赵　冲
李　斌　王　亮　祝　贺　国　江　吴士普
冯　宇　杜　砚　毛安澜　邱　进　李昊旻
孙　超　李　崇　王宏升　王硕辉　王　磊
周桂平　田　野　何　妍　陈　程　黄　想
尹　婷　朱家正　王奕飞　郭　铁　史可鉴
姚　涛　程　磊　陈智伟

主　　审　徐建源　袁　召

前言

长期以来，电网公司设备检修采用定期检修，定期检修模式建立在以往设备运行统计规律基础之上，在多年的生产实践中有效保障了电网的安全运行，避免了设备事故的发生，但随着技术的进步和电网的快速发展，定期检修方式越来越难以适应电网发展和行业发展的需要；因此，提出设备状态检修，即通过设备状态评估和风险评估制定检修策略，状态评估是状态检修的基础，在线监测与诊断是状态评估的重要手段之一。

随着先进传感和测量技术、信息通信技术和人工智能技术的快速发展，极大促进了我国坚强智能电网的建设与发展，同时对电力变压器运行可靠性以及状态评估水平的要求越来越高，准确诊断和评估变压器运行状态是变压器状态检修的基础，也是电网安全运行的重要保障。本书针对电力变压器绕组机械状态开展在线诊断与评估，解决了当前电力变压器在线监测与故障诊断手段对绕组机械故障的局限与不足，提出了多信息融合的电力变压器绕组机械状态在线诊断与评估方法；该方法的基本原理是通过对电力变压器在线运行状态下所测得的机械振动信号和电信号进行筛选、提取和分析，建立结合电力变压器电气特征和机械特征的多信息模型，实现对电力变压器绕组机械故障的识别诊断，从而大幅增加了绕组机械状态在线诊断的准确性。

本书内容丰富，主要包括电力变压器的结构及其发生机械振动的电磁学与力学模型，作为绕组机械状态在线诊断与评估的理论基础，辅以振动信号和电抗参量的测试方法以及特征提取技术作为本书的方法论；与此同时，本书作者引入大量的实测数据，与上述理论基础以及方法论结合，首次提出针对电力变压器绕组机械状态的多信息融合在线诊断与评估方法，研发了电力变压器绕组机械状态在线诊断系统，在电网中开展了示范应用，并取得了良好的应用效果。

本书的作者以及撰写内容来源于中国电力科学研究院有限公司、沈阳工业大学和国网辽宁省电力有限公司组建的电力变压器状态监测与评估技术攻关团队及其研究成果。感谢电网环境保护国家重点实验室、国家电网公司重点实验室高压电气设备运行性能评估实验室、特种电机与高压电器教育部重点实验室、辽宁省电网安全运行与监测重点实验室、辽宁省高电压强电流与新型电机重点实验室提供良好的试验平台。

由于时间仓促，书中难免存在疏漏、缺点和不足之处，恳请广大读者批评指正，提出宝贵的意见。

编　者

2020 年 12 月

目 录

1

电力变压器结构与机械特性

电力变压器状态评价是状态检修的基础，开展电力变压器绕组机械状态在线诊断与评估是电力变压器状态评价手段之一，常见的电力变压器机械状态诊断方法主要是基于电气特性与机械特性。随着技术的进步，两种检测手段不断更新，但与此同时，两种检测方法均存在各自的局限性，如效率低，易受外界环境干扰等；因此，本章在融合了上述两种检测理论的基础上，提出多数据融合的电力变压器绕组机械故障在线多信息融合状态评估方法，有效弥补单项检测的局限性，保证电力变压器绕组状态评估和诊断的准确性及实时性。同时，本章详细介绍了电力变压器的组成结构及其作用，阐述了多自由度体系受迫振动的动力学机理，并结合变压器短路电流及磁场建立数学模型基础，为建立在线多信息融合状态评估模型提供理论基础。

1.1 电力变压器状态检修概述

设备状态检修是企业或用户以安全性、可靠性、环境、成本为基础，通过设备状态评价（或评估）结果，结合设备风险因素与评估，动态制订设备的检修计划，合理安排状态检修的计划和内容，达到运行安全可靠、检修成本合理的一种检修策略。设备状态检修工作主要包括停电、不停电测试和试验，以及停电、不停电检修维护工作。设备状态评价（或评估）是基于巡检及例行试验、诊断性试验、在线监测、带电检测、家族缺陷和不良工况等状态信息，包括其现象强度、量值大小以及发展趋势，结合与同类设备的比较，做出综合判断。设备的状态量是直接或间接表征设备状态的各类信息，如数据、声音、图像、现象等。设备状态评价（或评估）是制订设备状态检修计划的依据。状态量分为一般状态量和重要状态量。一般状态量是指对设备的性能和安全运行影响相对较小的状态量。重要状态量是指对设备的性能和安全运行有较大影响的状态量。

电力变压器状态检修与过去的定期检修相比，具有以下五点优势：①降低检修费用；②防止恶性事故发生；③防止维修过剩与不足；④提高电力变压器的健康水平，延长使用寿命；⑤优化最佳运行方式。状态检修是电力变压器进行检修的发展方向，要实现电力变压器的状态检修，必然要对其健康状态做出正确的评估；因此，电力变压器状态在线诊断与评估是进行状态检修的重要依据。

电力变压器状态评估是通过分析变压器运行工作情况，给出相应健康水平，预测未来一段时间内的运行状态变化趋势，为运行和检修人员提供快速、准确的信息，是对电力变压器的运行状态及其他信息进行记录、分类和评估，为设备维修提供决策。状态评估主要分为评估、故障诊断及故障预测。评估是电力变压器状态检修的基础工作，故障预测和故障诊断是变压器状态评估的特例。故障诊断是指根据故障特征，对已发生的故障进行定位和对故障发展程度进行判断。故障预测是指根据故障征兆，对可能发生故障的时间、位置和程度进行预测。电力变压器状态可分为正常状态、注意状态、异常状态和严重状态。正常状态表示变压器各状态量处于稳定且在规程规定的警示值、注意值以内，可以正常运行。注意状态是单项或多项状态量变化趋势向接近标准限值方向发展，但未超过标准限值，仍可以继续运行，应加强运行中的监视。异常状态是单项重要状态量变化较大，已接近或略微超过标准限值，应监视运行，并适时安排停电检修。严重状态是单项重要状态量严重超过标准限值，需要尽快安排停电检修。

电力变压器的内部故障从变压器结构上来分，包括绕组、铁芯（即磁路）以及附件故障；从故障类型来分，包括机械故障、绝缘故障和过热故障等；从电力变压器以往的故障诊断案例来看，电力变压器突发性故障通常是机械故障导致突发性绝缘故障，机械故障中以绕组故障占据较多，对电力变压器稳定运行影响最大。据不完全统计，在1999～2003年期间，我国110kV以上电压等级的变压器，因遭受短路故障电流冲击直接导致的损坏事故约为72台，占总事故台数的27.5%。我国2005年220kV及以上电力变压器非计划停运按故障部位的分类情况显示：220kV等级电力变压器中由于绕组引起的非计划停运时间占总非计划停运时间的79.49%，330kV等级占72.31%，500kV等级占98.92%。因此，为了保证电力变压器运行的安全可靠性，开展电力变压器绕组机械状态在线诊断与评估研究具有十分重要的意义。

本书将短路电抗在线参数识别法与机械振动在线分析法相结合，并提出将电气参量、机械参量及定性参量等多数据融合的电力变压器绕组机械故障在线多信息融合状态评估方法，通过分析变压器运行工作情况，给出相应健康水平评价，并预测未来一段时间内的运行状态变化趋势。多信息融合的电力变压器绕组机械状态评估理论有效地弥补当前变压器状态评估方法上的不足，保证电力变压器绕组机械状态在线评估和诊断的准确性及实时性，为检修工作提供技术支撑，做到有针对性、有计划性地开展检修工作，避免电力变压器突发事故发生，从而保障电力变压器的安全运行。

1.2 电力变压器绕组机械故障诊断技术现状

判断电力变压器绕组是否发生故障，以往只能采取电力变压器吊罩检查的方法，常规的吊罩检修只能看到高压绕组的状况，而在高压绕组内部的中、低压绕组所发生的形变根本无法看到，并且需要花费大量的人力、物力和财力。目前，绕组机械故障的诊断方法主要有基于电气特性和机械特性诊断两种，下面从这两个特性出发，对电力变压器绕组故障诊断方法进行介绍。

1.2.1 基于电气特性的电力变压器绕组机械故障诊断

由于电力变压器绕组本身可以看作是由电阻、电感及电容等构成的无源线性网络。当绕组发生变形时，势必会引起电感、电容和互感等分布参数以及故障处的漏磁场分布发生改变。根据这一原理，国内外学者提出了频率响应法（Frequency Response Analysis，FRA）、低压脉冲法（Low Voltage Impulse，LVI）和短路电抗法（Short - Circuit Reactance，SCI）等传统的变压器绕组变形诊断方法。

1. 频率响应法

根据电路的网络理论，变压器绕组可视为一个由线性的电阻、电感和电容等参数组成的无源线性二端口网络，其特性在时域上可用单位冲击响应函数 $h(t)$ 描述，或在频域上用传递函数 $H(j\omega)$ 描述，$H(j\omega)$ 是 $h(t)$ 的傅里叶变换。当变压器绕组变形后，绕组内部的分布电感、电容等参数发生改变，导致其等效网络的传递函数 $H(j\omega)$ 的零点和极点发生变化，从而使网络的频率响应特性发生变化。频率响应法的基本检测回路如图 1-1 所示。变压器绕组的幅频响应特性采用扫频检测方式获得，连续改变外施正弦波激励源 V_s 的频率 f（角频率 $\omega=2\pi f$），测量在不同频率下的响应端电压 V_2 和激励端电压 V_1 的信号幅值之比，获得指定激励端和响应端情况下的绕组幅频响应特性。通过检测变压器各个绕组的幅频响应特性，并对检测结果进行纵向或横向比较，根据幅频响应特性的变化程度，判断变压器可能发生的绕组变形。

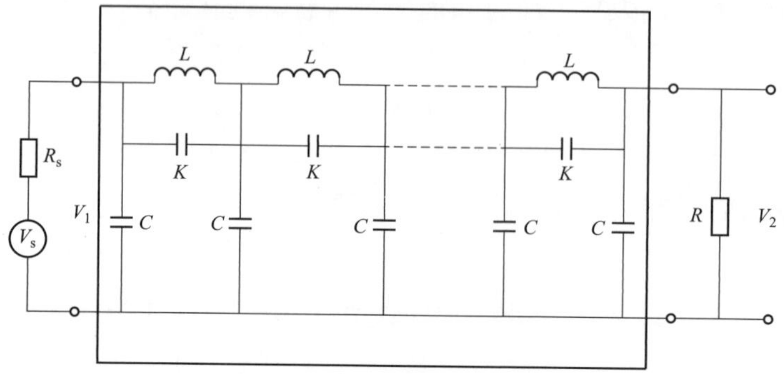

图 1-1 频率响应法的基本检测回路

伴随绕组机械变形而产生的电参量变化极易被发现并跟踪，围绕 FRA 国内外学者展开了大量的研究并尝试投入实际应用。Coffeen 将 FRA 进行了改进，通过谱密度估算、随机误差计算和相干函数计算操作对传递函数进行分析，克服了传统分析方法在应用中的局限性，如输入脉冲、油质和温度等变量对传递函数灵敏度的影响，并形成了较为成熟的离线测试系统和检测方法。国内对 FRA 进行深入的研究，中国电力科学研究院自行开发研制 TDT 型系列检测仪，将单通道测试发展到能三通道同时测量，在性能和数据处理各方面都有一定的提升。经过多年的研究和反复的工程探索，使用频率响应法测试电力变压器绕组变形已经被电力工业部门广泛接受。但由于单位冲击响应函数 $h(t)$ 和传递函数 $H(j\omega)$ 与变压器绕组的变形程度之间的映射关系缺少理论支持，故究竟如何采用 FRA 法对变压器绕组的变形程度进行分析，尚无统一的定量分析标准。此外，FRA 法必须通过停机、吊顶等操作再对绕组进行实验，因此该方法难以避免存在效率方面缺陷。

2. 低压脉冲法

当频率超过 1kHz 时，变压器的铁芯基本上不起作用，变压器绕组可视为一个由线性的电阻、电感及电容等分布参数构成的无源线性二端口网络。绕组发生机械变形后引起网络分布参数的变化，从而使绕组对低压脉冲的响应发生变化。通过比较绕组对低压脉冲的响应波形来判断绕组是否发生了变形。LVI 法测试原理图与 FRA 法类似，只要将其中的扫频信号发生器用低压脉冲源替换即可。测试时，在被试变压器绕组的一端施加稳定的低压脉冲信号，同时记录该端的脉冲信号和另一端的相应信号，通过对比前后测试结果来判定变压器绕组的状态。低压脉冲法测试原理图如图 1-2 所示。

LVI 于 1966 年由波兰人 W. Lech 等首次提出，接着在英国和美国得到进

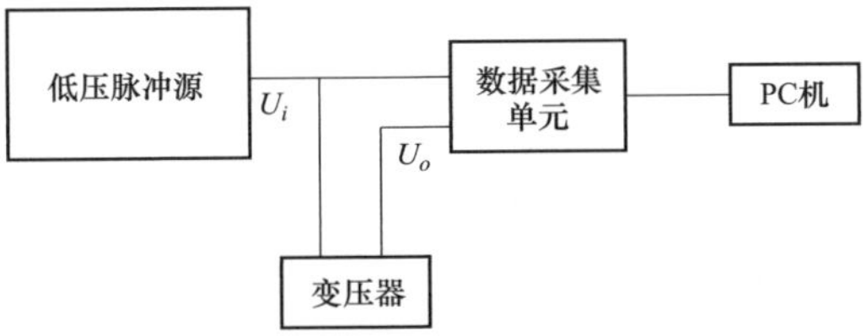

图 1-2　低压脉冲法测试原理图

一步的改进和完善。近十年来基于 LVI 方法，不断有研究人员从信号处理方法、模式识别等方向进行更为深入的探索。Kumar 对高压绕组进行 LVI 测量，利用小波变换对获取到的脉冲电压和中性电流进行处理分析，进而检测变压器高压绕组是否存在早期故障；目前，IEC 标准已将 LVI 其列入其中，我国也把 LVI 列入了国家标准中。国内一些学者对 LVI 进行了深入的研究，对 FRA 和 LVI 进行了全面比较，并在二者的基础上引入了小波分析技术、频域分段技术；LVI 虽然已经在电力工业部门，尤其是电力变压器绕组变形和运动监测领域得到广泛的应用，但是其缺陷也是十分明显的，如较低的信噪比，较差的可重复性，测试过程中各种电磁干扰的影响较大，且对绕组首端位置的故障响应不灵敏，较难判断绕组变形位置等，都大大限制了 LVI 法在使用中的可靠性。

3. 短路电抗法

短路电抗法的实质通过测量变压器绕组的短路电抗来判断绕组是否存在变形、移位及匝间开路或短路等缺陷。变压器短路阻抗是指负载阻抗为零时，变压器内部的等值阻抗。短路阻抗的电抗分量，即短路电抗，就是绕组的漏电抗。在频率一定的情况下，变压器的漏电抗值是由绕组的几何尺寸所决定的，变压器绕组结构状态的改变引起变压器漏电抗的变化，从而引起变压器短路电抗数值的改变，因此，将短路电抗变化的程度作为诊断变压器是否正常工作的重要依据。

图 1-3 为短路电抗法原理接线图，功率表 W 测量有功功率，伏特表 V 测量电压的有效值，安培表 A 测量电流的有效值，短路电抗计算如下

$$Z_k = |R_1 + jX_1 + R_{12} + jX_{12}| = \sqrt{(R_1 + R_{12})^2 + (X_1 + X_{12})^2} = V/I \quad (1-1)$$

$$R_k = R_1 + R_{12} = P/I^2 \quad X_k = X_1 + X_{12} = \sqrt{Z_k^2 - R_k^2} \quad (1-2)$$

测量绕组短路电抗的方法是判断绕组变形的传统方法，经多年使用也得到了公认的定量判据，并已列入 GB/T 1094.5—2008《电力变压器　第 5 部分：承受短路的能力》。意大利多年来把漏电抗试验作为例行预防性试验，每三年做一次。该方法重复性很好，无变形的变压器 10～20 年试验结果相差不

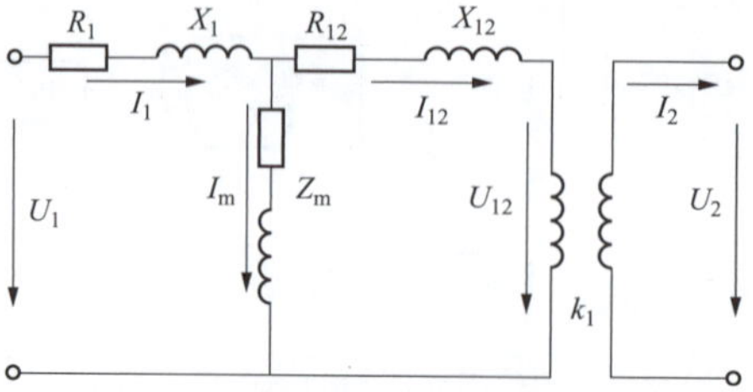

图 1-3　短路电抗法原理图

到 0.2%。当差别达到 2.5%时，需增加试验频度并做绝缘检查；当相差超过 5%时，立即停运检查绕组。俄罗斯、美国和加拿大已对 290 台变压器进行测试，其中 34 台被认为存在故障的变压器中，得到离线测量证实的占 80%。短路电抗作为变压器重要参数，不但在变压器投入运行前要测量，而且在运行过程中也要定期或不定期的测量。但短路电抗法需要停机后离线检测，同时灵敏度不高，难以保证测量精度，因此在现场使用有很大困难。

1.2.2　基于机械特性的电力变压器绕组机械故障诊断

电力变压器的振动主要是由绕组和铁芯引起的，并通过不同路径传递到变压器箱壁上，所以监测变压器箱壁振动的变化可以反映变压器内部结构的变化。电力变压器在稳定运行时，硅钢片的磁致伸缩引起了铁芯振动；线圈在漏感的影响下，负载电流相互作用产生电动力引起绕组振动。绕组及铁芯的振动通过变压器的器身和油传递到变压器的油箱，引起变压器油箱的振动。变压器油箱表面的振动与变压器绕组及铁芯的压紧状况、位移和绕组的变形程度有十分密切的关系，因此，振动法是诊断电力变压器绕组是否机械故障的一种有效方法。

图 1-4 为变压器正常运行时振动信号及频谱分析，在小于 100Hz 的频率范围内，集中的是由冷却系统引起的基本振动，而绕组和铁芯等构成的本体结构的振动属于变压器稳态运行时的振动，以 100Hz 为基频，伴有其他高次谐波分量。电力变压器本体振动频率分布主要与加载电压、负载电流的二倍频（100Hz）及高次谐波分量紧密相关，而冷却系统振动频率主要集中在 100Hz 以下，从而区分变压器冷却系统振动与本体的振动。绕组振动信号基本上集中在基频 100Hz 处，伴随 50～200Hz 的频域范围振动，振动信号的大小与负载电流平方成正比；铁芯振动信号主要集中在 200～500Hz，1000Hz 后基本衰减到 0，其振动与电压平方成正比；因此，可通过围绕 100Hz 基频带周围的振动变化情况诊断绕组压紧力、形变程度及位置等故障情况。

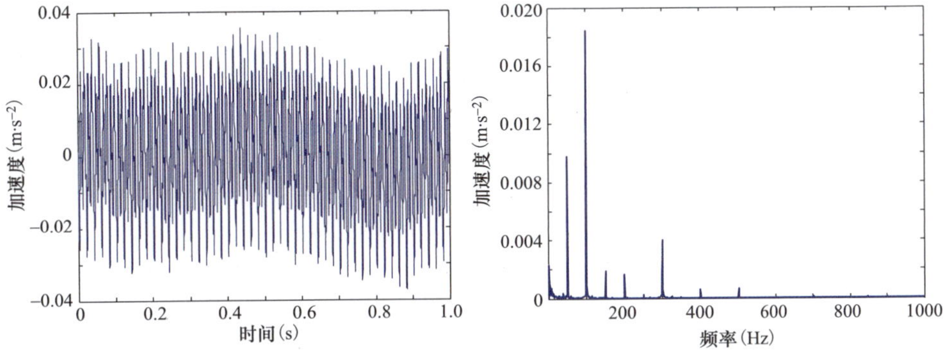

图 1-4　变压器正常运行时振动信号及频谱分析

20 世纪 90 年代中后期，国外提出通过监测变压器油箱表面振动信号来分析判断绕组及铁芯状况的设想和研究。目前振动信号分析在线测量法在国际上仅俄罗斯刚刚进入现场试用，已在 60 多台大型电力变压器上使用。美国、加拿大结合变压器空载和负载振动信号来消除磁滞伸缩对绕组振动信号的干扰，以获取基于绕组压紧力的振动相关系数。西班牙的 Garcia、Burgos 等人研究了在传播路线上振动相位、幅值的变化情况，以及其与电流、电压和温度之间的数值关系。

从 2000 年开始，国内有学者开始利用振动分析方法进行变压器状态监测方面的理论基础研究和探索，开展电力变压器振动监测研究，对变压器铁芯和绕组振动基频进行分离，分离原理和 Garcia 模型类似。西安交通大学研究了负载电流与绕组振动、空载电压与铁芯振动的关系，并引入小波包分析提取变压器箱壁的振动信号的特征信息。沈阳工业大学初步开展了压紧力与绕组固有频率关系的研究，压紧力可改变固有频率，如激励力与绕组固有频率接近，可能出现共振导致绕组振动加大。振动检测法虽然可以做到在线监测，但监测容易受到环境条件影响，并且该方法正处于研究探索阶段，因此并未广泛的实施。

1.2.3　多信息融合电力变压器绕组机械故障在线诊断

综合几种电力变压器绕组机械故障诊断方法研究可看出，低压脉冲法、频率响应法、短路电抗法等都要求电力变压器退出运行后进行离线检测，不能实时在线监测电力变压器的运行状况。振动分析法虽然可以对变压器进行在线监测，但该方法对周围环境要求高，多种因素都会对变压器的振动信号测量结果产生很大影响；还有一些其他的电力变压器在线监测方法，如变压器油中溶解气体在线监测、顶层油温和绕组热点温度在线监测、超声定位局部放电在线监测、超高频（Ultra High Frequency，UHF）局部放电在线监测等，这些方法虽然能够实现在线监测，但主要是针对电力变压器的绝缘、过热、局部放电等故障特征进行在线监测，对电力变压器的机械类故障并不敏感。

目前对电力变压器绕组机械故障在线监测主要采用短路电抗法和机械振动法，这两种方法均可及时诊断出电力变压器内部绕组机械故障，但单一的诊断方法均有其各自的缺点：短路电抗法在模型计算及信号获取过程中存在误差，导致诊断结果灵敏度不高，对绕组细小形变无法察觉，且该方法只能诊断出绕组是否发生故障，对于故障类型及故障位置、程度等无法进行识别；而对于机械振动法来讲，变压器运行工况（如负荷调整、电压电流波动等因素）会对变压器的振动信号测量结果产生很大影响，不能作为判断绕组故障的唯一判据。为此，建立多信息融合的电力变压器绕组机械故障诊断模型，以短路电抗法为主判据，以机械振动法为辅判据，机械振动法是短路电抗法的有力补充，同时短路电抗法又是机械振动法的有效制约，两种诊断方法既相辅相成又相互制约，从而建立电气特性与机械特性相结合的电力变压器绕组机械故障在线故障诊断模型，提出各种故障数据信息与诊断模型之间的权重关系和各特征参数的量化方法，总结出各参数量之间相互关系的一般规律。电力变压器绕组机械故障多信息融合诊断模型是将在线短路电抗诊断和机械振动诊断有机的结合，从多参数信息出发，实现电力变压器绕组故障类别、故障位置、形变大小的判断与评估。在线多信息融合故障诊断模型的建立有效地弥补了当前电力变压器绕组故障诊断信号单一化，无法实现在线诊断的不足，保证电力变压器绕组机械故障在线诊断与评估的准确性及实时性。

1.3 电力变压器结构

1.3.1 电力变压器基本结构

电力变压器是用来将某一数值的交流电压（电流）变成频率相同的另一种或几种数值不同的电压（电流）的设备。通过变换电压（升压/降压），提高输电经济性，提高输电电压，降低远距离送电线路损耗。

电力变压器基本结构包括铁芯、绕组、绝缘、油箱和必要的组部件（套管、储油柜、散热器、分接开关）等。由于容量、电压的不同，电力变压器的铁芯、绕组、油箱和必要的组件的结构型式可以不一样。高压交流变压器如图 1－5 所示。

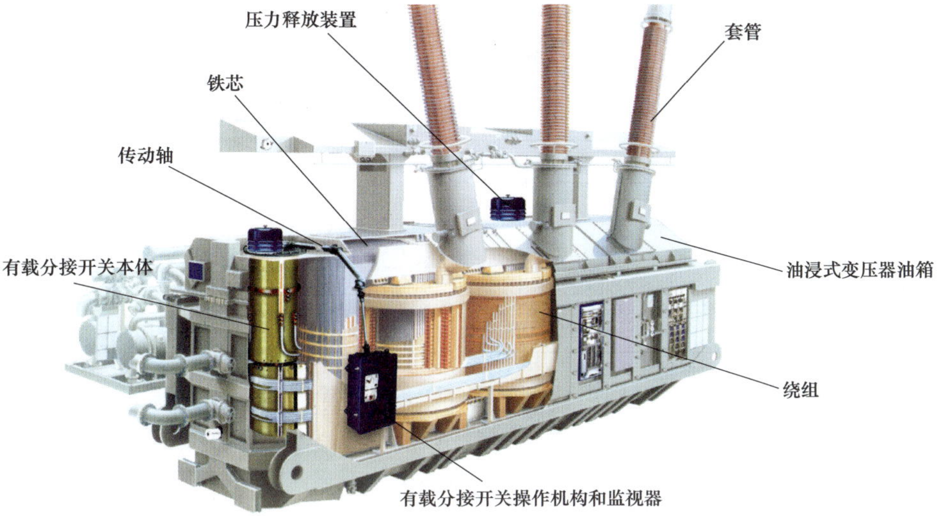

图 1－5　高压交流变压器

1. 铁芯

电力变压器通过铁芯内磁通随时间的变化，在不同匝数的绕组内感应出不同的电压，也可以在一个绕组内通过引出抽头而得到不同的匝数。

（1）晶粒取向电工钢带。为使不同绕组能感应出和匝数成正比的电压，两个绕组链合的磁通量应相等，因此，铁芯应采用磁导率很高的材料制造，尽量使全部磁通在铁芯内和两个绕组交链。

不同磁导率的材料，对产生同样大小的磁通所需要的安匝数不同。即产生同样的磁通，磁导率大的材料所需的安匝数小，反之所需的安匝数大。变压器发展初期，使用普通铁片作为铁芯材料，之后开发出热轧磁性钢片用于变压器铁芯制造。20 世纪 40 年代，冶金企业开发出冷轧取向磁性钢片，逐渐取代了热轧磁性钢片。20 世纪 70 年代以后，开发出高导磁的磁性钢片（Hi－B），其单位损耗和励磁安匝均比普通晶粒取向磁性钢片要小。20 世纪 80 年代，又开发出磁畴细化（通过激光照射或机械压痕方法）的更低损耗的磁性钢片。磁性钢片的最主要的性能是单位质量的损耗和材料的磁导率。冷轧晶粒取向磁性钢片的损耗较热轧磁性钢片的损耗有很大的降低，因此，目前在变压器制造企业，普遍使用各种不同牌号的晶粒取向磁性钢片作为铁芯材料。只有在部分配电变压器生产中，为了降低空载损耗，使用非晶合金作为铁芯的导磁材料。

各种软磁材料的特征和用途见表 1－1，表 1－1 中用于电力变压器的材料是取向电工钢带和非晶合金。

表 1-1　　　　　　　　　各种软磁材料的特征和用途

材　　料	适用频率	饱和磁感应强度	主　要　用　途
取向电工钢带	50～数百 Hz	2.03 T	电力变压器
不取向电工钢带	50～数百 Hz	2.0～2.18 T	电机、小型变压器、壳式电抗器
Pe 合金	50～数百 Hz	2.35 T	电子器件
坡莫合金	50～1000Hz	1.6 T	通信变压器、互感器、磁头
铁系非晶合金	50～数百 kHz	1.6 T	电子部件、互感器、小型变压器
软磁铁氧体	16kHz～1MHz	0.51 T	高频变压器、电感线圈
挤压成形铁粉磁芯	10kHz～100MHz	0.6～1.0 T	电子部件

(2) 非晶合金。非晶合金导磁率比取向电工钢带高，损耗比取向电工钢带低，适用于制造损耗更低的变压器，其节能效果显著。但是由于其饱和磁通密度低、厚度薄、加工困难、材料价格比较高，尽管在变压器制造中有很好的表现，但目前在大容量变压器制造中仍未使用。非晶合金铁芯是继冷轧晶粒取向硅钢片后的另一种铁芯材料，其特点是空载电流和空载损耗相对取向硅钢片有很大幅度的下降。

2. 绕组

绕组是电力变压器变换电压的基本部件，由不同的匝数组成，由于不同绕组的每匝电压是一样的，因此，需要使绕组有不同的匝数，以得到不同的电压。

(1) 导体材料。变压器工作时，绕组中通过电流在绕组导体中产生电阻损耗，引起发热，降低变压器的效率，因此绕组应使用电导率高的金属制造，常用的导体是铜和铝。

(2) 绕组结构。由于绕组的结构与绕组的容量相关，因此，同容量绕组中通过的电流随绕组额定电压的不同而不同，同时也要考虑到制造方便和可能性。电力变压器中常用的绕组结构有双层圆筒式、多层圆筒式、分段圆筒式、连续式、纠结式、插入电容内屏蔽式、螺旋式、箔式、交错饼式（壳式变压器）。绕组采用不同的结构是为了适应不同的绕组电压、电流和加工制造。

3. 油浸式变压器油箱

油浸式变压器油箱是保证变压器器身浸入在油中的容器，为保证变压器长期运行，油箱不能漏油，也不允许外界的空气、水分进入油箱内；变压器油箱还应允许在生产和运输过程中对油箱进行的一些作业，如经铁路、公路和水路运输，不带附件条件下吊起变压器本体，在安装现场牵引变压器，用液压工具抬高变压器等各种作业。变压器油箱作为变压器油的容器，要保证变压器器身的绝缘强度和规定的寿命，要保持油不渗漏，并有一定的机械强度，符合 GB/T 6451《油浸式电力变压器技术参数和要求》要求。

4. 套管

套管是供一个或几个导体穿过如墙壁或箱体等隔断，起绝缘和支持作用的器件。电力变压器套管将各个不同电压等级的绕组连接到线路中，需要使用不同电压等级的套管对油箱进行绝缘。依据使用条件，套管需要满足使用的绝缘（内绝缘和外绝缘）、载流（额定和过载）、机械强度（稳定和地震）等各方面的要求。GB 4109—2008《交流电压高于 1000V 的绝缘套管》规定了套管的技术要求。根据套管的结构、使用地点和运行状态对套管分类，依据主绝缘结构分为电容式（胶黏纸、胶浸纸、油浸纸、浇注树脂、其他绝缘气体或液体）和非电容式（气体绝缘、液绝缘体、浇注树脂、复合绝缘）。依据使用场所分为变压器、电抗器、气体绝缘金属封闭开关设备、断路器、变压器与气体绝缘金属封闭开关设备连接、穿墙。依据安装方式分为垂直、倾斜和水平。

在电力变压器中使用的套管，其主绝缘有电容式和非电容式，绝缘介质有变压器油、空气和 SF_6气体，根据套管使用时的外部绝缘介质，电力变压器套管可以分为油-空气套管、油- SF_6套管、油-油套管、SF_6- SF_6套管。

5. 分接开关

无励磁分接开关可以在变压器不施加电压的条件下，变换变压器的分接头，用来改变变压器的变比。变压器用无励磁分接开关按照相数可分为单相和三相两类。按照调压部位可分为中性点调压、中部调压和线端调压三种。

有载分接开关能在变压器励磁或负载状态下进行操作，用来调换绕组的分接位置。有载分接开关通常由一个带过渡阻抗的切换开关和一个能带或不带转换选择器的分接选择器所组成，整个开关通过驱动机构来操作。在有些形式的分接开关中，切换开关和分接选择器的功能被结合成为一个选择开关。GB/T 10230.1—2019《分接开关　第 1 部分：性能要求和试验方法》规定了有载分接开关的技术要求。GB/T 10230.2—2007《分接开关　第 2 部分：应用导则》规定了有载分接开关的选用与使用要求。

6. 绝缘

液体绝缘材料主要有变压器油、天然酯绝缘油、气制油、硅油、聚氯联苯、复敏绝缘液体等。气体绝缘材料主要有空气、SF_6气体。固体绝缘材料主要有绝缘纸、绝缘纸板和绝缘纸制品，绝缘纸制品主要有成型绝缘件、纸板层压件等。

变压器油是天然石油在炼油过程中经精炼分馏和添加适当的抗氧化剂调制

而成，它的主要成分是环烷烃、烷烃和芳香烃。变压器油在变压器油箱中充满整个空间，起绝缘和传导热量的双重作用。变压器需要满足化学特性、物理特性和电气特性要求。变压器油使用的不同阶段符合 GB/T 2536 和 GB/T 7595 的要求。

油纸组合绝缘可以很大程度地提高绝缘强度，比油或绝缘纸单独使用时的绝缘强度要高，从而减小绝缘结构的尺寸。因此，油浸式电力变压器均采用油纸组合绝缘结构。油纸绝缘系统结构分为覆盖、绝缘层和绝缘隔板。

电力变压器中的绝缘可分为内绝缘和外绝缘两部分。内绝缘可分为绕组、引线、开关部分。绕组的主绝缘分为同相各绕组之间、异相绕组之间、绕组对油箱、绕组对铁芯柱和铁芯旁柱；绕组的纵绝缘分为绕组线匝之间、绕组线饼之间、绕组层间。引线的主绝缘分为引线对地、引线对异相绕组、同一个绕组的不同引线之间。开关的主绝缘分为开关对地、开关上异相绕组引线触头；开关的纵绝缘为同相绕组引线各触头之间。外绝缘主要是套管对地、各套管之间。

油浸式电力变压器主绝缘的薄弱点在于油，因此，要提高变压器的绝缘强度的主要途径是提高变压油的绝缘强度。目前油浸式电力变压器主绝缘结构采用薄纸筒小油道结构，但由于绝缘材料、工艺限制，以及绕组散热的要求，不可能把油道做得很小，油体积也不可能进一步减小，对主绝缘距离的缩小有挑战。变压器器身绝缘结构与布置和电压等级相关，还和绕组结构、绕组个数、出线方式、压紧方式、调压方式等相关。

变压器的纵绝缘主要受工频电压、雷电冲击电压、操作冲击电压对变压器绕组的考核。绕组的绝缘结构主要由绕组上作用的雷电冲击电压决定。在变压器绕组纵绝缘的设计中，首先确定绕组的结构型式、匝绝缘厚度及线饼间油道的大小，然后要对初步确定的绕组进行冲击电压分布计算，经过校核确认匝间和线饼间油道的绝缘强度以及绕组的热性能和短路强度等方面均能满足安全可靠运行要求，经过上述设计和校核之后，最后确定绕组的结构型式和绝缘尺寸。

7. 冷却器和散热器

变压器用冷却器根据冷却介质分类，分为风冷却器和水冷却器。风冷却器满足 JB/T 8315《变压器用强迫油循环风冷却器》的技术要求，水冷却器满足 JB/T 8316《变压器用强迫油循环水冷却器》的技术要求。强迫油循环风冷却器是强迫油和空气流动的热交换器。强迫油循环水冷却器是强迫油和水流动的热交换器。

为保证变压器的热寿命，绕组和铁芯的温度不能超过标准规定的限值。

小容量变压器仅依靠变压器油箱壁散热，就可以将绕组和铁芯产生的热量散出去，将温度限制在允许温度限值内。当变压器的容量逐渐增加时，仅依靠变压器油箱壁的散热就不够了，需要增加变压器的散热面。片式散热器是由薄钢板压成槽形油道，两片组焊成一片散热片，再组焊成散热器。电力变压器通常采用片式散热器和强油风冷却器来扩大散热面。

8. 变压器储油柜

油浸式变压器的器身需要浸在变压器绝缘油中，保证变压器的绝缘强度，传递变压器运行时器身产生的热量，减缓绝缘的老化。由于变压器运行时，散出器身产生的热量需要温度梯度，所以运行时变压器油的温度要比环境温度高，并且由于环境温度变化和变压器负载的变化，变压器油的温度是在一定范围内变化的，而当变压器油温度变化时，变压器油的体积也发生变化，储油柜就是满足变压器油体积变化，减少或防止水分和空气进入变压器，延缓变压器油和绝缘老化的保护装置。GB/T 6451《油浸式电力变压器技术参数和要求》规定了油浸式电力变压器均应装有储油柜（密封变压器除外）。储油柜的容积应保证在最高环境温度与允许负载状态下油不溢出，在最低环境温度或变压器未投入运行时，观察油位计应有指示。变压器用储油柜需要满足JB/T 6484《变压器用储油柜》的技术要求，有两种结构型式，即敞开式和密封式，密封式结构分为隔膜式储油柜、胶囊式储油柜和叠形波纹式储油柜）。

1.3.2 电力变压器分类

电力变压器按用途分类，可分为升压变压器、联络变压器、降压变压器。

电力变压器按相数分类，可分为单相变压器、三相变压器。

电力变压器按绕组分类，可分为双绕组变压器（每相装在同一铁芯上，一、二次绕组分开绕制，相互绝缘）、三绕组变压器（每相有三个绕组，原、副绕组分开绕制，相互绝缘）、自耦变压器（一套绕组中间抽头作为一次或二次输出）。三绕组变压器要求一次绕组的容量大于或等于二、三次绕组的容量。三绕组容量的百分比按高压、中压、低压顺序有100/100/100、100/50/100、100/100/50，要求二、三次绕组均不能满载运行。一般三次绕组电压较低，多用于近区供电或接补偿设备，用于连接三个电压等级。自耦变压器有升压或降压两种，因其损耗小、重量轻、经济性高，因此在超高压电网中应用较多。

电力变压器按绝缘介质分类，可分为油浸式变压器、干式变压器、SF_6气体绝缘变压器。

电力变压器按铁芯结构分类，可分为心式变压器和壳式变压器。

1.4 电力变压器振动特性理论

1.4.1 电力变压器振动的产生机理

电力变压器内部结构复杂，振动源众多，且振动传递方式复杂多变。变压器工作状态下，振动主要由其内部存在的交变磁场与电场导致的洛伦兹力作用于其内部构件所引起，主要振源为绕组、铁芯；其他构件如散热器、导管以及其他链接构件的振动也不能忽略。绕组振动主要由通有交变电流的线圈在漏磁场中所受动态电磁力引起。铁芯的振动主要由硅钢片的磁致伸缩以及铁芯接缝处由漏磁引起的电动力共同作用产生。

绕组的受力振动，主要是由于变压器内部漏磁场的存在，当变压器正常运行时，通有交变电流的绕组线圈将因受到电磁力的作用而产生振动。变压器正常工作时，绕组漏磁场及洛伦兹力分布见图 1－6。根据洛伦兹定理，绕组内交变电流与漏磁场产生交变电磁力作用于绕组线圈。一般情况下，作用在绕组上的洛伦兹力由一个常量和一个正弦量组成，其大小与流经绕组的电流的平方成正比，频率为电源频率的 2 倍。然而当电流中存在谐波时，作用于绕组的洛伦兹力的频率成分将会更加复杂，出现谐波的倍频、和频与差频等。因此绕组的振动模式也同样会更加复杂。

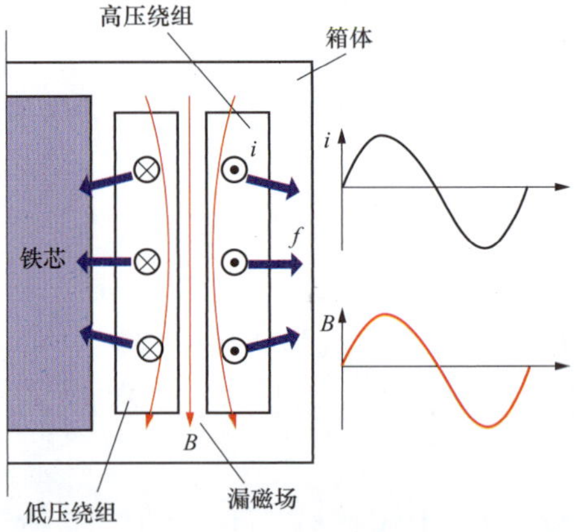

图 1－6　绕组漏磁场以及洛伦兹力分布示意

除变压器正常工作状态下的电场、磁场分布因素以外，绕组的振动也与其所处的位置、间隔距离、调压绕组位置、安匝平衡以及运行工况等因素密切相关。绕组在不同的安匝或分接情况下会产生不同的磁场分布，导致产生的洛伦兹力以及绕组的振动也有所不同，如图 1－7 所示。

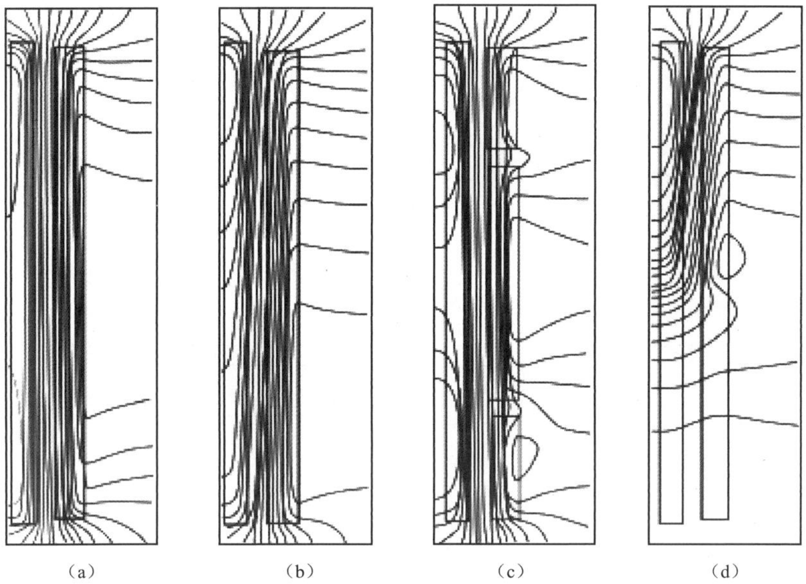

图 1－7　绕组不同安匝情况下的磁场不同

(a) 安匝平衡；(b) 安匝不平衡；(c) 绕组分接；(d) 部分绕组不接入

铁芯的振动须同时考虑其在电磁场中的机械变形以及电磁力的共同作用。在磁化过程中硅钢片等铁磁材料的尺寸和体积会发生改变，这种行为被称为磁致伸缩。实际变压器正常运行过程中，铁芯在交变磁通作用下发生周期性的伸缩，引起周期性伸缩振动。关于硅钢片的磁致伸缩效应，沈阳工业大学的张艳丽对无取向硅钢片的磁致伸缩特性进行了大量实验，测量并绘制了不同磁通密度下的磁致伸缩回环，即磁致伸缩蝴蝶曲线。硅钢片的伸缩变形与磁通密度成正相关，如图 1－8 所示。与此同时，硅钢片在空间磁场中的伸缩振动方向也与磁场的方向有关。因此在复杂磁场的作用下，硅钢片的伸缩振动会导致不规则的变压器振动。

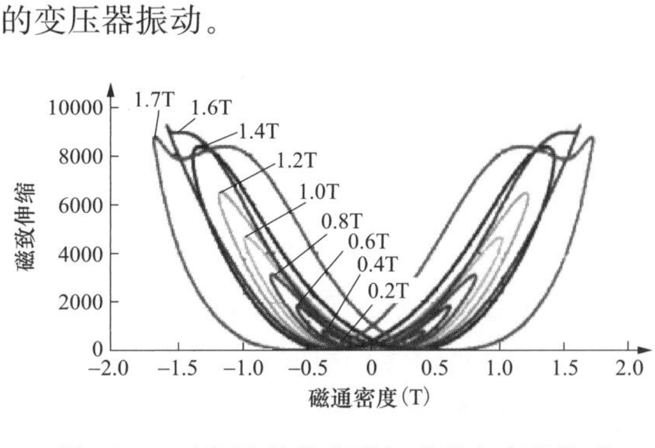

图 1－8　硅钢片伸缩变形与磁通密度的关系

铁芯的基本振动可以用其伸缩进行解释，与此同时，铁芯在磁场中受洛伦兹力所引起的振动，尤其是在铁芯接缝处复杂磁场中的振动也是导致变压器整体振动的主要因素。与图 1-6 所示绕组所在磁场分布不同，铁芯接缝处的磁通分布复杂，畸变严重，其主要磁通在通过相邻硅钢片时产生垂直于硅钢片平面的法向磁通，引起相邻叠片在接缝处相互吸引（见图 1-9）。

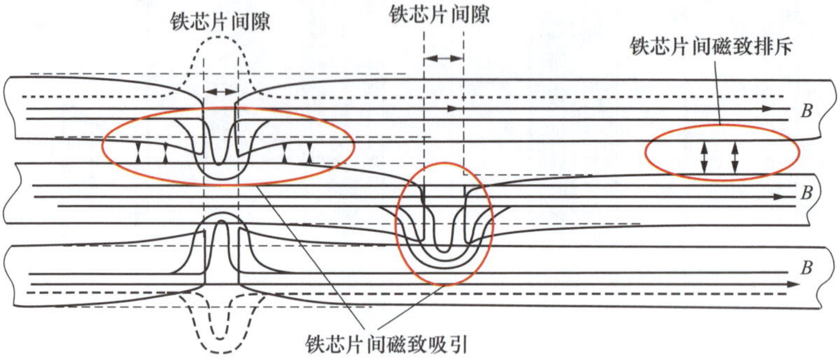

图 1-9　铁芯接缝处磁通所导致的振动示意图

变压器正常工作时，产生的机械振动的主要原因为绕组受交变洛伦兹力的振动、硅钢片在磁场作用下的周期性伸缩变形以及铁芯接缝处磁通导致的引力所引起的振动。然而，变压器长期使用过程中，其内部绕组会出现损坏。主要损坏形式为出现短路漏电以及产生机械变形（见图 1-10）。当变压器内部绕组出现损坏时，结构特性与电磁力特性发生变化，直接导致绕组以及整个变压器振动特性发生变化。

图 1-10　绕组机械变形

绕组出现短路漏电会引起绕组内电流出现瞬态变化，其所产生的电动力也会成为影响变压器不规则振动的主要激励力。而绕组产生机械变形则会直接导致变压器本身的动力特性，如自振频率、体系阻尼特性的变化，从而直接导致变压器出现不稳定振动。由此说明，变压器内部结构与磁场发生变化，使得此多自由度（多自振频率）结构体系在多段频率电磁力谐波作用下，在高阶振型下发生了共振。在检查变压器内部状态后发现，变压器的绕组发生了如图 1-10 所示的机械变形。由此可见，变压器的振动特性可以作为检验变压器工作状态的有效标准。

变压器线圈的载流导体处在漏磁场中，在这些导体上会产生电动力。电动力在变压器线圈中产生机械振动，并传递到变压器结构的其他部件上。当变压器短路时，电动力为变压器振动的主要激励力。一旦绕组的频率特性与电动力频率相近甚至重合，就会发生比较强烈的共振。在大型变压器中，当短路电抗 X_d 远大于短路等效电阻 R_d 时，变压器的短路电流为

$$i_{\mathrm{d}}(t)=\sqrt{2}I\left[\exp\left(1-\frac{t}{T}\right)-\cos\omega t\right] \tag{1-3}$$

式中：T 为短路电流衰减时间常数；I 为稳态短路电流有效值；ω 为工频电流的角频率。

在短路条件下，每匝线圈受到的电磁力（即安培力）为

$$F=i_{\mathrm{d}}(t)B2\pi R \tag{1-4}$$

式中：B 为线圈所处位置的磁密；R 为线圈的半径。

漏磁场的数值是一个时变函数，在短路过程中，随着绕组振动、导线位置的变化，漏磁场在空间的分布也是时变的。因此，只有将离散的磁场值转化为每根导线所处位置的连续分布函数，才有可能计算每根导线的受力状况。从理论上讲，在漏磁场计算域存在铁磁物质的情况下，应该用不同的电流值计算相应时刻的漏磁场和电磁力。但由于短路时，铁磁材料中的磁密值一般远低于其磁化曲线饱和点，而且计算电磁力用的磁通密度是处于非铁磁区的导线位置处的值，故在漏磁场计算中，变压器线圈所处位置漏磁场的数值是一个随时间时刻变化的函数，随绕组的振动导线位置将发生变化，漏磁场在空间的分布也是时刻变化的。可以将离散的磁场值转化为每根导线所处位置的连续分布函数，计算每根导线的受力情况。根据 Biot - Savart 定律，漏磁密 $\boldsymbol{B}_t$ 可以等效为电流 I 与相关系数 k 的乘积

$$\boldsymbol{B}_{\mathrm{t}}=\boldsymbol{k}I\cos\omega t \tag{1-5}$$

除了绕组在电磁力作用下引起的振动之外，铁芯的振动也会引起变压器的振动。在变压器工作时，由铁芯构成的磁路中存在着交变的电磁场，生成的磁场力作用在硅钢片上，使硅钢片发生振动。大量的研究结果表明，磁致伸缩现象和涡流是导致硅钢片发生振动的主要原因。基于简化的励磁模型——线性、各向同性的铁磁介质所受磁场力的体积密度为

$$f=J\times B'-\frac{1}{2}H^2\nabla\mu+\frac{1}{2}\nabla\left(H^2\tau\frac{\partial\mu}{\partial\tau}\right) \tag{1-6}$$

式中：f 为铁磁介质受到的磁场力体积密度矢量；J 为电流密度；B' 为磁感应强度；H 为磁场强度；μ 为介质磁导率；τ 为介质体积密度。

推导铁磁介质中的磁场力公式时，需要充分考虑介质相邻粒子间的内应

力，即介质内部分子场的作用。随着铁芯叠压方式的改进，使由于硅钢片接缝处和叠片间电磁力引起的振动很小。因此在铁芯压紧力足够大、硅钢片结合足够紧密的情况下，可以认为铁芯的振动主要取决于硅钢片的磁致伸缩。磁致伸缩是铁芯励磁时，硅钢片沿磁力线方向的尺寸增加、垂直于磁力线方向的尺寸减小的现象。磁致伸缩的变化周期为电源电流周期的一半，故磁致伸缩引起铁芯振动的基频为两倍的电源频率。由于铁芯磁致伸缩的非线性以及沿铁芯内框和外框的磁通路径长短不同，铁芯振动与绕组振动有所不同，铁芯除了基频信号之外，还包括高次谐波成分。磁致伸缩源于自旋体系与晶格相互作用的磁—弹性能量，也就是说，铁磁晶体在外磁场中被磁化，其长度与体积均发生变化，从而引起变压器铁芯的振动。

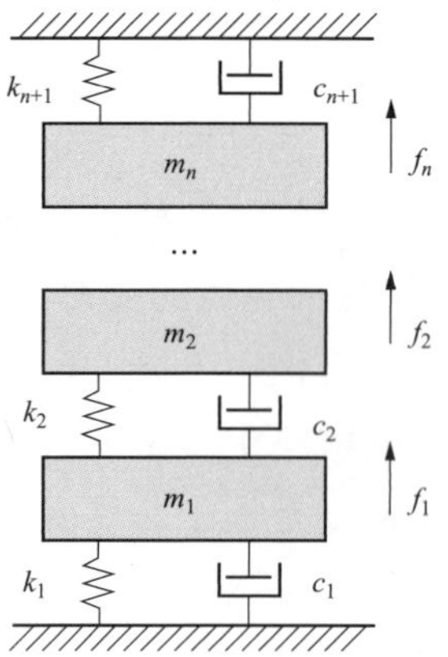

图 1－11　多自由度振动模型

由上文介绍可知，变压器体系的振动主要是由其在工作状态下产生的电磁力以及局部构件（如铁芯）的周期性变形所引起的，因此变压器的振动可视为多自由度受迫阻尼振动体系。在此可将变压器体系简化为如图 1－11 所示的多自由度振动模型。其中质量块 m_i 可表示各组成构件，如绕组、铁芯、散热器等，各构件间存在具有一定刚度 k_i 的弹性连接，以及体系内的阻尼效应 c_i，如油环境、摩擦等。阻尼效应为体系中消耗振动能量的因素，会直接影响体系各自由度的自振频率以及振动幅值，因此正确判断体系的阻尼特性是分析其受迫振动响应的必要因素。

变压器体系的动力学运动方程可写为

$$M\ddot{Y} + C\dot{Y} + KY = F(t) \tag{1-7}$$

式中：Y、$\dot{Y}$、$\ddot{Y}$ 分别为位移矩阵、速度矩阵、加速度矩阵；k 为刚度系数矩阵；C 为阻尼矩阵；M 为质量矩阵；$F(t)$ 为荷载矩阵。

若取外部荷载为特定频率的简谐荷载（如交变磁场中电动力），式（1－7）可改写为

$$M\ddot{Y} + C\dot{Y} + KY = F_0\sin(\theta t) \tag{1-8}$$

式中：F_0 为荷载幅值；θ 为简谐电动力荷载频率。

取单自由度体系为例，即体系中仅有单一质量块 m、刚度 k、阻尼 c 以及外简谐荷载 $F_0\sin\theta t$，其受迫振动方程可写为式（1－9）。用 m 除方程两侧，可得简谐荷载作用下的有阻尼单自由度体系运动方程的一般形式，见式（1－10）

$$m\ddot{y}+c\dot{y}+ky=F_0\sin(\theta t) \tag{1-9}$$

$$\ddot{y}+2\xi\omega\dot{y}+\omega^2 y=\frac{F_0}{m}\sin(\theta t) \tag{1-10}$$

其中，$\omega=\sqrt{\frac{k}{m}}$为体系无阻尼自振圆频率，$\xi=\frac{c}{2m\omega}$为体系阻尼比。式（1-10）为二阶非齐次常微分方程，它的解由齐次方程的通解与非齐次方程的特解构成。齐次方程的通解为体系自由振动方程（$F_0\sin\theta t=0$）的解，见式（1-11）

$$y(t)=e^{-\xi\omega t}(D_1\cos\omega_d t+D_2\sin\omega_d t) \tag{1-11}$$

式中：D_1、D_2 为体系振动初始状态常数；$\omega_d=\omega\sqrt{1-\xi^2}$为体系的阻尼自振频率。

设非齐次方程的特解为

$$y(t)=C_1\sin\theta t+C_2\cos\theta t \tag{1-12}$$

其中 C_1、C_2 由满足微分方程确定，对式（1-12）求导可得

$$\dot{y}(t)=C_1\theta\cos\theta t_0-C_2\theta\sin\theta t \tag{1-13}$$

$$\ddot{y}(t)=-C_1\theta^2\sin\theta t_0-C_2\theta^2\cos\theta t \tag{1-14}$$

将式（1-12）～式（1-14）代入式（1-10），整理可得

$$[2\xi\omega\theta C_1+(\omega^2-\theta^2)C_2]\cos\theta t+[(\omega^2-\theta^2)C_1-2\xi\omega\theta C_2-F_0/m]\sin\theta t=0 \tag{1-15}$$

若使式（1-15）在 t 取任何值时均成立，$\sin\theta t$ 与 $\cos\theta t$ 前的系数均应为零，即

$$2\xi\omega\theta C_1+(\omega^2-\theta^2)C_2=0,(\omega^2-\theta^2)C_1-2\xi\omega\theta C_2=\frac{F_0}{m} \tag{1-16}$$

解方程（1-16）可得

$$C_1=\frac{F_0}{m}=\frac{\omega^2-\theta^2}{(\omega^2-\theta^2)+4\xi^2\omega^2\theta^2},C_2=\frac{F_0}{m}\frac{-2\xi\omega\theta}{(\omega^2-\theta^2)+4\xi^2\omega^2\theta^2} \tag{1-17}$$

将式（1-17）代入式（1-12）即可得式（1-10）的特解。式（1-10）的解应由通解（1-11）与特解（1-12）组成

$$y(t)=e^{-\xi\omega t}(D_1\cos\omega_d t+D_2\sin\omega_d t)+C_1\sin\theta t+C_2\cos\theta t \tag{1-18}$$

若 $t=0$ 时质量块的位移和速度为 y_0 和 $\dot{y}_0$，则可得初始状态常数 D_1、D_2

$$D_1=y_0+\frac{2\xi\omega\theta F_0}{m[(\omega^2-\theta^2)+4\xi^2\omega^2\theta^2]}$$

$$D_2=\frac{\dot{y}_0+\xi\omega y_0}{\omega_d}+\frac{2\xi^2\omega^2\theta F_0}{m\omega_d[(\omega^2-\theta^2)+4\xi^2\omega^2\theta^2]}-\frac{\theta(\omega^2-\theta^2)F_0}{m\omega_d[(\omega^2-\theta^2)+4\xi^2\omega^2\theta^2]} \tag{1-19}$$

将 D_1、D_2 代入式（1－18）即可得简谐荷载作用下的有阻尼单自由度体系运动的通解

$$y(t)=Ae^{-\xi\omega t}\sin(\omega_d t+\varphi)+A_0\frac{\theta}{\omega_d}e^{-\xi\omega t}\sin(\omega_d t+\varphi')+A_0\sin(\theta t-\psi) \tag{1-20}$$

其中，$A=\sqrt{(y_0)^2+\left(\frac{\dot{y}_0+\xi\omega y_0}{\omega_d}\right)^2}$，$\tan\varphi=\frac{\omega_d y_0}{\dot{y}_0+\xi\omega y_0}$，$\beta=\frac{\theta}{\omega}$，$\tan\varphi'=\frac{2\xi\omega_d}{\omega[2\xi^2-(1-\beta^2)]}$ $A_0=\frac{F_0}{m\omega^2}\frac{1}{\sqrt{(1-\beta^2)^2+4\xi^2\beta^2}}$，$\tan\psi=\frac{2\xi\beta}{1-\beta^2}$。

式（1－20）表明，在外荷载作用下，体系的振动位移响应由三部分组成：第一部分是由初始条件引起的体系自由振动；第二部分是由动荷载引起的伴随自由振动，其频率为体系中质量块 m_i 的有阻尼自振频率 ω_{di}；第三部分为按荷载频率 θ 做与荷载等幅（F_0）的纯受迫振动。在有阻尼 C 的体系中，前两个部分经一段时间后将消失，仅存在第三部分，即成为变压器体系的稳态响应，如图 1－12 所示。因此，变压器体系振动的主要因素为绕组与铁芯在电磁力作用下的振动，其振动频率与幅值直接取决于电磁力特性。由于体系受迫运动最终的稳态响应与荷载作用具有相同的频率，则体系振动的幅值与外荷载的频率有着密切的联系。

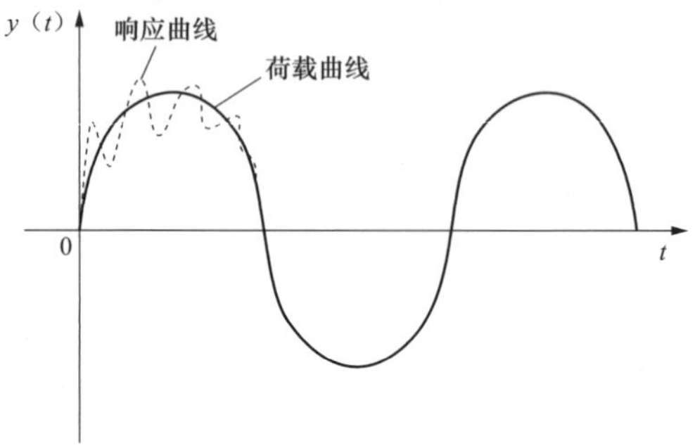

图 1－12　荷载/响应曲线

假设简谐荷载幅值作用所产生的静位移为 $y_{st}=\frac{F_0}{m\omega^2}=\frac{F_0}{k}$，则式（1－20）中稳态受迫振动部分（第三部分）为

$$y(t)=A_0\sin(\theta t-\psi)=y_{st}\mu\sin(\theta t-\psi) \tag{1-21}$$

其中，$\mu=\frac{A_0}{y_{st}}=\frac{1}{\sqrt{(1-\beta^2)^2+4\xi^2\beta^2}}$，称为动力放大因数，是动力位移幅值 A_0 与相应静位移 y_{st} 的比值；ψ 为相位角。

上述分析表明，动力放大因数 μ 与频率比 $\beta=\theta/\omega$、阻尼比有关，不同阻尼比下放大因数与频率比之间的关系，如图 1－13 所示，当外荷载频率与体系自振频率越接近（$\theta/\omega\to1$）时，体系的动力放大系数越大，在动荷载下的振幅就越大，这便是共振现象。而阻尼效应则可有效地减少体系在外荷载下的位移响应幅值。

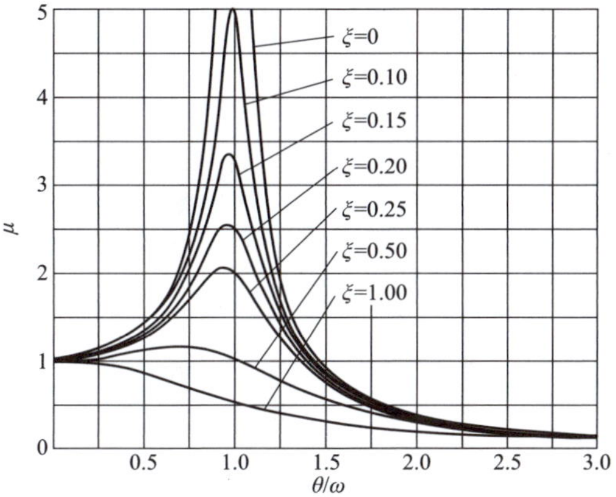

图 1－13　动力放大因数与频率比、阻尼比之间的关系

与上述简谐荷载作用下的有阻尼单自由度体系运动方程相同，多自由度体系（如变压器）的受迫振动运动特性同样与外部荷载、结构自身自振频率等因素直接相关。需要特别指明的是，变压器体系为具有 n 个质量块 n 自由度体系（见图 1－11），因此该体系同时具备 n 个特征振动形状（称为振型）以及与这些振型相应的 n 个自振频率 ω_{di}。在此 n 自由度的振动中，当外界干扰力的频率等于体系的任意一阶自振频率时，都会出现共振，即体系存在 n 个共振点。由于绕组的损坏导致电磁力出现谐波，即存在多种频率复合的电磁力作用于变压器铁芯与绕组等构件，从而引起变压器在多个频率上出现大幅振动现象。当变压器短路时，电动力为变压器振动的主要激励力。一旦绕组的频率特性与电动力频率相近甚至重合，就会发生比较强烈的共振。由此可见，结合体系动力方程与电磁力方程，即可分析出在不同电信号作用下的变压器振动特性。通过与已测得的变压器在不同状态下的振动特性做对比，从而判断变压器的工作状态是否健康。

1.4.2　电力变压器振动的传播途径

由于变压器本身为封闭式结构，因此在实际工程应用中，变压器内部的工作特性主要通过油箱的振动特性测得。变压器本体的振动（绕组和铁芯振动）和其他构件引起的振动会通过各种途径向油箱传播。变压器振动的传播途径如图 1－14 所示。由图 1－14 可知，变压器箱体内的绝缘油是本体部件振动向外传递的主要介质：在电磁力的作用下，绕组产生振动经绝缘油向油箱传递，铁芯受磁致伸缩影响产生的振动通过变压器绝缘油以及垫脚和紧固螺栓等支撑单元向变压器箱体传递。对于某些存在冷却装置的电力变压器，风扇或油泵等冷却系统的振动也会通过刚体连接件传递至变压器油箱表面。因此，变压器的振动是由变压器本体振动以及冷却系统的振动经变压器绝缘油和刚体连接件等介质传递到箱体表面而产生的。

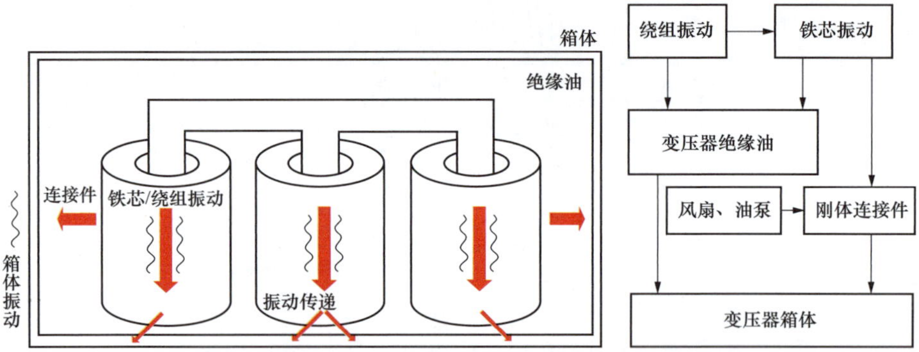

图 1－14　变压器振动传播途径

由于变压器的本体振动频率分布主要与加载电压和负载电流产生的电磁力频率及高次谐波分量紧密相关，风扇或油泵等装置构成的冷却系统的振动频率明显低于电磁力频率，这使得变压器冷却系统振动与本体的振动特性明显不同，可以比较容易地从变压器箱体振动信号区分开或者通过滤波等方式分离。

综上所述，变压器本体的振动源主要为绕组和铁芯，变压器振动的传播途径主要通过刚体连接件传播和绝缘油传播。变压器本身结构为多自由度阻尼体系，其内部各个构件之间的连接存在刚度以及阻尼，在工作状态下其内部各个构件的振动相互耦合，其本身具有多阶振型以及多阶自振频率，从而导致在箱体表面测得的振动信号并不能真实反映出其振动源信号（绕组及铁芯），在对变压器振动的研究过程中无法单独考虑独立构件的振动特性，需考虑多自由体系的振动特性以及各个构件间连接方式与环境阻尼特性。变压器本体的振动特性与绕组、铁芯的压紧状况，绕组的位移和形变密切相关，因此通过测量和分析变压器的振动信号，并进行有效的特征提取和分析，可以对绕组和铁芯故障进行准确的诊断。

2

电力变压器绕组机械状态测试方法

本章首先介绍了电力变压器绕组的等值电路，为电力变压器绕组机械状态评估提供理论基础。电力变压器绕组机械状态评估主要有离线检测和在线检测。电力变压器绕组机械状态的离线检测方法主要有频率响应法和短路电抗法，详细介绍了上述检测方法的测试设备、测试规定、接线要求、测试步骤和注意事项，以及判断依据；近年提出变压器绕组机械状态离线测试的新方法：扫频阻抗分析方法，介绍了该方法的测试原理和测试判据。电力变压器绕组机械状态的在线检测方法主要有短路电抗在线分析法和振动在线分析法，介绍了电力变压器短路电抗仿真模型和多物理场耦合模型仿真建模技术，搭建电力变压器电气参量和机械参量在线采集平台，通过电力变压器机械状态测试验证了模型的有效性。

2.1　电力变压器绕组的等值电路

电力变压器绕组可分为两大类，即层式绕组和饼式绕组。高电压、大容量绕组一般都设计为饼式结构，其目的是出于绝缘和耐压考虑，同时各饼之间留有间隙，便于散热。这样，各线饼对地及对其他相、其他电压等级线圈都有一个临近电容，线圈自身也有电感。另外套管还有对地电容，引线及接头对地也有电容，所有这些按其所在结构的位置，都有其所代表的结构参数。将变压器绕组分为若干单元，每个单元用一个电感、一个纵向（饼间）电容、一个对地电容以及一个电阻来表示，忽略绕组的阻抗（通常很小），构成的无源线性双端口等值电路，如图 2－1 所示。

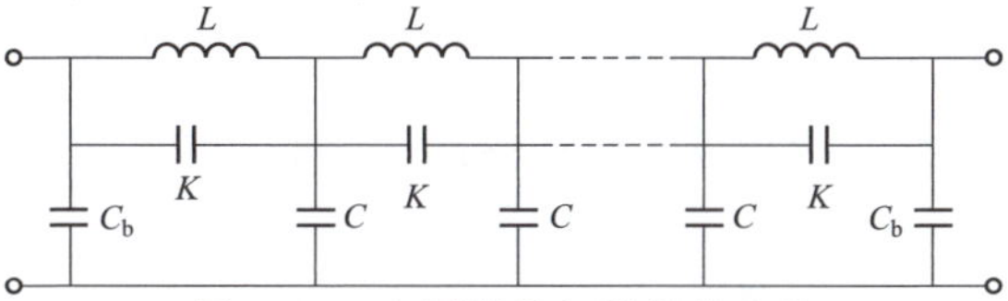

图 2－1　变压器绕组的等值电路

2.2 电力变压器绕组机械状态离线检测方法

早期电力变压器绕组变形检测方法主要为解体检修，该方法流程烦琐，耗费资源，内部故障判断不准确，且极易对变压器造成二次损坏。为解决上述问题，研究人员陆续提出了多种变压器绕组变形离线无损检测方法，本节主要介绍频率响应法、短路电抗法以及扫频阻抗分析方法。其中，频率响应法通过向变压器内部注入稳定扫频信号，并比较响应变化以实现对绕组机械状态的监测；短路电抗法通过比较变压器漏抗变化，实现对绕组机械状态变化的诊断。这两种方法由于测试设备简单易携、抗干扰能力强等优点，得到了广泛的研究和应用。

2.2.1 频率响应法

频率响应法（Frequence Response Analysis，FRA）由低压脉冲法（Low Voltage Impulse，LVI）发展而来，主要用于改善低压脉冲法在现场试验中，易受电磁干扰影响、可重复性较差、绕组首端位置故障响应不灵敏、判断绕组变形位置困难等问题。

1. 频率响应法测试要求

（1）测试设备。

1）扫频检测范围：扫频范围为 1kHz～1MHz，可分成若干频段分别检测。

2）扫频检测方式：采用线性分布的扫频检测方式。

3）扫描频率精确度：信号源输出正弦波信号的频率精度应不大于 0.01%。

4）扫描频率间隔：扫描频率的间隔应小于 2kHz。

5）阻抗匹配方式：检测仪器应具备一个正弦波激励信号输出端和两个独立的信号检测端。其中，正弦波信号源 U_s 的输出阻抗 R_S 应为 50Ω，且输出端应通过同轴屏蔽电缆直接与待试设备绕组的激励端连接；两个独立信号检测端的输入阻抗不应低于 1MΩ，且应通过同轴屏蔽电缆分别连接到待试设备绕组的激励端和响应端，并在被测绕组的响应端连接 50Ω 的匹配电阻 R。所使用的同轴屏蔽电缆的波阻抗应为 50Ω，电缆长度宜为 15～20m。

6）检测精度：检测仪器应具备−100～20dB 的动态检测范围，且在−80～20dB 范围内的检测精度应小于±1dB。

7）选频滤波特性：检测仪器应具备选频滤波功能，通频带的宽度应小于选频滤波器中心频率的 5%。

8）数据存储方式：建议采用纯文本格式保存检测数据，以便数据的传递和比较。

（2）测试规定。

1）待试设备绕组机械状态改变检测应在所有直流试验项目之前或者在待试设备绕组充分放电以后进行，应根据接线要求和接线方式，逐一对待试设备的各个绕组进行检测，分别记录幅频响应特性曲线。

2）绕组频率响应曲线（简称频响曲线）与原始记录基本一致时，即绕组频响曲线的各个波峰、波谷点所对应的幅值及频率基本一致时，可以判定被测绕组没有变形。

3）检测前应断开与待试设备套管端头相连的所有引线，并使拆除的引线尽可能远离待试设备套管。对于套管引线无法拆除的待试设备，可利用套管末屏抽头作为响应端进行检测，但应注明，并应与同样条件下的检测结果做比较。

4）待试设备绕组的频率响应特性与分接开关的位置有关，建议在最高分接位置下测量，或者应保证每次测量时分接开关均处于相同的位置。

5）因测量信号较弱，激励信号和响应信号测量端应与待试设备绕组端头稳定、可靠连接，减小接触电阻。

6）两个信号检测端的接地线均应可靠连接在待试设备外壳上的明显接地端（待试设备顶部的铁芯接地端），接地线应尽可能短且不应缠绕。

（3）接线要求。

1）检测前应拆除与变压器套管端部相连的所有引线，并使拆除的引线尽可能远离被测变压器套管。对于套管引线无法拆除的变压器，可利用套管末屏抽头作为响应端进行检测，但应注明，并应与同样条件下的检测结果做比较。

2）变压器绕组的幅频响应特性与分接开关的位置有关，宜在最高分接位置下检测，或者应保证每次检测时分接开关均处于相同的位置。

3）因检测信号较弱，所有接线均应稳定、可靠，减小接触电阻。

4）两个信号检测端的接地线均应可靠连接在变压器外壳上的明显接地端（如铁芯接地端），接地线应尽可能短且不应缠绕。

5）接线方法。变压器测量接线方式见图 2－2，按图 2－2 所示的方式选定信号的激励（输入）端和响应（检测）端，以便日后对检测结果进行标准化管理。

（4）测试步骤。

1）对被试设备进行放电。进行待试设备试验接线并检查确认接线正确；正确记录分接开关的位置、激励端/响应端。

2）按选定接线方式分别测量并记录待试设备不同测端的幅频响应特性曲线。

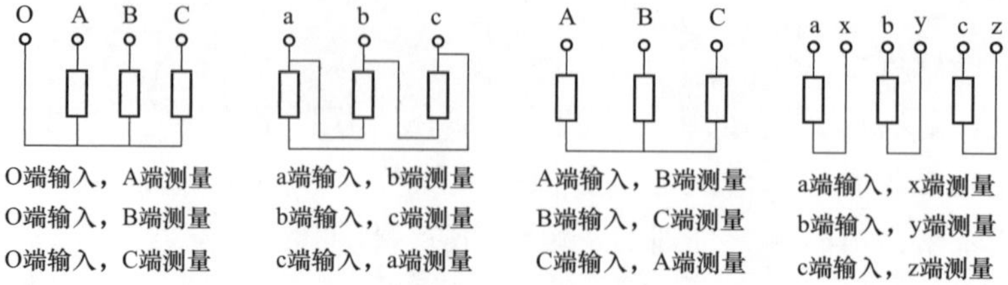

图 2-2　变压器的几种测量接线方式

3）比较相同电压等级的三相绕组的幅频响应特性，若三相频响曲线较为一致，则可认为测试数据正确无误。若存在明显差异，则首先应检查测试接线方式是否符合规定的要求，测试电缆是否处于完好状态，检查接地是否良好，确认无误后再重测。

4）记录试验数据和接线方式，断开试验电源，放电后拆除试验接线。

（5）注意事项。

1）待试设备铁芯、夹件必须与外壳可靠接地，测试仪器必须与待试设备外壳可靠接地。测试仪器输入单元和检测单元的接地线应共同连接在待试设备铁芯接地处。无铁芯外引接地的变压器应将测试接地线可靠接地。

2）测量前应断开与待试设备套管端头相连的所有引线，并使拆除的引线尽可能远离被测待试设备套管，以减少其杂散电容的影响。

3）应保证测量阻抗的接线钳与套管线夹紧密接触，如果套管线夹上有导电硅脂或锈迹，必须使用砂布或干燥的棉布擦拭干净。

2. 频率响应法判断依据

用频率响应法判断变压器绕组机械状态改变，主要是对绕组的幅频响应特性进行纵向或横向比较，并综合考虑变压器遭受短路冲击的情况、变压器结构、电气试验及油中溶解气体分析等因素。根据相关系数的大小，可较直观地反映出变压器绕组幅频响应特性的变化，通常可作为判断变压器绕组机械状态改变的辅助手段。

（1）纵向比较法。纵向比较法是指对同一台变压器、同一绕组、同一分接开关位置、不同时期的幅频响应特性进行比较，根据幅频响应特性的变化判断变压器的绕组机械状态改变。该方法具有较高的检测灵敏度和判断准确性，但需要预先获得变压器原始的幅频响应特性，并应排除因检测条件及检测方式变化所造成的影响。

图 2-3 是某变压器遭受突发性短路电流冲击前后低压绕组幅频响应特性曲线。遭受短路电流冲击后的幅频响应特性曲线（LaLx02）与冲击前的曲线（LaLx01）相比较，部分波峰及波谷的频率分布位置明显向右移动，可判定变

压器绕组发生变形。

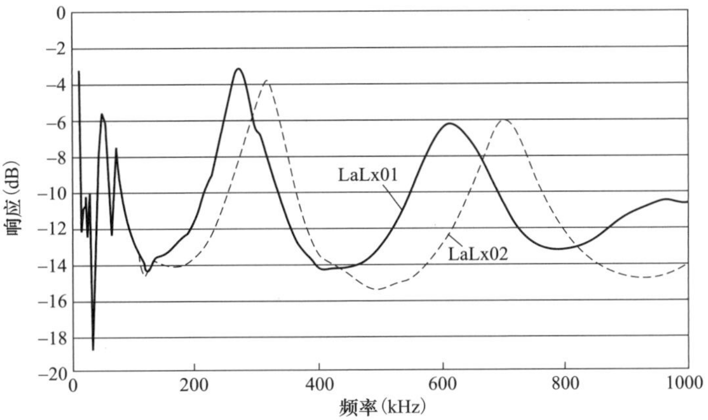

图 2－3　某变压器遭受短路电流冲击前后低压绕组幅频响应特性曲线

（2）横向比较法。横向比较法是指对变压器同一电压等级的三相绕组幅频响应特性进行比较，必要时借鉴同一制造厂在同一时期制造的同型号变压器的幅频响应特性，来判断变压器绕组是否变形。该方法不需要变压器原始的幅频响应特性，现场应用较为方便，但应排除变压器三相绕组发生相似程度的变形或者正常变压器三相绕组的幅频响应特性本身存在差异的可能性。

图 2－4 是某变压器遭受短路电流冲击后测得的低压绕组幅频响应特性。曲线 LcLa 与曲线 LaLb、LbLc 相比，波峰和波谷的频率分布位置以及分布数量均存在差异，即三相绕组的幅频响应特性一致性较差。而同一制造厂在同一时期制造的同型号变压器的三相绕组的幅频响应特性一致性却较好（见图 2－5），故可判定变压器在遭受突发性短路电流冲击后绕组机械状态改变。

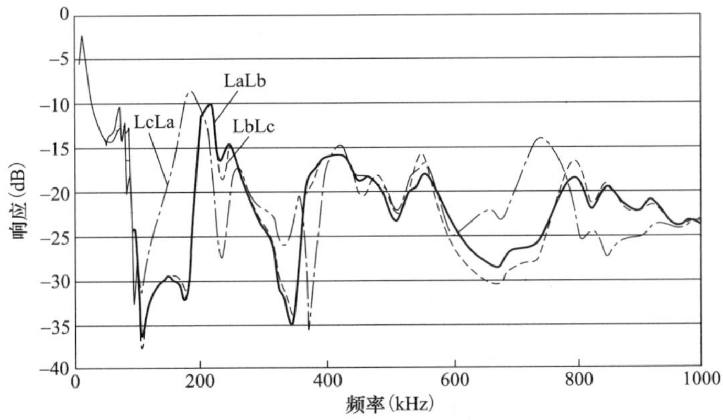

图 2－4　某变压器遭受短路电流冲击后低压绕组幅频响应特性曲线

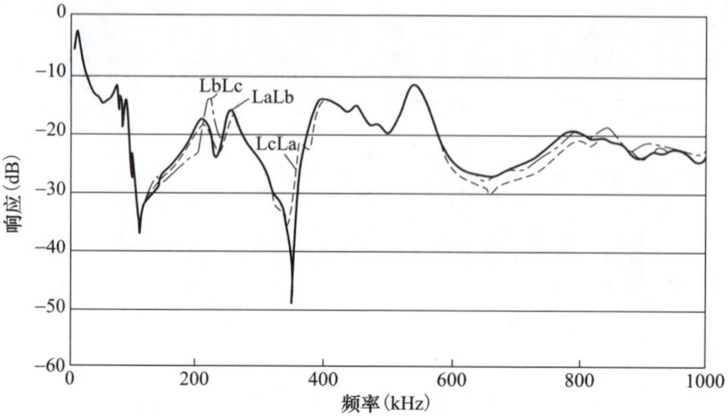

图 2-5 与图 2-4 同型号变压器的低压绕组幅频响应特性曲线

2.2.2 短路电抗法

短路电抗（Short-Circuit Resistance，SCR）法是判断绕组机械状态改变的传统方法，该方法主要是测量电力变压器绕组的短路电抗，与原始电抗值进行比较，根据其变化情况来判断绕组是否变形以及变形的程度，现已作为判断被试变压器是否合格的重要依据之一。

1. 短路电抗法测试要求

(1) 测试设备。

1）检测量：电压、电流、有功功率（或无功功率）、频率。

2）表量程及允许误差。

电压：15～450V，±0.2%。

电流：0.5～50A，±0.2%。

有功功率：当功率因数为 0.1～1.00 时，±0.5%；当功率因数为 0.02～0.1 时，±1.0%。

无功功率：±0.2%。

互感器：在量程内±0.2%。

电源频率：在 45～55Hz 范围内 0.1 级（精度）。

3）单相法测试时，应在同一瞬时测量电流、电压、有功功率（或无功功率）和电源频率四个量；三相法测试时，应在同一瞬时测量三相电流、三相电压、三相有功功率（或三相无功功率）和电源频率。

4）测试环境温度：−5～45℃，湿度：10%～95%。

5）被测设备温度：−5～135℃。

6）测试系统应配置专用测试线和具有自保护功能等。

（2）测试规定。

1）变压器出厂前通过全部绝缘试验。

2）变压器经运输到现场安装就位。

3）变压器在运行中经受短路电流冲击后，可根据短路电流的大小、持续时间、累积短路次数决定，详见表2-1。

表2-1　短路电流比率与允许不检测次数对照表

实际短路电流 I_d / 允许短路电流 I_k	25%以下	25%～45%	45%～65%	65%以上
次数	6～10	3～6	1～3	1

注 1. 允许短路电流，可用生产厂家提供的本产品的设计计算值或实测值，若无提供值，可按下式计算：

$$I_k=\frac{U_h}{\sqrt{3}(Z_s+Z_k)}$$

式中：I_k 为短路电流交流对称分量的有效值，即允许短路电流，kA；U_h 为最高运行电压有效值，kV；Z_s 为电源侧系统阻抗 Z_s 折算到短路侧的值；Z_k 为变压器短路侧的短路阻抗值，Ω。

2. 本表中次数的选用，应根据变压器的制造质量、运行状况和重要性综合考虑，但不应超越表中规定的上限。

3. 短路冲击的持续时间每超过0.5s，应增加一次统计次数。

4）变压器的绕组有匝、层间短路的可能时。

5）变压器大修后。

6）正常运行时，一般每6年1次。

（3）接线要求。

1）绕组参数测试的接线与常规的负载试验相同。

2）测试时，先将被测绕组对的不加压侧所有接线端全部短接，短接线及其接触电阻的总阻抗不得大于被测绕组对短路侧等值阻抗的0.1%。

3）对加压侧绕组为D接线的三相变压器，用单相法测试时，应做相应的短接。

4）对加压侧绕组为YN接线的三相变压器，用三相法测试时，变压器被加压绕组的中性点（N）、测试系统的中性点和测试电源的中性点应良好连接。

5）测100MVA以上容量变压器的绕组参数时，测试系统引向被试变压器的电流线和电压线应分开。

6）接线方法。

a. 检测被加压绕组为YN接线的三相变压器的绕组参数。

三相四线法：短接对侧绕组的所弃端子（非被测绕组开路）后，按图2-6所示接入三相电源。

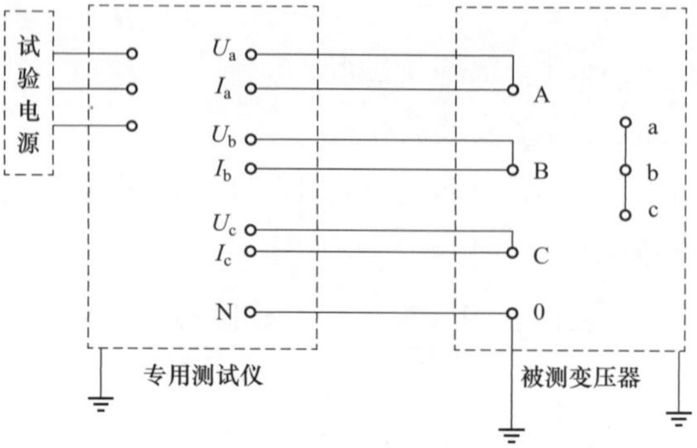

图 2-6　YN 接线变压器三相法测试接线示意图

b. 检测被加压绕组为 YN 接线的三相变压器的绕组分相参数。

单相电源法：短接对侧绕组的所有端子（非被测绕组环路）后，将单相电源电压逐次加在 A-O、B-O、C-O 的端子上，测取各相绕组参数，如图 2-7 所示。

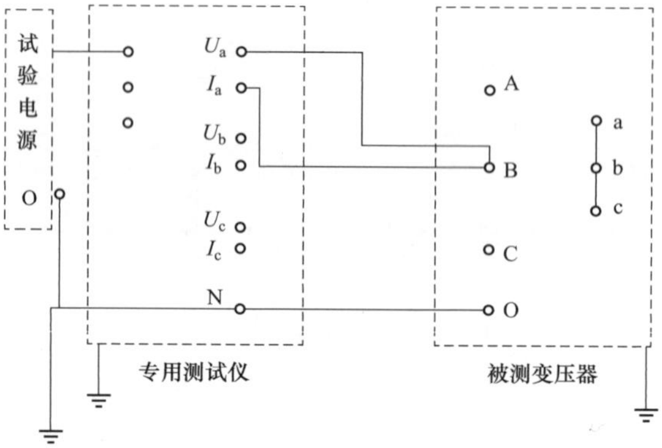

图 2-7　YN 接变压器单相法测试接线示意图

c. 检测被加压绕组为 Y（或 D）接线的三相变压器的绕组参数。

三相三线法：短接对侧绕组的所有端子（非被测绕组开路）后，按图 2-8 所示用三相三线法接入三相电源。

d. 检测被加压绕组为 Y 接线的三相变压器的绕组分相参数。

单相电源法：短接对侧绕组的所有端子（非被测绕组开路）后，将单相电源电压逐次加在 A-B、B-C、C-A 的端子上，测取每两相绕组的复合参数。图 2-9 所示为仅对应于测量 BC 两相绕组的复合参数的接线示意图。

e. 检测被加压绕组为 D 接线的三相变压器的绕组分相参数。

单相电源接法一：短接对侧绕组的所有端子（非被测绕组开路）后，还需逐次短接本侧绕组的 B－C、C－A、A－B 端子，然后相对应地将单相电源电压逐次加在 A－B、B－C、C－A 端子上，测取每两相绕组的复合参数。图 2－10 所示仅对应于测量 BC 或 AB 两相绕组复合参数的接线图。

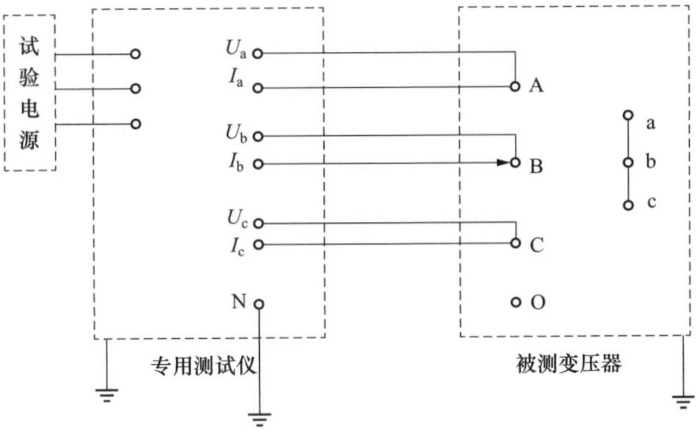

图 2－8　Y（或 D）接变压器三相法测试接线示意图

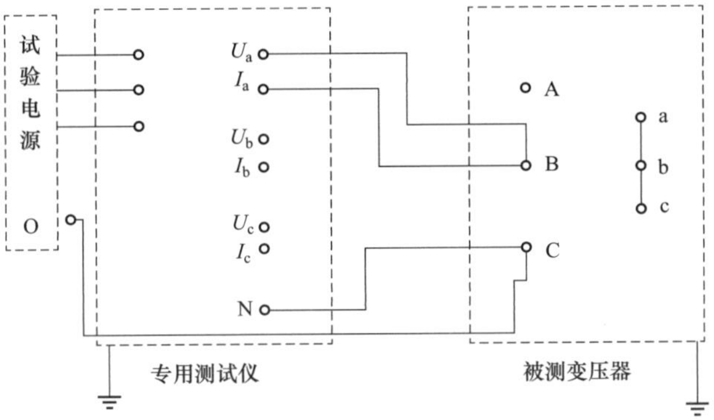

图 2－9　Y 接变压器单相法测试接线示意图

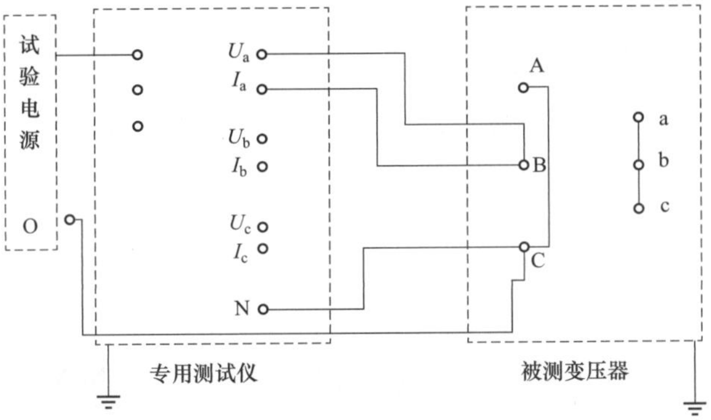

图 2－10　D 接变压器单相法测试接线示意图一

单相电源法二：逐次短接对侧绕组相应的 a－O、b－O、c－O，然后相对应地将单相电源电压逐次加在 C－A、A－B、B－C 端子上，测取各相绕组参数。图 2－11 所示仅对应于测量 C 相绕组参数的接线图。

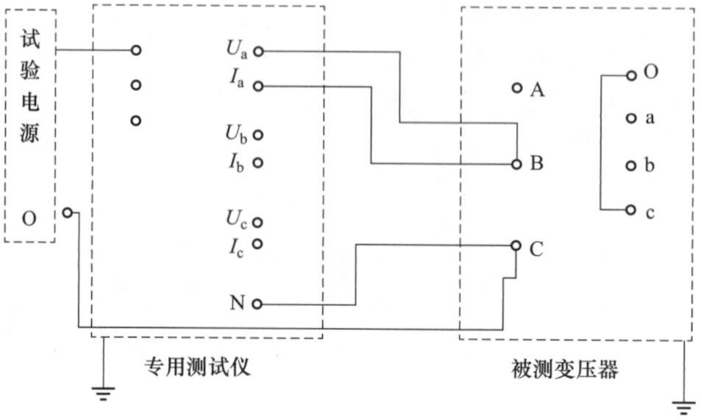

图 2－11　D 接变压器单相法测试接线示意图二

（4）测试步骤。

1）原则上单相参数用单相法测试。

2）单相法测试应依次确定被测变压器、被测绕组对、被测绕组分接位置、被测相、被测参数。

3）被加压绕组为 YN 接线的三相变压器，可用三相四线法同时测量其短路阻抗 Z_{ke} 和各单相参数。

4）三相法测试除省去选定被测相外，其余同 2）。

5）测试结果出现异常时，应对所有绕组对用单相法进行复试。

6）先测量含高压绕组的各绕组对的绕组参数，并在绕组对的高压侧施加测试电压，若测试结果无异常，可不再继续测试。

7）测试发现异常时，除应继续测量相关绕组对的绕组参数之外，还应短接异常绕组对的高压绕组，在较低电压侧加压测试。

8）首次电抗法测试，应测量所有绕组对的绕组参数。

9）测试时，被加压绕组和被短接绕组均应置于最高分接位置。

10）外部短路故障后的检测可增加短路时绕组所在分接位置的检测。

11）首次电抗法测试，还应在该变压器铭牌上标有短路阻抗值（或出厂试验报告上有实测值）的分接位置测量短路阻抗 Z_k(Ω）或 Z_k(%）。

（5）注意事项。

1）首次电抗法检测时，还应测量支路阻抗 Z_{ke}；三相变压器应用三相法测量其短路阻抗 Z_{ke}。

2）测量的参数和应进行频率校正。

3）测量100MVA以下容量变压器的短路阻抗 Z_k 和 Z_{ke} 还应对有功分量进行温度换算。

4）所有测量值的复验性应在±0.2%以内。

2. 短路电抗法判断依据

（1）判断方法。

1）建立包含出厂、交接和现场首次试验值的原始资料数据库。

2）每次检测后，均应分析同一参数的三个单相值的互差（横比）和同一参数值与原始数据和上次测试数据的相比之（纵比）。判断差值是否超过了注意值。

首次低电压电抗法检测后，可将测量的短路阻抗与铭牌（或出厂试验报告）上的同绕组对、同分接位置的短路阻抗 Z_{ke} 或 Z_k 相比。

3）分析纵、横比值的变化趋势。

4）分析相关绕组对参数变化与异常绕组对参数变化的对应性。

5）结合测量绕组的直流电阻、绕组对和绕组对地的等值电容、变压器的空载电流、空载损耗、局部放电，进行绕组频率响应的分析、油中气体的色谱分析，可使变压器绕组有无变形及其严重程度的判断更为准确、可靠。

（2）注意值（仅适用于阻抗电压 U_k>4%的同心圆绕组对）。

1）纵比。

容量100MVA及以下且电压220kV以下的电力变压器绕组参数的相对变化不应大于±2.0%。

容量100MVA以上或电压220kV及以上的电力变压器绕组参数的相对变化不应大于±1.6。

2）横比。

容量100MVA及以下且电压220kV以下的电力变压器绕组三个单相参数的最大相对互差不应大于±2.5%。

容量100MVA以上或电压220kV及以上的电力变压器绕组三个单相参数的最大相对互差不应大于±2.0%。

3）判断结论。

a. 对绕组变形的检测判断结论应具体到哪一个或哪几个绕组的哪一相或哪几相。

b. 对超过注意值的变压器可结合补充性判断的结果综合分析绕组变形的严重程度而建议器身检查的紧迫程度。

2.2.3 扫频阻抗法

由于频率响应法和短路电抗法因其便宜性得到了广泛的应用和研究。但在实际应用中，两者也具有一些缺点。频率响应法的测试结果不直观，无定量判断标准可用，需经验丰富的测试人员对历史数据进行横向与纵向比较；短路电抗法虽判据明确，但无法定位绕组故障，且灵敏度较低。2009 年刘有为等人第一次提出扫频阻抗法，希望结合频率响应法和低电压短路电抗法测试技术的优点，实现一次测量同时可以取得变压器绕组的短路电抗—频率特征曲线和频响特征曲线。随后汲胜昌等开展了扫频阻抗法的测试原理、测试方法、测试可行性和有效性以及绕组变形诊断方法等方面的研究，为扫频阻抗法现场应用奠定了基础。

1. 扫频阻抗法原理

扫频阻抗法是一种新的检测电力变压器绕组机械状态改变的方法，其基本原理是将频率响应法和短路电抗法相结合，在实际测量工作中主要利用扫频源测试变压器绕组在宽频下的短路阻抗值，其测试系统如图 2-12 所示。

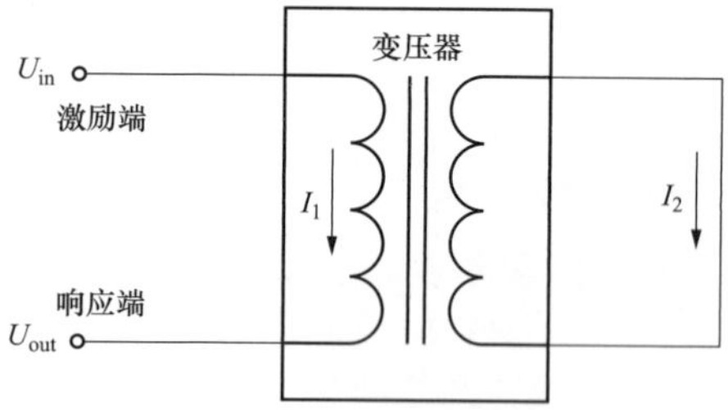

图 2-12 扫频阻抗分析法测试系统

由图 2-12 可知，测试时，变压器测试绕组对一侧绕组短路，并在非短路侧绕组的激励端施加扫频信号 U_{in}，该信号通过绕组后，再利用采样电阻 R 得到绕组响应端的输出信号 U_{out}，可得变压器扫频阻抗为

$$\begin{gathered}Z_k(j\omega)=\frac{U_{in}(j\omega)-U_{out}(j\omega)}{I_1(j\omega)}=R(\omega)+jX(\omega)\\|Z_k(j\omega)|=\sqrt{R(\omega)^2+X(\omega)^2}\end{gathered}\tag{2-1}$$

式中：$Z_k(j\omega)$ 为扫频阻抗值，Ω；$|Z_k(j\omega)|$ 为扫频阻抗值的模，Ω；$U_{in}(j\omega)$ 为激励端电压信号，V；$U_{out}(j\omega)$ 为响应端电压信号，V；$I_1(j\omega)$ 为非短路侧绕组电流信号，A；$R(\omega)$ 为扫频阻抗值实部，Ω；$X(\omega)$ 为扫频阻抗值虚部，Ω。

根据外施激励信号频率，扫频阻抗分析法测试系统的等效电路模型可分为低频等效电路模型和高频等效电路模型，可参照后文扫频阻抗分析法不同频率段下的等效模型相关内容。

2. 扫频阻抗法测试要求

（1）测试设备。

1）工作电源应为 AC 220V，现场干扰严重时，检测仪器供电宜采用隔离变压器。

2）检测仪器应具备输出不同测试频率下的正弦波信号的功能，最大输出电流均方根值不应小于 1A，最大输出电压均方根值不应小于 20V，输出正弦波信号的频率准确度应优于±0.1%。

3）扫频阻抗频率应覆盖 10Hz～1MHz，1kHz 以下扫描频率的间隔不宜大于 20Hz，1kHz 以上扫描间隔不宜大于 2kHz，基频±5Hz 范围内扫描间隔不宜大于 2Hz。

4）检测仪器动态阻抗检测范围应为 0.10Ω～10MΩ 的，测试频率为 1kHz 以下时，短路阻抗最大误差应小于 0.2%。

5）检测仪器应具有自保护功能，应配置专用测试线，测试线应采用波阻抗为 50Ω 的同轴屏蔽电缆，电缆长度宜为（20±0.5）m。

6）检测仪器应具备以线性坐标和对数坐标显示测试结果的功能。

7）测试结果应具备通用导出格式。

8）检测仪器应具备极值点偏移、相关系数、低频斜率变化值和额定频率阻抗值计算功能。

（2）测试规定。

1）检测工作应在直流试验项目前或绕组充分放电后进行，必要时应进行退磁处理。检测时应按接线要求和接线方式，逐一对变压器各绕组对进行检测，分别记录测试结果。

2）首次检测时，应在变压器最高、最低分接档位下检测，运行档位明确时宜增加该档位下的检测。

3）已投运变压器宜在运行档位下检测；当变压器承受短路冲击等不良工况，变压器可能存在绕组变形时宜在最高、最低分接位置及运行档下检测。

4）短接线应采用铜或铝材质，导线截面积选取应考虑被试品容量，短接线应尽可能短，短接线以及接触点的阻抗总和不应大于测试绕组对短路侧等值阻抗的 0.1%。

（3）接线要求。

1）测试绕组对以外的绕组应开路，但平衡绕组应短路接地。

2）测试绕组对短路侧绕组包括中性点在内的线端应全部短接。

3）单相变压器扫频阻抗试验接线见图 2－13，激励端和响应端分别加在测试绕组对非短路侧绕组两端，测试绕组对短路侧绕组短接。分级绝缘形式的绕组作为测试绕组对非短路侧绕组时，宜选取高压

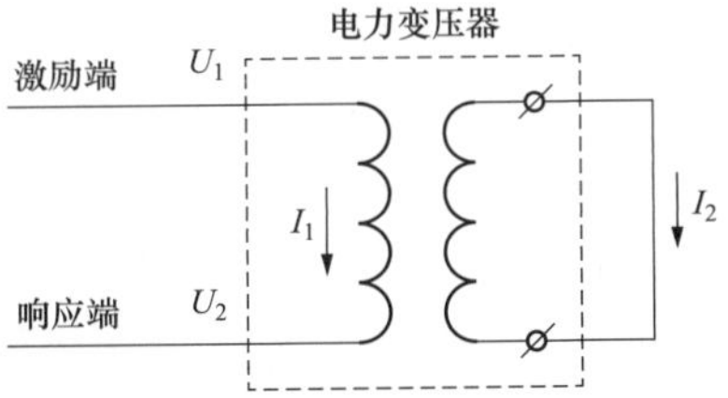

图 2－13　单相变压器扫频阻抗试验接线

端为激励端，低压端为响应端。

三相变压器扫频阻抗试验测试接线见图 2－14。有中性点时，激励端分别加于测试绕组对非短路侧绕组首端，响应端接于测试绕组对非短路侧绕组中性点；无中性点时，激励端分别加于测试绕组对非短路侧绕组 A、B、C 相端子，响应端分别加于测试绕组对非短路侧绕组 B、C、A 相端子。

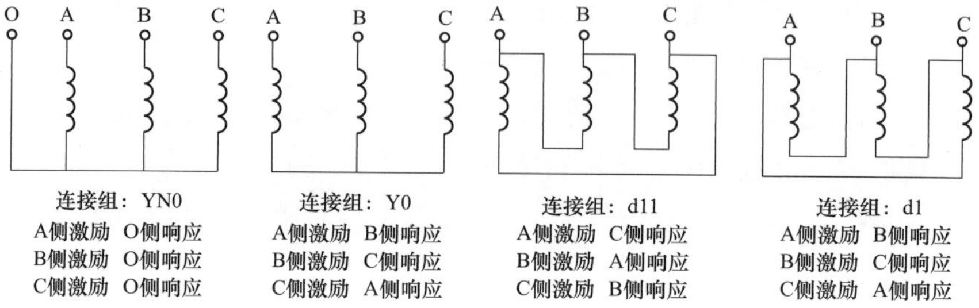

图 2－14　三相变压器扫频阻抗测试接线

3. 扫频阻抗法判断依据

（1）基本原则。

1）扫频阻抗测试结果应根据绕组扫频阻抗曲线及其特征参量纵向或横向比较，以及变压器遭受短路冲击、变压器结构以及电容量、频率响应等电气试验结果等因素确定。

2）对于不同的频率段，可利用不同的特征参数判断绕组变形。表征变压器绕组变形的特征参数包括额定频率短路阻抗值、低频斜率变化值、极值点偏移和相关系数，分别对应于 50Hz、10～500Hz 频率段、10Hz～600kHz 频率段和 1kHz～1MHz 频率段。

3）不同频率段关联的特征参量所对应的绕组变形形式和特征有所差异，各特征参数对绕组变形的检测灵敏性也并不相同。采用扫频阻抗法进行绕组变形测试判断时，在排除分接档位、接线方式、测试误差等影响因素后，确定有一项及以上特征参量超过注意值或提示有绕组变形的情况时，则应考虑变压器存在绕组变形的可能。

（2）判断方法。

1）横向比较法。横向比较法应对变压器同一电压等级的三相绕组扫频阻抗曲线进行比较，变压器绕组变形判断可根据同一制造厂在同一时期制造的同型号变压器扫频阻抗曲线确定。应排除变压器三相绕组发生相似程度的变形或正常变压器三相绕组的扫频阻抗曲线本身存在差异的可能性。

2）纵向比较法。纵向比较法应对同一台变压器、同一绕组对、同一分接开关位置、不同时期的扫频阻抗曲线进行比较，变压器绕组变形判断可根据扫频阻抗曲线变化确定。应预先获得变压器原始的扫频阻抗曲线，并应充分考虑油温、绕组温度等运行参量，检测条件及检测方式对检测结果的影响。

（3）特征参数。

1）极值点偏移。扫频阻抗曲线中10Hz～600kHz的波峰或波谷分布位置及数量变化可直观反映扫频阻抗特性变化。极值点偏移程度的评价方法和绕组变形的判据可参照后文用极值点偏移辅助判断变压器绕组机械状态变形的相关内容。

2）相关系数。相关系数可反映两条扫频阻抗曲线相关程度。与频率响应法一致，相关系数可直观反映变压器绕组扫频阻抗特性变化，可作为判断变压器绕组变形的参考手段。相关系数计算方法及判据参可参照后文用极值点偏移辅助判断变压器绕组机械状态变形的相关内容。

3）低频斜率变化值。检测频率为10～500Hz时，扫频阻抗曲线呈现明显的线性上升趋势，可利用斜率变化情况对变压器绕组变形辅助判定。利用线性拟合法将10～500Hz的短路阻抗值拟合，得到拟合曲线斜率，利用该斜率变化判断变压器绕组变形。低频斜率变化值的注意值应为0.5％，警示值应为1.0％。

（4）阻抗电压 u_k＞4％的同心圆绕组对额定频率阻抗值。

1）纵向比较。

容量100MVA及以下且电压等级在220kV以下的电力变压器绕组参数相对变化不应大于±2.0％。

容量100MVA以上或电压等级在220kV及以上的电力变压器绕组参数的相对变化不应大于±1.6％。

2）横向比较执行。

容量100MVA及以下且电压等级220kV以下的电力变压器绕组三个单相参数的最大相对互差不应大于±2.5％；

容量100MVA以上或电压等级220kV及以上的电力变压器绕组三个单相参数的最大相对互差不应大于±2.0％。

（5）扫频阻抗法不同频率段下的等效模型。

1）低频（≤1kHz）等效电路模型。在频率较低（≤1kHz）时，变压器绕组可看作由电阻和电感等元件所组成的集总电路，其低频等效电路模型如图2－15所示，此时近似等效于短路电抗法测试电路，其扫频阻抗曲线基频处的取值即为变压器短路阻抗值。

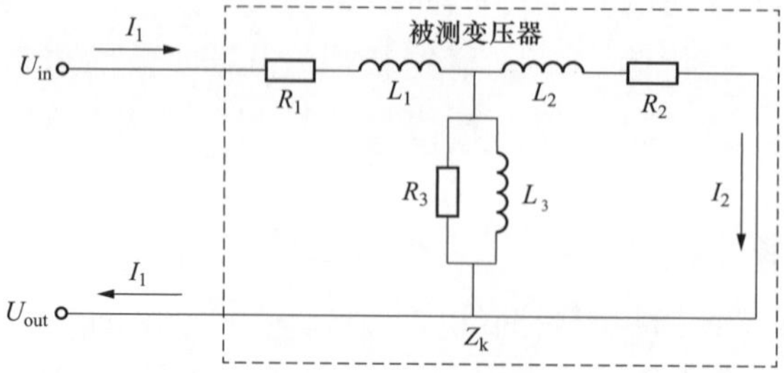

图 2-15　低频等效电路模型

说明：

U_{in}、U_{out}——等效模型中激励端电压和响应端电压；

I_1、R_1、L_1——非短路侧绕组电流、等效电阻和等效电感；

R_2、L_2——折算到非短路侧的短路侧绕组等效电阻和等效电感；

R_3、L_3——励磁回路等效电阻和等效电感。

2）高频（>1kHz）等效电路模型。当频率较高时（>1kHz），铁芯基本不起激磁作用，变压器的每个绕组均可视为一个由线性电阻、电感（互感）和电容等分布参数构成的无源线性双端口网络，其分布参数等效模型如图 2-16 所示。

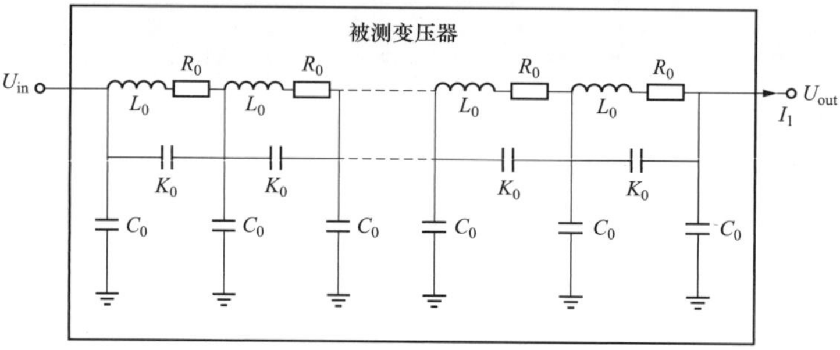

图 2-16　高频等效电路模型

说明：

U_{in}——等效模型中激励端电压和响应端电压；

U_{out}——等效模型中激励端电压和响应端电压；

I_1——非短路侧绕组电流；

R_0——绕组单位长度的分布电阻；

L_0——绕组单位长度的分布电感；

K_0——绕组单位长度的分布电容；

C_0——绕组单位长度的对地分布电容。

（6）用极值点偏移辅助判断变压器绕组机械状态变形。扫频阻抗曲线图中，可利用波峰和波谷分布位置改变以及数量变化判断绕组变形程度。

变压器绕组变形前后阻抗扫频曲线中的极值点偏移的示意图见图 2-17。

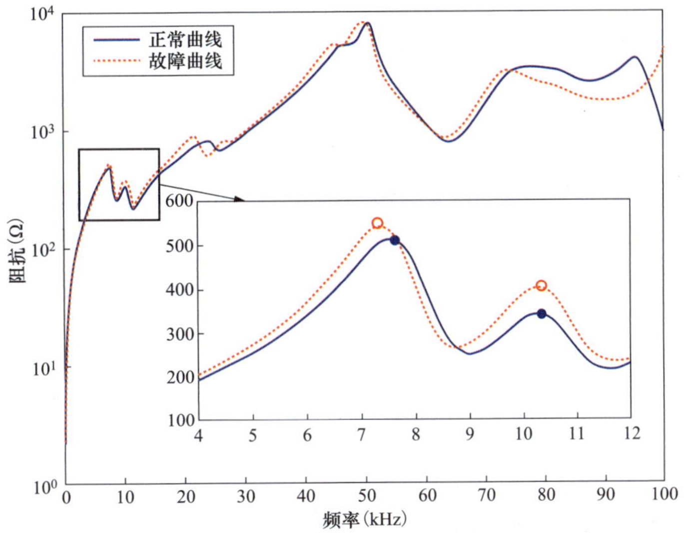

图 2-17　变压器绕组变形前后阻抗扫频曲线中的极值点偏移

极值点偏移率计算

1）应按式（2-2）计算频率偏移率

$$\Delta f = \frac{|f - f_0|}{f_0} \times 100\% \tag{2-2}$$

式中：f_0 为基准比较曲线的极值点处的频率；f 为测试曲线的极值点处的频率。

2）应按式（2-3）计算阻值偏移率

$$\Delta Z = \frac{|Z_f - Z_0|}{Z_0} \times 100\% \tag{2-3}$$

式中：Z_0 作为基准比较曲线的极值点处的频率；Z 为测试曲线的极值点处的频率。

3）应按式（2-4）计算极值点偏移率

$$\Delta P = \sqrt{(\Delta Z)^2 + (\Delta f)^2} \tag{2-4}$$

极值点偏移与变压器绕组变形程度关系可按表 2-2 确定。

表 2-2　极值点偏移与变压器绕组变形程度关系

绕组变形程度	判　　据
严重变形	$\Delta P_L \geqslant 0.4$ 或 $\Delta P_H \geqslant 0.3$
轻度变形	$0.2 \leqslant \Delta P_L < 0.4$ 或 $0.1 \leqslant \Delta P_H < 0.3$，或极点数量变化
正常绕组	$\Delta P_L < 0.2$ 且 $\Delta P_H < 0.1$，且极点数量不变

注　ΔP_L 为曲线在 10Hz～100kHz 内最大的极值点偏移率；ΔP_H 为曲线在 100～600kHz 内最大的极值点偏移率。

2.3 电力变压器绕组机械状态在线检测方法

电力变压器绕组机械状态离线检测方法具有耗时长、成本高、检测设备昂贵、现场接线复杂等缺点，且需将变压器退出运行，不仅会造成一定的经济损失，还在不同程度上降低了电网运行的可靠性。而在线检测方法经济方便，不影响电力系统正常运行，越来越受到研究者的重视。本节分别基于电气和机械角度，提出了短路电抗在线分析法和振动在线分析法两种电力变压器绕组机械状态在线检测方法，详细地介绍了两种方法的原理并进行了多方面的仿真分析，证明了方法的合理性与有效性。进一步开发出变压器电气量采集平台和变压器机械量采集平台，为变压器绕组机械状态在线检测提供了有效的数据支撑，进一步推动了电力系统的数字化与智能化，对智能电网的建设具有重要的意义。

2.3.1 短路电抗在线分析法

电力变压器短路阻抗是当负载阻抗为零时变压器内部的等效阻抗。短路阻抗的电抗分量即短路电抗，是绕组的漏电抗。短路电抗与绕组的相对位置、几何尺寸有关，可以通过监测变压器的短路电抗来检测绕组的变形情况。

绕组的短路电抗（即绕组的漏电抗）由横向漏电抗和纵向漏电抗两部分组成，一般横向漏电抗所占比例较小。在一定的频率下，无论是横向漏电抗还是纵向漏电抗，其电抗值都是由绕组的几何尺寸决定的。

由于漏电抗与漏电感是线性的关系，漏电感的计算实际就归结为漏磁通的计算。当变压器中流过负载电流时，就会在绕组周围产生磁通，在绕组中由负载电流产生的磁通就是漏磁通，漏感与绕组匝数的平方和漏磁导成正比。由于漏磁路主要是空气和油，即漏磁导是个常数，所以漏感是常数。而当绕组发生变形，其漏磁路发生变化，导致漏感发生变化，即短路电抗发生变化。

电力变压器绕组的漏电抗计算公式为

$$x_K = 2\pi f \cdot \mu_0 W_1^2 \frac{2\pi}{l'}\left(\frac{a_1 r_1 + a_2 r_2}{3} + a_{12} r_{12}\right) = 4\pi^2 \cdot f \cdot \mu_0 \cdot W_1^2 \cdot \frac{\sum D}{l'} \qquad (2-5)$$

式中：$\sum D = \frac{a_1 r_1 + a_2 r_2}{3} + a_{12} r_{12}$，$cm^2$，常称为漏磁的等效面积，它与绕组尺寸和布置情况等有关系；x_K 为漏电抗，Ω；f 为频率，Hz；μ_0 为空气或油的导磁率，H/cm；W_1 为绕组匝数；l'为磁力线的计算高度，cm；a_1、a_2、a_{12} 分别为 1、2 绕组的轴向厚度和绕组 1、2 之间的油道宽度，cm；r_1、r_2、r_{12}

分别为 1、2 绕组的平均半径和绕组 1、2 之间的油道平均半径，cm。

在电力变压器中，除了有通过铁芯、一次和二次绕组相交链的主磁通外，还有少量仅与一个绕组相交链且主要通过空气或油闭合的漏磁通。由电流 i_1 产生、且仅与一次绕组相交链的磁通，称为一次绕组的漏磁通，用 $\phi_{1\sigma}$表示；由电流 i_2 产生、且仅与二次绕组相交链的磁通，称为二次绕组的漏磁通，用 $\phi_{2\sigma}$表示。

漏磁通 $\phi_{1\sigma}$和$\phi_{2\sigma}$是随时间交变的，它们分别在一、二次绕组内感生电动势 $e_{1\sigma}$和$e_{2\sigma}$

$$e_{1\sigma}=-N_1\frac{\mathrm{d}\phi_{1\sigma}}{\mathrm{d}t}=-L_{1\sigma}\frac{\mathrm{d}i_1}{\mathrm{d}t} \tag{2-6}$$

$$e_{2\sigma}=-N_2\frac{\mathrm{d}\phi_{1\sigma}}{\mathrm{d}t}=-L_{2\sigma}\frac{\mathrm{d}i_1}{\mathrm{d}t} \tag{2-7}$$

式中：$L_{1\sigma}$和$L_{2\sigma}$分别为一、二次绕组的漏感。

漏感与绕组匝数的平方和漏磁导成正比，即

$$L_{1\sigma}=\frac{N_1\phi_{1\sigma}}{i_1}=N_1^2\Lambda_{1\sigma} \tag{2-8}$$

$$L_{2\sigma}=\frac{N_2\phi_{2\sigma}}{i_2}=N_2^2\Lambda_{2\sigma} \tag{2-9}$$

式中：$\Lambda_{1\sigma}$和$\Lambda_{2\sigma}$分别为一、二次绕组漏磁路的磁导。由于漏磁路的主要部分是空气和油，所以漏磁导是常数，即漏感是常数。

绕组的漏感抗是表征绕组漏磁效应的一个参数，与漏感是线性关系，$X_1=\omega L_{1\sigma}$，$X_2=\omega L_{2\sigma}$，其中 X_1、X_2 分别是一、二次绕组的漏抗，所以漏抗是常数，即短路电抗也是常数。

变压器是根据电磁感应原理制成的一种静止电器，当变压器空载投入线路中时，励磁电流立刻处于瞬变状态的过渡过程，瞬时峰值可能达到额定负载电流的几倍，比正常的励磁电流大几十倍，这个暂态电流就是励磁涌流。励磁涌流的大小取决于投入变压器时线路电压的相位以及变压器铁芯中剩磁通的状态。

变压器正常运行、外部故障和发生励磁涌流时，绕组的匝数和漏磁通经过的磁路没有发生变化，所以变压器的漏感不会发生变化。当变压器绕组发生单相接地故障、各相绕组之间的相间短路，或者是单相绕组部分线匝之间发生匝间短路时，绕组电流所通过的绕组匝数会发生变化，漏感会发生变化，即短路电抗发生变化。

可见，利用短路电抗判断绕组变形不受励磁涌流的影响，且在发生故障情况下能正确判断。

1. 变压器短路电抗在线辨识原理

通过以上分析，当变压器发生线圈位移或匝间短路时，漏磁场将发生强烈的变化。并直接影响绕组漏感的变化，即影响漏电抗的变化，进而短路电抗值也就发生变化。因此，通过对变压器三相电压、电流的测量来辨识绕组的短路电抗。并对比正常时的三相绕组的短路电抗，可以发现绕组是否异常及故障发生的部位，保证变压器元件得到及时更换，防止变压器非正常退出运行。

以单相双绕组变压器为研究对象，其等效电路模型如图 2-18 所示。

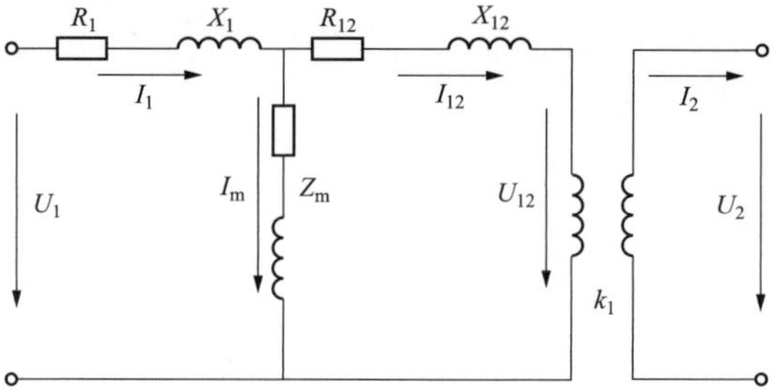

图 2-18　单相双绕组变压器等效电路模型

图 2-18 中，R_1 和 X_1 为一次侧绕组的电阻和电抗；R_{12} 和 X_{12} 为二次侧绕组的电阻和电抗在一次测的归算值；U_1、I_1 为一次侧的电压、电流；U_2、I_2 为二次侧的电压、电流；U_{12}、I_{12} 为二次侧的电压、电流在一次测的归算值；Z_m 为励磁阻抗；I_m 为励磁电流；k_1 为变比。等效电路的数学模型如下

$$U_1 - U_{12} = I_1(R_1 + jX_1) + I_{12}(R_{12} + jX_{12}) \tag{2-10}$$

根据 $I_2 = k_1 I_{12}$，$U_{12} = k_1 U_2$ 可得

$$\frac{U_1 - k_1 U_2}{I_1} = (R_1 + jX_1) + \frac{I_2}{k_1 I_1}(R_{12} + jX_{12}) \tag{2-11}$$

引入中间变量 a、b、c、d，设

$$\frac{U_1 - k_1 U_2}{I_1} = a + jb \tag{2-12}$$

$$\frac{I_2}{k_1 I_1} = c + jd \tag{2-13}$$

公式经变换可得

$$a + jb = (R_1 + cR_{12} - dX_{12}) + j(X_1 + cX_{12} + dR_{12}) \tag{2-14}$$

采集变压器一、二次侧电压、电流向量值，可求得 a、b、c、d 的值，代入式（2-14）可得

$$\begin{cases} a = R_1 + cR_{12} - dX_{12} \\ b = X_1 + cX_{12} + dR_{12} \end{cases} \tag{2-15}$$

在额定范围内改变变压器的负载，测量不同负载情况下待测变压器的一次侧电流 I_1 和电压 U_1、二次侧电流 I_2 和电压 U_2，计算出 a_1、b_1、c_1、d_1 和 a_2、b_2、c_2、d_2。变压器绕组阻抗为常量，可列写矩阵方程求解

$$\begin{bmatrix} 1 & 0 & c_1 & -d_1 \\ 0 & 1 & d_1 & c_1 \\ 1 & 0 & c_2 & -d_2 \\ 0 & 1 & d_2 & c_2 \end{bmatrix} \begin{bmatrix} R_1 \\ X_1 \\ R_{12} \\ X_{12} \end{bmatrix} = \begin{bmatrix} a_1 \\ b_1 \\ a_2 \\ b_2 \end{bmatrix} \tag{2-16}$$

根据式（2－16）可解出 X_1、X_{12}，进而在线辨识出变压器的短路电抗

$$X_k = X_1 + X_2 \tag{2-17}$$

2. 变压器短路电抗在线测量仿真分析

利用 MATLAB/Simulink 仿真平台对试验变压器进行仿真分析。试验变压器型号为 S11－M－500/35kV，电压比为 87.5，一次侧额定电流为 8.25A，二次侧额定电流为 721.69A。空载试验中获得空载损耗 P_0＝875W，空载电流百分比 I_0%＝0.39%；负载试验中获得负载损耗 P_K＝6937W，短路阻抗百分比 U_K%＝6.63%。

变压器模型采用 Simulink/SimPowerSystem 中自带的变压器模块，由于试验变压器连接组为 Yyn11，因此在 transformers/Configuration 选项卡中，高压绕组选择 Y 连接，低压绕组选择 yn 连接，如图 2－19 所示。

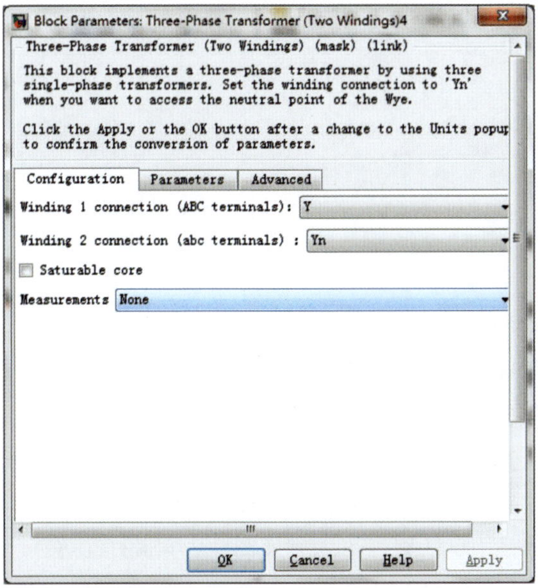

图 2－19　Yyn11 变压器连接组设置 1

由负载试验获得数据可得：

变压器的短路电压

$$U_k=35000\times6.63\%=2320.5(\mathrm{V})$$

由于变压器高压侧为星型连接，因此相电压为

$$U_{k\phi}=U_k/\sqrt{3}=1339.7(\mathrm{V})$$

每相的负载损耗为

$$P_{k\phi}=6937/3=2312.3(\mathrm{W})$$

每相的短路阻抗为

$$Z_k=U_k/I_k=1339.7/8.25=162.3879(\Omega)$$

每相电阻为

$$R_k=P_{k\phi}/I_k^2=2312.3/8.25^2=33.9732(\Omega)$$

因此变压器每相的短路电抗为

$$X_k=\sqrt{Z_k^2-R_k^2}=\sqrt{162.3879^2-33.9732^2}=158.7944(\Omega)$$

由空载试验数据可得：

变压器每相的空载损耗为

$$P_{0\phi}=\frac{875}{3}=291.67(\mathrm{W})$$

每相的空载电流为

$$I_{20\phi}=I_0=721.69\times0.39\%=2.81(\mathrm{A})$$

因此，变压器每相的励磁阻抗为

$$Z'_m=\frac{U_{2\phi}}{I_{20\phi}}=\frac{400/\sqrt{3}}{2.81}=82.19(\Omega)$$

励磁电阻为

$$R'_m=\frac{P_{0\phi}}{I_{20\phi}^2}=\frac{291.67}{2.81^2}=36.94(\Omega)$$

励磁电抗为

$$X'_m=\sqrt{Z'^2_m-R'^2_m}=\sqrt{82.19^2-36.94^2}=73.42(\Omega)$$

以上空载试验计算的参数均是从低压侧看进去的，现将它们折算至高压侧即乘以变压器变比的平方

$$Z_m=k^2Z'_m=87.5^2\times82.19=629270(\Omega)$$

$$R_m=k^2R'_m=87.5^2\times36.94=282820(\Omega)$$

$$X_m=k^2X'_m=87.5^2\times73.42=562120(\Omega)$$

因此在 transformers/Parameters 选项卡中，各参数设置如图 2－20 所示。

Yyn11 短路电抗在线计算仿真模型如图 2－21 所示。

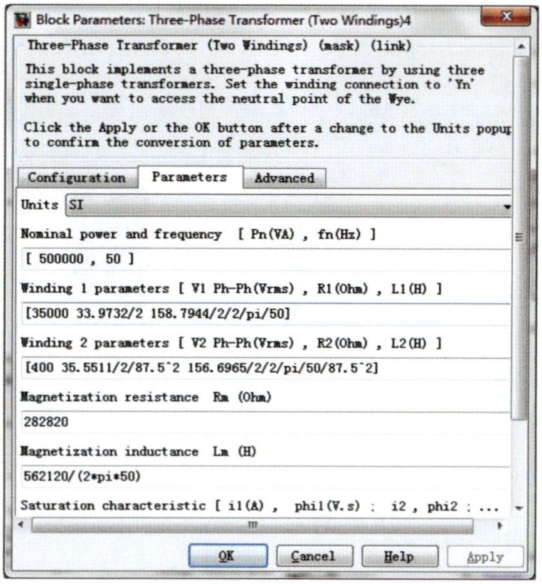

图 2 - 20　Yyn11 变压器连接组设置 2

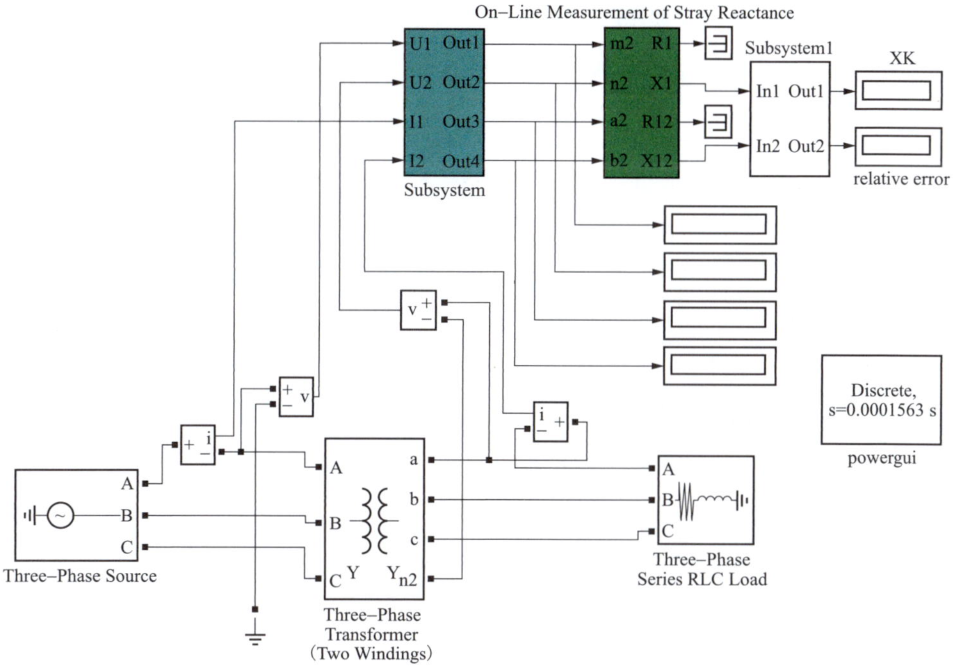

图 2 - 21　Yyn11 短路电抗在线计算仿真模型

在额定负载范围内，采集两次不同负载下被试变压器一次侧和二次侧的电压向量值、电流向量值，可以求解变压器的短路电抗。

这里采用改变负载功率因数的方法改变负载，首先假定变压器满负载运行，功率因数为 0.9，此时变压器的有功功率为 500000×0.9=450000（W），无功功率为 $500000\times\sqrt{1-0.9^2}=2.17940$（var），运行仿真模型，结果如图 2-22 所示。

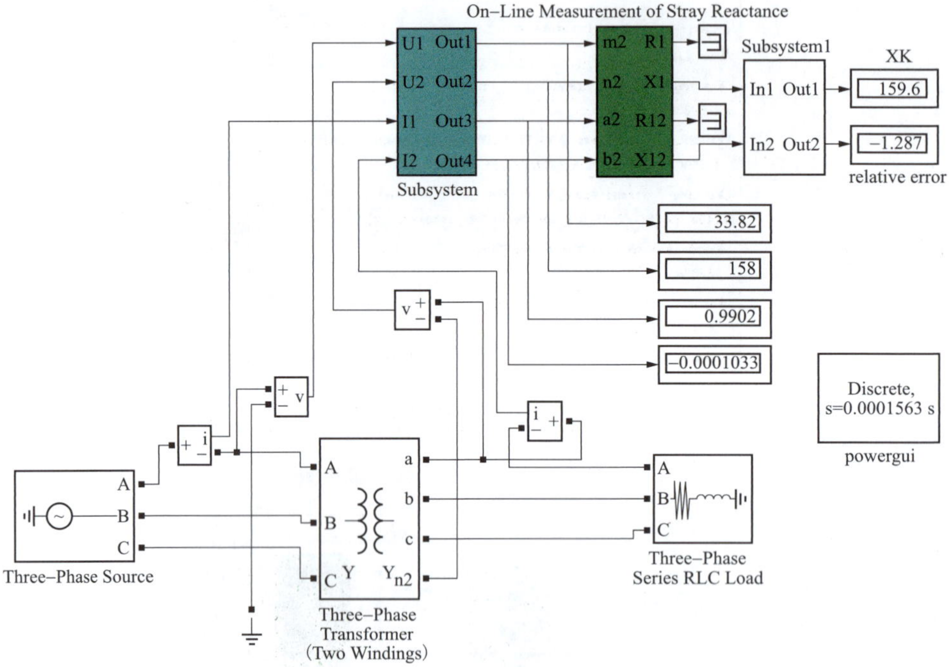

图 2-22 负载功率因数为 0.9 时仿真结果

此时得到 4 个中间结果 $m_1=33.82$、$n_1=158$、$a_1=0.9902$、$b_1=-0.0001033$，改变负载功率因数为 0.8，再运行仿真模型，仿真结果如图 2-23 所示。

此时得到 $m_2=33.96$、$n_2=158$、$a_2=0.9903$、$b_2=-0.001925$，同时计算出变压器的短路电抗为 158.7737Ω，与设定值 158.7944Ω 的误差为 0.03251%。

用同样的方法，分别将负载功率因数调至 0.8、0.7、0.6、0.5、0.4，分别进行了 5 种不同功率因数下的仿真试验，短路电抗计算结果如表 2-3 所示。

表 2-3　不同负载功率因数下短路电抗在线计算结果

功率因数	短路电抗计算值（Ω）	短路电抗参考值（Ω）	计算误差（%）
0.8	158.7737	158.7944	0.03251
0.7	158.7835		0.01713
0.6	158.7861		0.01311
0.5	158.7871		0.01146
0.4	158.7879		0.01020

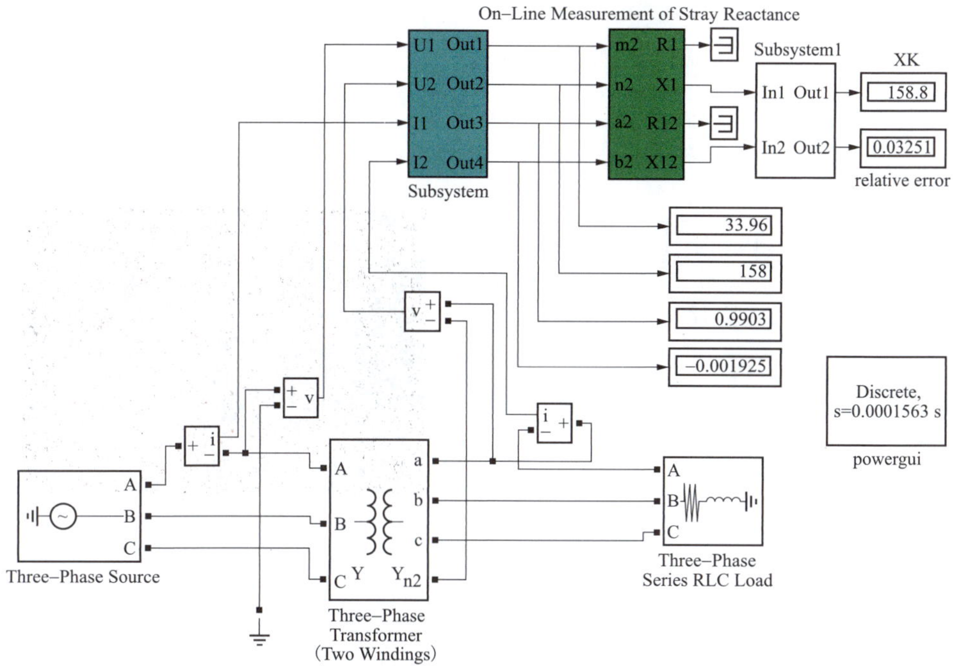

图 2－23　负载功率因数为 0.8 时仿真结果

由表 2－3 可知，5 种不同功率因数下，计算误差在 0.01%～0.033%之间，由此证明本算法可以准确有效的在线测量变压器的短路电抗，且具有较高精度。

3. 电力变压器电气参量采集平台

（1）系统硬件组成。在变压器电气参量采集系统中，需要同时对电力变压器高低压侧电流信号、电压信号进行实时在线测量，测量结果在测量范围内需要满足线性度和动特性要求。基于 DSP28335 为核心的变压器电气参量数据采集系统硬件框图如图 2－24 所示，主要由五大部分组成，即高精度电流电压传感器、相位补偿电路、滤波电路、限幅电路及 A/D 转换电路。

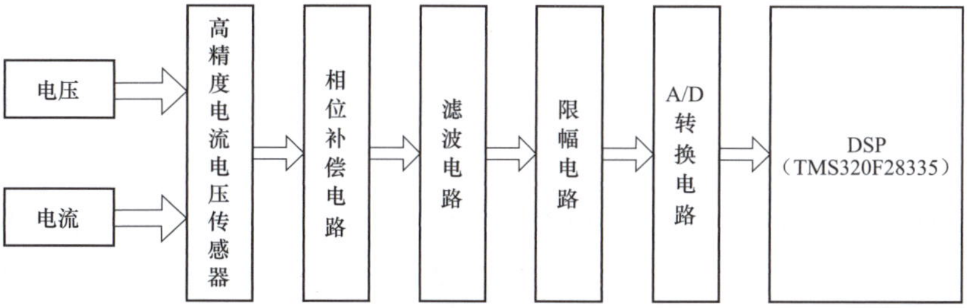

图 2－24　数据采集系统硬件框图

（2）装置的研制。采集装置各部分电路主要通过个功能模块的 PCB 板直接连接，PCB 的抗电磁干扰能力直接影响信号的安全可靠性能，因此，选用工业级的芯片和元件，印刷电路板的布线将信号线与电源线分开、数字线路与模拟电路分开。电路原理图及 PCB 布线图如图 2－25 所示。

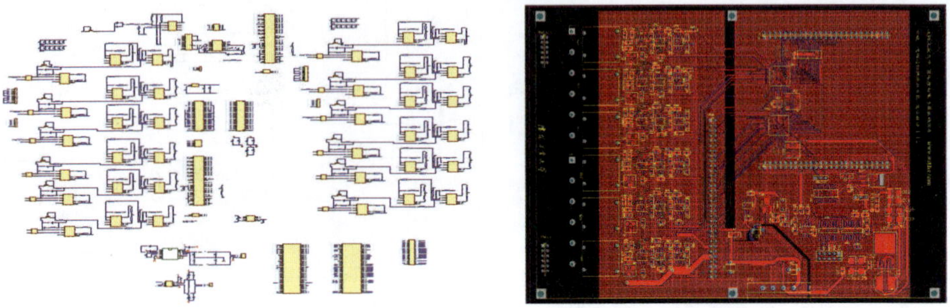

（a）　　　　（b）

图 2－25　采集装置原理图及 PCB 布线图

（a）采集装置电路原理图；（b）采集装置 PCB 布线图

数据采集装置硬件电路板如图 2－26 所示，信号采集装置可以实现对 6 路电压信号及 6 路电流信号同时进行采集，并对采集到的数据进行 FFT 变换，计算出电流电压的幅值及相角。图 2－27 为变压器在线监测信号采集装置图。

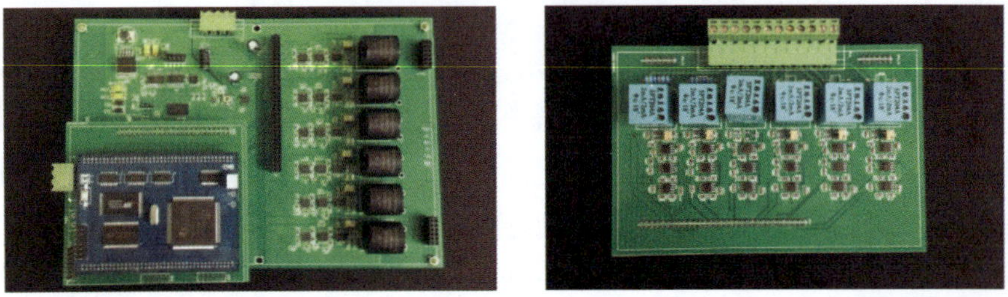

图 2－26　采集装置硬件电路板

（3）实验验证。为验证电气参量数据采集装置的可靠性、稳定性和测量精度，将装置与 FLUKE NORMA 4000/5000 功率分析仪获取的实际参数进行对比。试验选用 S11－M－315/10 型变压器作为试验变压器，二次侧接入电阻负载，来模拟变压器正常运行工况，变压器一次侧施加 50Hz 的工频电压，二次侧接电阻负载 4×4Ω。试验中高压侧采用三台型号为 HL28 型标准电流互感器，精度等级为 0.01 级；三台 HJ12 型标准电压互感器，精度等级为 0.01 级；低压测采用三台型号为 HL28－1 型电流互感器，精度等级为 0.05 级；三台型号为 HJ12－1 型电压互感器，精度等级为 0.05 级。试验时采集数据与功率分析仪的对比如图 2－28 所示，验证了在线监测装置数据采集的准确性。

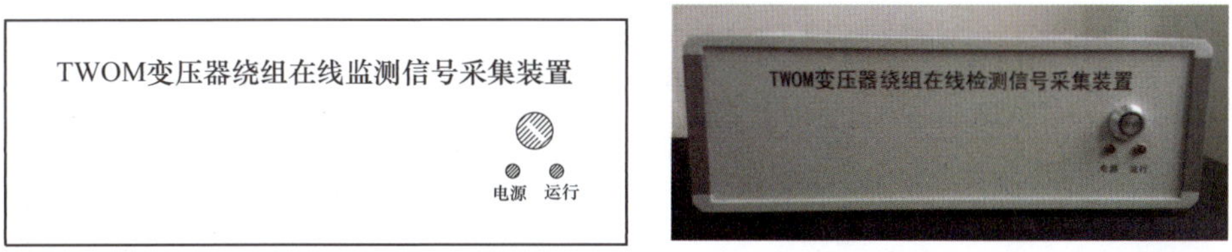

（a）

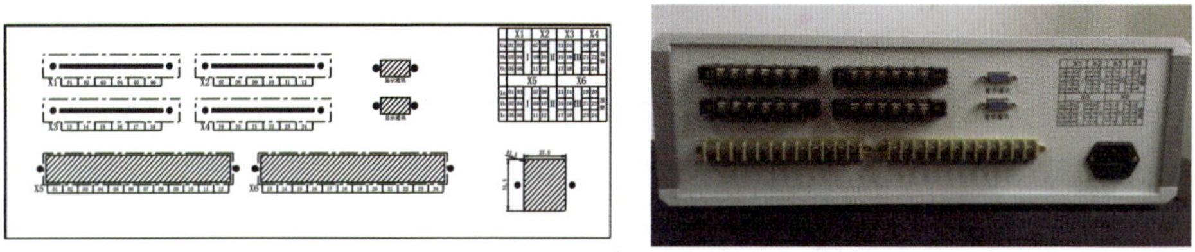

（b）

图 2－27　变压器在线监测信号采集装置

（a）控制箱前面板；（b）控制箱后面板

（a）

（b）

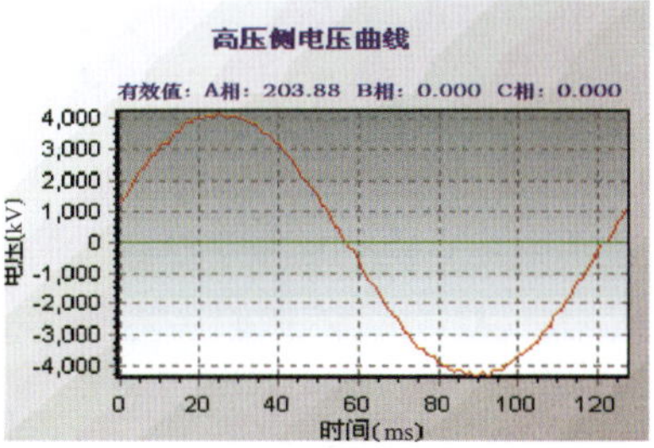

（c）

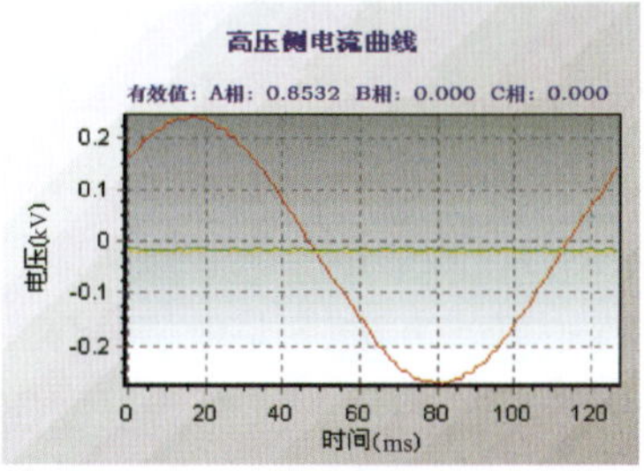

（d）

图 2－28　数据采集装置与功率分析仪测试结果对比

（a）试验现场；（b）功率分析仪；（c）采集电流界面；（d）采集电压界面

2.3.2 振动在线分析法

关于电磁激励作用下变压器振动问题的研究，实际上是一个多物理场耦合的计算问题。耦合计算的内容及过程主要包括：①应用电路和磁场耦合方法计算电磁场中变压器绕组和铁芯的电磁暂态特性；②通过在电路中应用外电路的加载方式，在磁场中利用有限元的方法建立磁场模型，然后将交流电压源电路作为激励添加到磁场模型中进行耦合计算，这样实现了多物理场的第一次耦合；③在结构力场中，将电磁场中的计算结果作为激励与结构力场的变量再次进行耦合计算，实现多物理场的第二次耦合。

1. 变压器振动特性的计算分析

本书基于多物理场仿真软件 COMSOL 对变压器的振动情况进行电磁场和结构力场的耦合求解分析。COMSOL 是基于有限元方法的数值仿真软件。COMSOL 广泛应用于多个领域的科学研究以及工程分析计算中，其主要原因就在于它高效地多物理场耦合能力、专业地计算模型库和强大的网格剖分能力，特别是能够准确地实现各物理场之间的耦合计算。COMSOL 仿真计算的基本求解步骤是：选择所需模块方程及确定偏微分方程，创建或导入物理模型，设定材料属性，选择适当的边界条件，进行网格剖分，选择求解器和进行求解，显示后处理结果。

（1）变压器几何模型的建立。以 S11－M－500/35 型三相变压器为例。变压器作为一个复杂系统，其材料、内部连接、接触面等都包含了大量的非线性因素，所以需要对变压器结构和材料做相应的简化与等效：简化或直接忽略一些不重要的倒角、螺纹孔等几何信息；简化铁芯内部结构，直接依照其外形结构建立几何模型，并将该结构材料的等效特性参数作为有限元分析依据；变压器的所有紧固件连接，将在有限元几何模型建立以后，通过添加约束条件的方法实现连接件的功能，近似模拟实际运行情况等。考虑到实际变压器铁芯叠片后的截面形状接近圆形，在建立变压器铁芯的几何模型时，首先建立几何坐标平面，在 $x-y$ 坐标平面上先建立铁芯的剖面图形，根据铁芯的实际高度，将建立的多个剖面图形沿 z 轴方向拉伸成圆形的芯柱体，再采用布尔体运算的方法将所有芯柱体组合成一个整体，建立的多芯柱体几何模型定义为变压器的铁芯。然后根据实际 A/B/C 三相高低压线圈的尺寸，在铁芯模型的芯柱外层建立三组高低压线圈模型。首先在 $x-y$ 几何坐标平面上选择铁芯三相芯柱的轴心作为三相高低压线圈的圆心，再按照线圈的内外径建立剖面图形，根据线圈的实际高度，将多个剖面图形沿 z 轴方向进行拉伸后，即可生成变压器三相高低压线圈的几何模型。

（2）多物理场耦合模型的建立及网格剖分。多物理场耦合模型建立之前，需要对几何模型赋予材料属性。赋予铁芯模型材料属性为铁磁材料，并在材料库中输入铁磁材料的 HB 曲线。赋予线圈模型的材料属性为铜材料，并在材料库中输入相对电导率和相对磁导率等电磁参数。在磁场中对线圈的主要参数进行定义，每相高压线圈的匝数为 2202 匝，电阻为 16.3Ω；每相低压线圈的匝数为 24 匝，电阻为 0.0014Ω。变压器线圈的主要参数如表 2-4 所示。

表 2-4　　变压器线圈的主要参数

参　数	高 压 线 圈	低 压 线 圈
匝数	2202	24
电阻（Ω）	16.3	0.0014
线圈类型	层式	层式

在电场模块中建立外围激励电路。在变压器的额定分接负载试验中，高压线圈施加的线电压的有效值为 2275V，频率为 50Hz。根据电路计算结果，在每相高压线圈的外电路模型中施加频率为 50Hz，电压幅值为 1857V 的正弦电压源。在每相低压线圈的外电路模型中，将低压线圈的两端短接来模拟负载试验中二次侧短接的情况。由于实际变压器的高低压线圈之间存在绝缘，需要在每组高低压线圈模型之间定义电绝缘。通过在磁场模型中添加安培定律、线性矢量磁势、标量磁场域等边界条件建立变压器本体的电磁场模型。

在结构力场模块中，考虑到线圈的振动情况接近弹簧系统振动，铁芯的振动情况接近刚体振动，引入弹性模量、泊松比、密度等力学参数。并将上述力学参数输入到铁芯和线圈的材料库中。将线圈和铁芯定义为体载荷，并在线圈和铁芯的上下两端施加固定约束。

变压器的耦合场模型建立好之后，需要对模型进行网格剖分。剖分后的模型如图 2-29 所示。

（3）仿真求解及结果验证。多物理场耦合求解的思想分两种：一种是整体耦合求解；一种是顺序耦合求解。整体耦合求解的基本思想是将所求的多个物理场在一起进行集中计算；顺序耦合求解的基本思想是将每个物理场进行有先后顺序的计算，然后再进行整体计算。本书在求解器的设置中选择三维瞬态求解器，在求解器配置里选择全耦合求解方法，并在每次迭代中进行雅可比修正。设置求解时间为 0.05s，步长为 0.001s，相对容差选择 0.001。

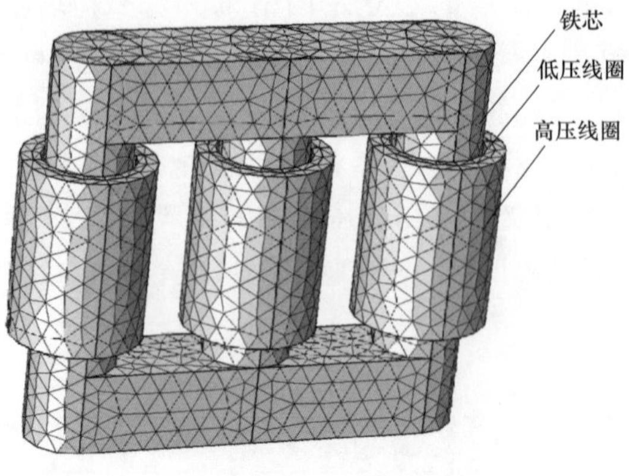

图 2－29　变压器模型

1）电磁场模块求解及结果。电路模块求解时满足的电场微分方程为

$$-\nabla\cdot\frac{\partial(\varepsilon_0\varepsilon_r\nabla V)}{\partial t}-\nabla\cdot(\sigma\nabla V-J^e)=0 \tag{2-18}$$

式中：ε_0 为自由空间的介电常数，其大小为 8.85×10^{-12}F/m；ε_r 为相对介电常数；σ 为电导率；J^e 为外部电流密度；V 为方程因变量，即电势。

在电磁场分析中，采用场路耦合法将变压器的电路模型和磁场模型耦合到一起。场路耦合法不仅可以方便地计算出高低压线圈的电压、电流等电路参数，而且可以通过施加外电路使电磁仿真的过程更加真实，提高仿真结果的准确性。电场和磁场的耦合首先要在电场中建立外电路部分，建立的外电路如图 2－30 所示。图 2－30 中的电源（source）为频率 50Hz、电压幅值 1857V 的交流电压源。将交流电压源加到三相高压线圈两端，将低压线圈的两端短接来模拟负载试验中二次侧短接的情况。图 2－30 中的 coil1 为耦合模型中的高压线圈，coil2 为耦合模型中的低压线圈，resistor1 和 resistor2 为线路电阻，实现电路和磁场模型的耦合。通过仿真计算得到变压器 B 相高压线圈的电压和 B 相低压线圈的感应电流如图 2－31 和图 2－32 所示。

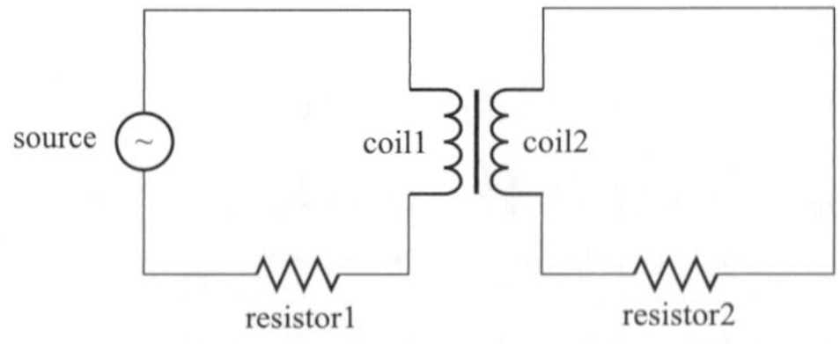

图 2－30　外电路模型

从图 2－31 和图 2－32 中可以看出，电路模块计算出的 B 相高压线圈电压波形为幅值 1857V、频率 50Hz 的正弦波。B 相低压线圈的感应电流波形为幅

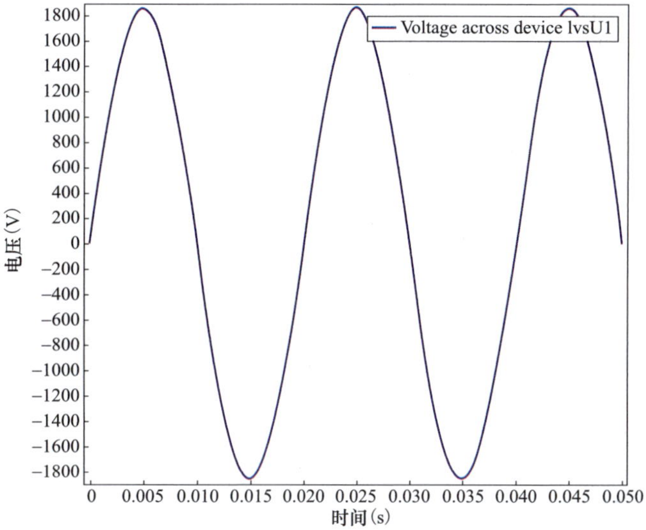

图 2－31　变压器 B 相高压线圈电压

值 1021A、频率 50Hz 的正弦波。通过对仿真结果计算可得，B 相二次侧电流有效值为 721A，与变压器实际的额定电流参数相吻合。

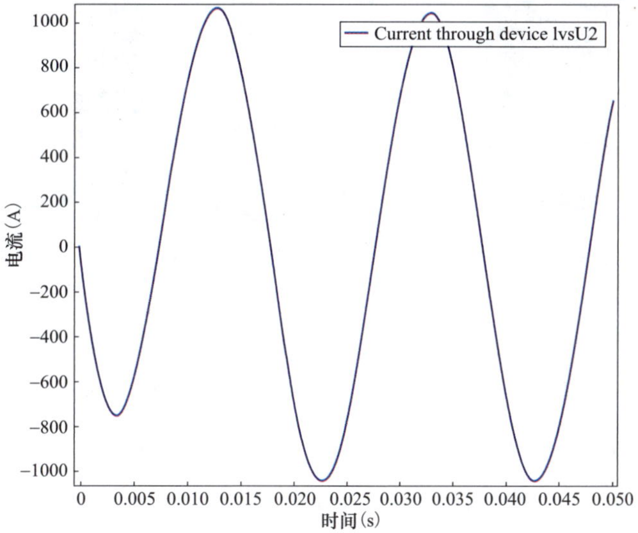

图 2－32　变压器 B 相低压线圈感应电流

磁场模块的求解域方程为

$$\sigma \frac{\partial A}{\partial t} + \nabla \times (\mu_0^{-1} \mu_r^{-1} \nabla \times A) = J^e \tag{2-19}$$

式中：μ_0 为自由空间磁导率，其大小为 $4\pi \times 10^{-7}$ H/m；μ_r 为相对磁导率；A

为方程因变量，即矢量磁位。

在磁场计算过程中，磁场模块存在如下关系

$$B = \mu_0 \mu_r H = \nabla \times A \tag{2-20}$$

$$J = \sigma E + J^e \tag{2-21}$$

式中：B 为磁通密度；H 为磁场强度；J 为电流密度；E 为电场强度。

将计算得到的外部电流密度作为磁场中的激励加到磁场模块中，通过计算可以得到变压器的磁场密度分布情况如图 2－33 所示。

根据图 2－33（a），对 B 相线圈表面的漏磁场分布进行分析可知，在线圈上下两端部漏磁场的磁密值最大，最大值达到 0.18T。根据图 2－33（b），对铁芯内部主磁通磁场分布分析可知，此时变压器铁芯 B 相主磁通的磁密最大，磁通密度峰值达到 1.87T。A、C 相的磁通密度明显小于 B 相，这是由于三相线圈中电流存在的相位差所导致的。对漏磁场和主磁场的仿真结果均满足变压器的电磁特性和参数要求。

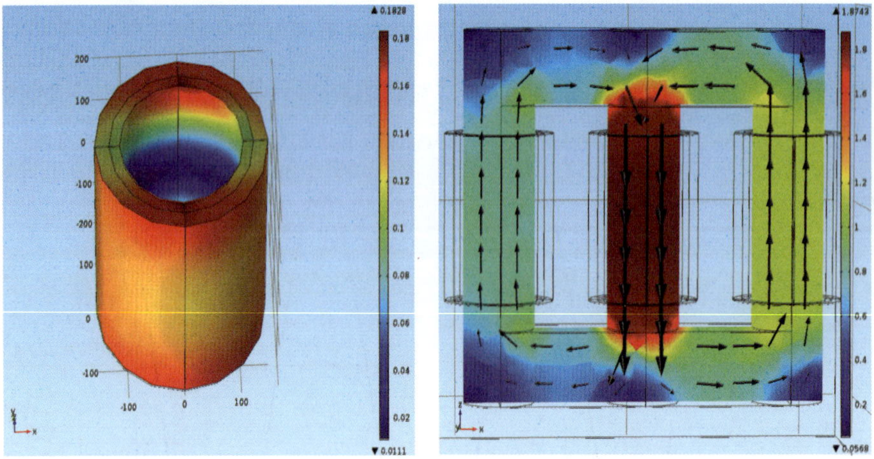

（a）　　　　　　　　（b）

图 2－33　变压器线圈和铁芯的磁密分布

（a）B 相线圈漏磁场磁密分布；（b）铁芯主磁通磁密分布及方向

2）结构力场模块求解及结果。机械系统能够产生振动，从其自身而言是由于系统同时具有质量和弹性。从能量观点看，质量储存动能，弹性储存势能，当外部激励对系统做功时，质量吸收动能而拥有速度，弹性元件存储变形能而拥有使其回到平衡位置的能力。实际的机械系统或结构系统的质量和弹性都是分布的，对这种分布参数系统的精确求解多数情况下十分困难，因而将其简化为离散系统。经离散化处理后，一个结构的动力学特性可以由 N 阶矩阵的微分方程来描述，这在计算机中就可以通过仿真来实现。

在结构力场模块中，将电磁场模块中计算得到的变量 B、J、H 带入求解域方程中实现电磁场与结构力场的耦合。通过耦合计算可以得到铁芯及线圈表面加速度、速度和位移的表达式。在结构力场分析中，选择实体应力模块，结构力场模块的微分方程为

$$m\frac{\mathrm{d}^2u}{\mathrm{d}t^2}+\xi\frac{\mathrm{d}u}{\mathrm{d}t}+ku=f(t) \tag{2-22}$$

式中：m 为质量；ξ 为阻尼系数；k 为刚度系数；u 为形变位移；$\frac{\mathrm{d}u}{\mathrm{d}t}$为形变速度；$\frac{\mathrm{d}^2u}{\mathrm{d}t^2}$为形变加速度；$f(t)$ 为应力。

通过仿真计算得到变压器 B 相线圈的形变位移分布，如图 2-34 所示。

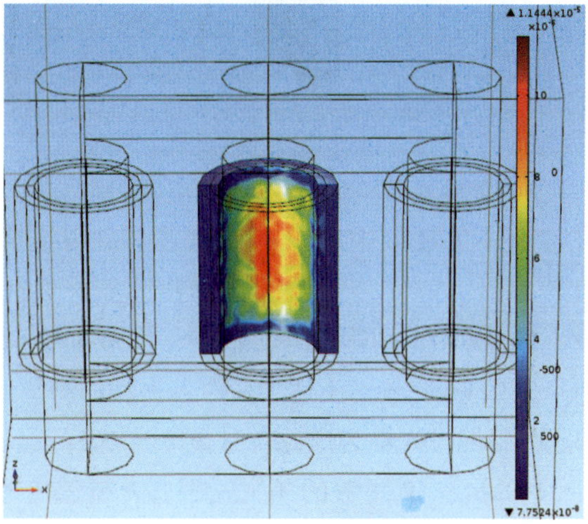

图 2-34　变压器 B 相线圈形变位移分布图

根据图 2-34 可以看出，整个线圈形变最大的地方在线圈中部。这是由于在实际变压器中，线圈和铁芯之间会安放绝缘垫块。当线圈上下两端被绝缘垫块的预压力压紧后，线圈中的正弦电流切割漏磁场时，在线圈两端弯曲形成的切向磁场分量的作用下，会在线圈端部产生轴向的洛伦磁力。虽然线圈两端的漏磁场磁密大于线圈中部，但是由于绝缘垫块的作用，距离上下两端越近的线圈受到的预压力越大。而线圈中部距离上下两端距离最远，受到的预压力影响也最小。在洛伦兹力和预压力共同作用下，线圈将受到从两端向中部挤压的轴向作用，所以线圈中部的形变趋势最大。

2. 电力变压器机械参量在线采集平台

为了获取变压器不同电流、电压下振动信号的机械特性，搭建电力变压器振动采集平台为后期的振动信号分析奠定基础，选取不同型号振动传感器进行对比，传感器及采集系统如图 2-35 和图 2-36 所示。

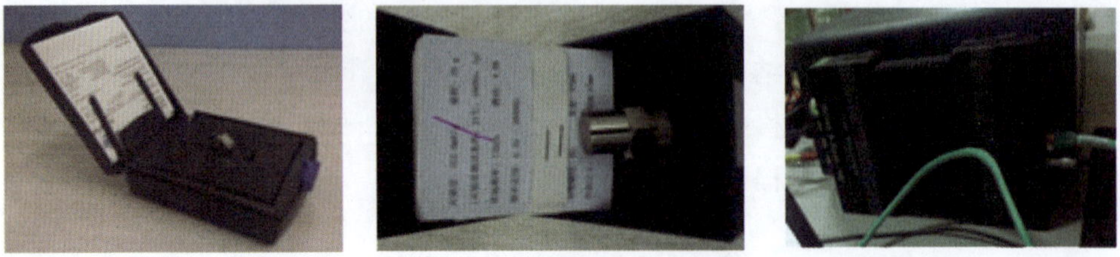

（a） （b） （c）

图 2-35 动信号采集设备

（a）BK 加速度传感器；（b）朗斯加速度传感器；（c）3050A 型数采前端

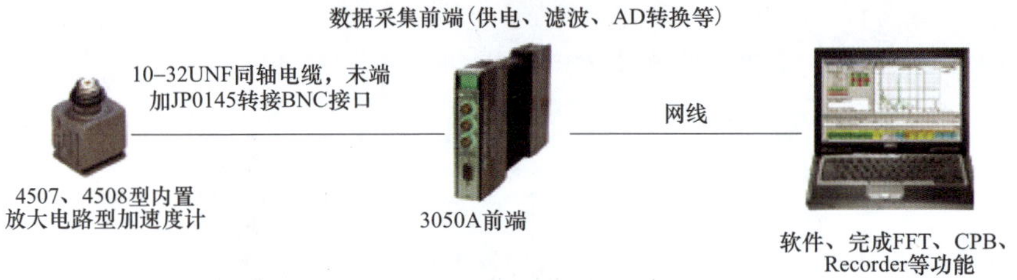

图 2-36 采集设备连接系统示意图

振动传感器在数据采集过程中难以避免地受电磁场干扰，可供选择的振动传感器有加速度传感器、速度传感器和位移传感器。加速传感器可分为压电式传感器、应变式传感器和伺服加速传感器。伺服加速传感器低频响应非常好，但频宽窄（<500Hz），显然不适于变压器振动的测量。压电式与应变式相比较，压电式加速传感器应用更为广泛，自重 2～500g，安装谐振频率（即频率响应上限）为 4～100kHz，有足够的频宽。因此，振动传感器选择压电式加速传感器较合理。变压器正常运行时油箱表面的振动信号主要是铁芯和绕组产生的振动信号的叠加，且频率范围为 10～2000Hz。结合变压器油箱表面振动信号的特点及精度要求，选择能够满足变压器振动信号要求的压电加速度传感器。

传感器安装在变压器表面时采用了磁座固定法，该方法多用于低频测量中，可适用于最大振级为 200g（峰值）的振动采集，并且安装更方便快捷。图 2-37 为振动传感器现场测试图，采用磁座固定方式。选择的传感器灵敏度为 250mV/g，量程为±20g，频率范围为 0.3Hz～7.7kHz，具有较高的灵敏度，可以更精确的测量得到变压器的振动信号。

振动采集系统参数设置及采集界面如图 2-38 所示。

3. 电力变压器机械振动测试验证与分析

为了验证模型和仿真结果的准确性，对变压器器身本体进行额定负载试验，并在变压器电流达到额定值（一次侧电流达到 8.25A；二次侧电流达到 721.87A）情况下，测量变压器绕组的振动信号。负载试验如图 2-39 所示。

(a)　　　　　　(b)

图 2-37　振动传感器现场测试图

(a) A 相侧壁安装位置；(b) 传感器近景图

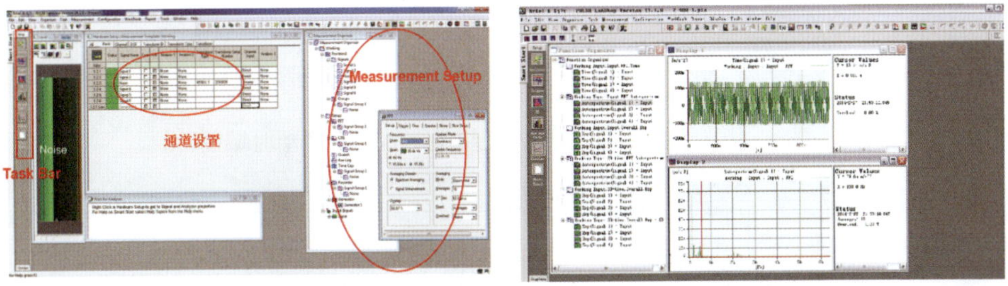

(a)　　　　　　(b)

图 2-38　振动采集系统参数设置及采集界面

(a) 参数设置界面；(b) 振动采集界面

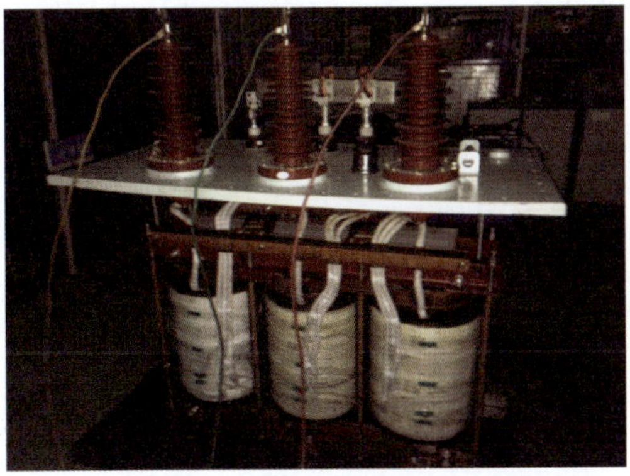

图 2-39　变压器器身负载试验

根据上述电路、磁场及结构力场耦合计算的结果，可以得到变压器仿真模型上特殊点的振动信号时域图。提取变压器模型 B 相高压绕组 1/6 处的振动仿真信号，并与变压器器身本体振动的试验测得信号进行对比。变压器模型B相高压绕组1/6处的振动仿真图如2-40所示。试验测得B相高压绕组1/6处的振动信号如图2-41所示。

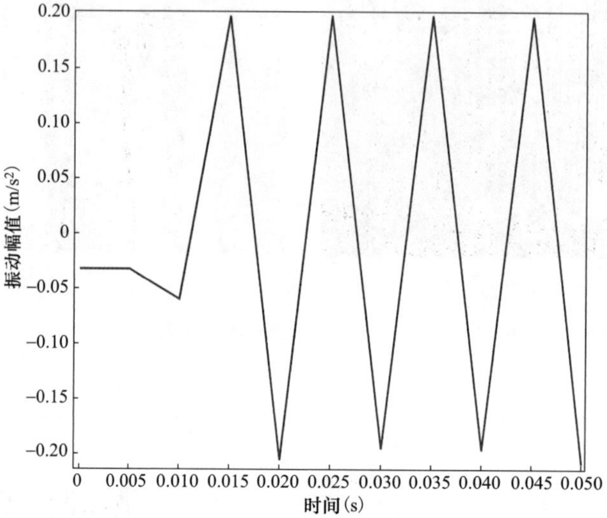

图2-40 仿真模型B相高压绕组1/6处的振动时域图

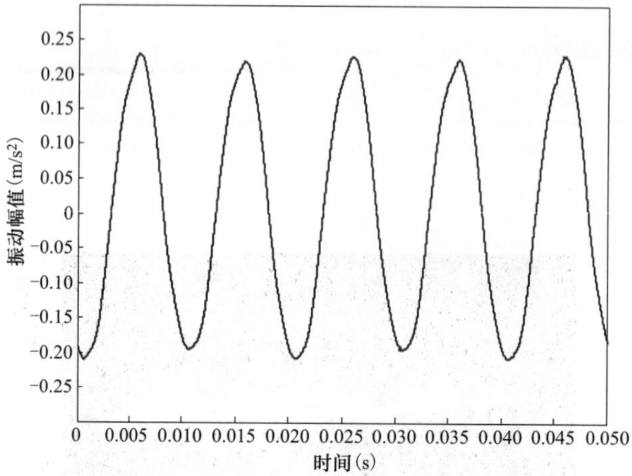

图2-41 试验变压器B相高压绕组1/6处的振动信号

对比图2-40和图2-41可知，试验变压器的振动信号主要集中在100Hz。试验测得的振动信号存在少量的谐波，这是由于在试验测试现场有一定的噪声影响。与基频为100Hz的振动信号相比，噪声产生的谐波忽略不计。仿真模型在仿真前0.02s内，振动幅值较正常小。这是由于在结构力场模块中选择的体载荷具有一定的惯性约束导致的。仿真模型的振动信号频率主要为100Hz。仿真结果与实验数据吻合良好，验证了仿真模型的可靠性，证明了前面理论研究和仿真分析的准确性。

3

电力变压器绕组机械状态数据

电力变压器绕组的机械变形缺陷不易通过绝缘诊断试验和油中溶解气体在线监测装置发现，但机械缺陷如进一步发展，容易导致突发性绝缘故障，对电力变压器安全运行带来极大风险，因此，开展电力变压器绕组机械故障在线诊断势在必行，可以及时发现绕组故障隐患，避免变压器带缺陷运行，合理安排时间停运检修。电力变压器机械振动在线监测对于绕组轻微变形可以察觉，而短路电抗在线监测仅对电力变压器绕组严重变形有效。为了研究电力变压器绕组机械状态多信息融合评估方法，需要获取有效表征电力变压器绕组机械状态数据集。

电力变压器绕组出厂机械状态测试开展不同电压等级电力变压器出厂空负载振动测试，获取电力变压器绕组正常状态下的振动特征图谱，作为状态评估和诊断的指纹集数据支撑；电力变压器绕组运行现场机械状态测试通过开展不同运行年限、不同短路冲击历史的挂网运行电力变压器在线监测，构建不同运行年限、不同短路冲击历史运行电力变压器振动数据库，研究运行年限、短路冲击次数对应电力变压器绕组振动的变化规律；电力变压器绕组短路冲击试验机械状态测试通过在大容量试验站对正常绕组变压器开展不同短路冲击电流、不同冲击次数条件下振动数据进行测试与分析，研究短路冲击导致压紧力松动过程中绕组的累积形变效应，获取对应绕组松动状态下的振动特征图谱；电力变压器绕组机械故障状态测试研究大量实际变压器绕组故障部位以及绕组受力分析，按照大型变压器的结构及绕组典型故障类型，研制了低压绕组辐向压缩及拉伸、绕组轴向延伸和绕组上下端部叠套三种典型故障样机的缩比模型。研究绕组发生变形故障后振动特征的变化规律，获取对应绕组变形故障下的振动特征图谱。同时，通过第 2 章的理论研究与仿真计算可知，电力变压器绕组的端部漏磁较为明显，绕组振动特征显著，而且由于绕组端部直接受到压板、垫块、拉杆等部件的压紧作用，当发生压板、垫块、拉杆松动后，端部位置的振动变化会明显反映出这一状态，因此应关注上下端部位置的绕组振动信号；而结合电网运行现场变压器上端部靠近出线套管，电压等级较高的因素，综合考虑实际测试过程的安全性和可操作性，以及实验室缩比模型和运行现场大型变压器测试原则的一致性与测试数据的关联性，本章重点关注电力变压器下端部（油箱侧壁 1/6 高度）和其他位置的测点振动数据。

3.1 电力变压器绕组典型故障

电力变压器的内部故障从变压器结构上来分，包括绕组、铁芯（即磁路）以及附件故障。从故障类型来分，包括机械故障、绝缘故障和过热故障等。从变压器以往的突发性故障诊断案例来看，变压器的突发性故障多数不是绝缘和过热问题直接产生，而是由于机械故障所导致；在变压器机械性能故障中，以绕组变形较多，对变压器稳定运行影响最大；有关变压器的故障分析表明，大型变压器经历多次短路电流冲击后容易产生端部垫块松动、导线拉断、绕组松散、绕组崩塌、严重变形等故障，进而影响电力变压器的绝缘性能，甚至会导致绕组烧毁的事故。

3.1.1 故障原因

3.1.1.1 绝缘事故

根据事故统计，正常工作电压下的绝缘事故，可分为三种事故类型：制造缺陷引起绝缘事故、明显受潮引起绝缘事故和隐性受潮引起绝缘事故。

（1）制造缺陷引起绝缘事故。

1）存在金属异物：某 220kV 电力变压器高压绕组下部有一条断锯条，运行 5 年后该绕组损坏。某 110kV 电力变压器高、低压绕组之间遗漏一个绕组的金属导板，运行 8 年以后，高、低压绕组之间主绝缘击穿。

2）工艺操作缺陷：某 220kV 电力变压器高压绕组的换位线处存在一个“剪刀口”，匝绝缘损伤后使导线互相接触，导致投运后跳闸。某 220kV 发电机变压器，出厂时使用未经干燥的导线更换开裂的导线夹，造成低压绕组出线三相短路。

上述制造缺陷引起的绝缘事故，多数是在没有进行试验情况下发生的，目前高电压电力变压器严格进行出厂试验，这类低级错误引起的事故发生较少。

（2）明显受潮引起绝缘事故。

1）穿缆套管的出线端子密封不严，大气中的水分，从套管的铜导管中渗漏到高压绕组上，引起变压器纵绝缘事故。

2）老旧变压器利用安全气道的“防爆膜”破裂，来释放油箱内部因事故引起的过高压力。由于“防爆膜”的密封不严，水分渗漏到围屏上，引起沿纸板树枝状放电，导致发生主绝缘事故。

3）水冷却器没有防水层结构，由于水管冻裂或腐蚀，冷却水进入变压器内部，引起变压器绕组烧损事故。

4）抽真空时使用水冷式真空泵漏水，或者使用蒸汽射流泵抽真空，水分进入器身，分别引起纵绝缘事故、主绝缘事故或引线绝缘事故。

明显受潮引起的绝缘事故，现象比较明显，通过预防措施，可杜绝类似事故。

（3）隐性受潮引起绝缘事故。

1）纵绝缘事故。早年电力变压器在制造时采用热风干燥，出厂时绝缘材料中含水量比较多；在电力变压器安装时，对真空干燥处理如不够重视，在电场强度比较高区域，容易发生隐性受潮，导致出现纵绝缘事故。

2）主绝缘事故。对已有的故障录波图和监测数据进行分析，发展过程有一个普遍性规律，先是从“油角”或“夹层”发生放电，再由沿面爬电发展成贯穿性放电，然后转变为油中电弧放电。如果该电弧引起绕组的出线端直接对地短路，或者引起相间短路，从电网或发电机输入的能量特别大，变压器内部油纸绝缘迅速大量分解，使油箱内产生巨大压力，在继电保护动作跳闸之前，油箱就可能炸裂。油箱开裂后，油外溢而空气进入，导致油纸绝缘燃烧，形成严重火灾。

3）隐性受潮绝缘事故识别。隐性受潮的绝缘事故，由于不可能直接取证，只能依靠思维、推理，所以经常出现不同看法。在分析事故原因时，常见的、有代表性的说法有两种：①既然没有外部原因，必然是内部存在制造缺陷；②大多数同类型变压器没有出事故，个别变压器出事故是偶然性的事件。按这两种看法出的事故分析报告，由于没有提出针对性的反事故措施，所以不能解决实际问题，类似的事故一次又一次的重复出现。

4）隐性受潮引发绝缘事故注意事项。电力变压器油纸绝缘系统的介电强度非常高，在正常工作电压下，设计裕度较大，即使绝缘有一定程度损伤，若不受到严重污染，也不可能发生绝缘事故。变压器正常运行时，器身是密封在油箱内，内部油纸水分是可以迁移的，水分对绝缘强度具有特别大的危害性，这是油纸绝缘内在的特殊性。当纸中水分迁移到油中，由于油的介电强度比纸低，会发生“隐性受潮”引起的局部放电，最终导致破坏性放电。

总之，正常工作电压下突发绝缘事故，是小概率事件，但总是有原因的，识别事故原因，制定有针对性的反事故措施，预防类似事故发生。

3.1.1.2 抗短路能力不足事故

近年来110kV及以上电压等级的电力变压器故障事件中，短路损坏高达70%；抗短路能力不足造成电力变压器损坏是造成设备损坏的最主要因素。抗短路能力不足主要包括以下几方面：

(1) 制造工艺不良。近年来变压器故障中，部分变压器投运不足10年即发生了短路损坏，110kV及以上电压等级电力变压器设计及制造质量缺乏运行考验。如某站一主变压器投运仅1年，因股间绝缘缺陷发展成匝间短路；某站一主变压器投运3年即发生故障；某站一主变压器投运3年，短路损坏检查发现三相低压绕组均存在整体严重变形，电磁线宽厚比较大，电磁线未进行检验，绕组撑条档距过大。

(2) 设计和制造水平不足。15年以上变压器短路损坏占有一定比例，这主要是由于部分生产时间较早的变压器，受当时的设计和制造水平的限制，其抗短路能力不足，或者从当时设计、计算及制造的电力变压器的抗短路能力按照生产当时的判断标准是够的，但是随着设计制造水平的提高，用现在更加科学的判断标准来看，当时所制造的电力变压器的抗短路能力是不够的。

(3) 近年抗短路能力下降。2005年以来的变压器短路损坏台次最多，主要是由于变压器制造厂家的激增，变压器制造质量参差不齐。同时由于市场竞争的加剧，有些制造厂为省材省成本，在部分变压器的设计和制造过程中缩减裕度，或过度追求紧凑型和小型化，甚至在原材料上以次充好，这些也是导致变压器抗短路能力减弱的原因之一。

3.1.2 故障案例

某220kV变电站2号主变压器在2018年6月25日停电进行例行检修和试验时，按220kV及以上变压器增加进行绕组变形试验的要求，发现变压器存在绕组变形情况，更换后变压器返厂检查，解体发现中低压绕组已经严重变形。

(1) 220kV电力变压器基本信息。

出厂时间：1996年2月。

投运时间：2014年10月。

产品型号：SFPSZ7－120000/220。

设备容量：120000/120000/60000kVA。

电 压 比：220±8×1.25%/69/10.5kV。

短路阻抗：高中12.8%，高低23.1%，中低7.9%。

(2) 变压器现场试验情况。2018年6月25日，该主变压器停电例行检修，并开展常规绝缘项目试验，发现异常情况。

1）电力变压器绕组变形频响法测试。对该变压器进行了频响法的绕组变形试验，发现频谱异常，复测后情况相同。测试数据如图 3－1～图 3－3 和表 3－1～表 3－3 所示，频响法测试的分析结论：高压绕组为正常绕组；中压 B 相绕组可能存在明显变形；低压 b 相绕组可能存在明显变形。

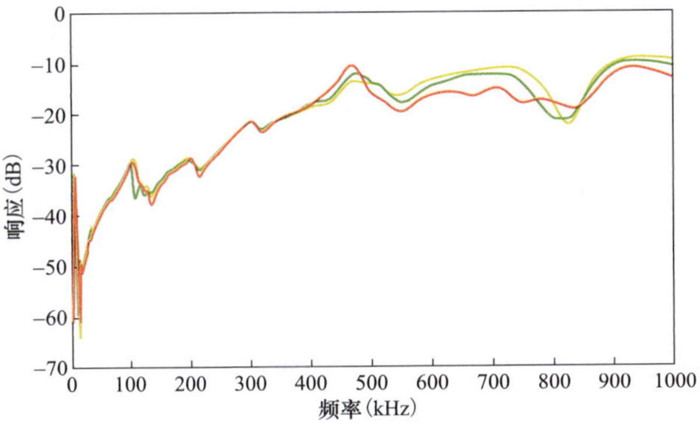

图 3－1　高压绕组变形图

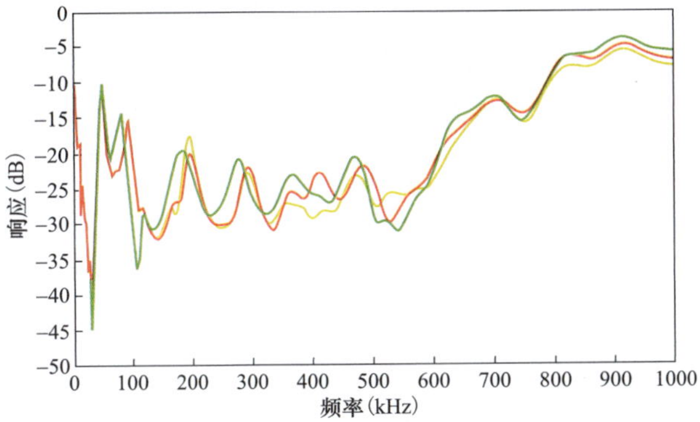

图 3－2　中压绕组变形图

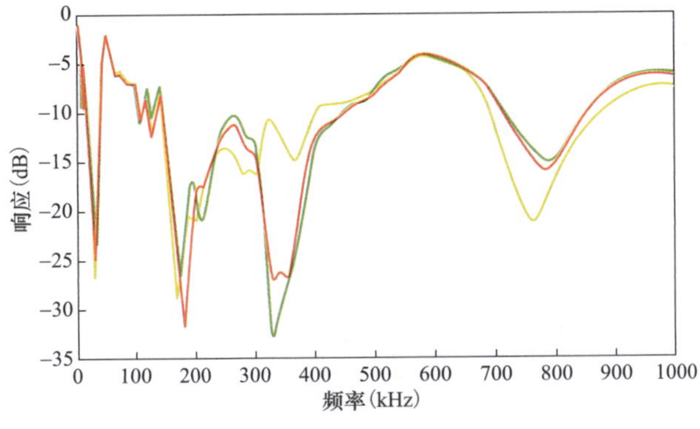

图 3－3　低压绕组变形图

表 3-1 高压绕组相关系数

相关系数	低频段（1～100kHz）	中频段（100～600kHz）	高频段（600～1000kHz）
R21	2.0599	1.8861	1.3226
R31	2.1912	1.5250	0.6775
R32	2.1758	1.6925	0.8341

表 3-2 中压绕组相关系数

相关系数	低频段（1～100kHz）	中频段（100～600kHz）	高频段（600～1000kHz）
R21	0.7640	0.2545	1.8300
R31	2.4355	0.6169	2.1355
R32	0.7842	0.3087	1.9181

表 3-3 低压绕组相关系数

相关系数	低频段（1～100kHz）	中频段（100～600kHz）	高频段（600～1000kHz）
R21	1.2518	0.4220	1.3165
R31	1.4108	0.5625	1.4991
R32	2.5901	1.3588	2.4602

2）电力变压器绕组变形低压短路电抗法测试。对该台电力变压器采用低电压短路电抗法进行测试，结果显示阻抗值超出规定值（见表 3-4）。根据规程要求：容量 100MVA 及以上或电压等级 220kV 以上的变压器，初值差不超过±1.6%；容量 100MVA 及以上或电压等级 220kV 以上的变压器三相之间的最大相对互差不应大于 2%，低电压短路阻抗值超出标准规定值。低电压阻抗法测试的分析结论：根据高—低阻抗值推断高、低绕组为正常绕组；根据高—中及中—低的阻抗值推断中压绕组变形超过标准值；根据高—中及中—低的阻抗值推断中压 B 相发生严重变形，中压 A、C 相可能存在变形。

表 3-4 低电压短路电抗法测试结果

测试位置	出厂值 Z_k%	测试相	实测值 Z_k%	初值差（±1.6%）	相间最大互差（2%）
高—中	12.8%	A-O	13.31%	3.98%	9.4%
		B-O	14.44%	12.8%	
		C-O	13.18%	2.97%	
高—低	23.1%	A-O	23.35%	1.08%	0.3%
		B-O	23.27%	0.73%	
		C-O	23.28%	0.78%	
中—低	7.9%	Am-Om	7.92%	0.25%	16.0%
		Bm-Om	6.65%	−15.8%	
		Cm-Om	7.97%	0.88%	

（3）受短路冲击情况。为了进一步分析该变压器绕组变形的可能性，对该变压器历年受冲击情况进行了收集。2014 年投运以来，主变压器负荷最大负荷 99MVA，平均负荷 40MVA。2014 年至今，共发生线路跳闸 11 次。

（4）返厂解体检查情况。通过以上试验和信息收集，初步认定该变压器中低压绕组存在绕组变形情况，因无满足要求该变电站运行参数要求的变压器，暂时将该变压器退出运行。对该台主变压器进行了更换，并将该台主变压器返厂解体检查，解体情况如下：

1）调压绕组、高压绕组无异常，见图 3－4。

图 3－4　调压绕组、高压绕组无异常

2）中压 Bm 相绕组存在严重变形，见图 3－5。

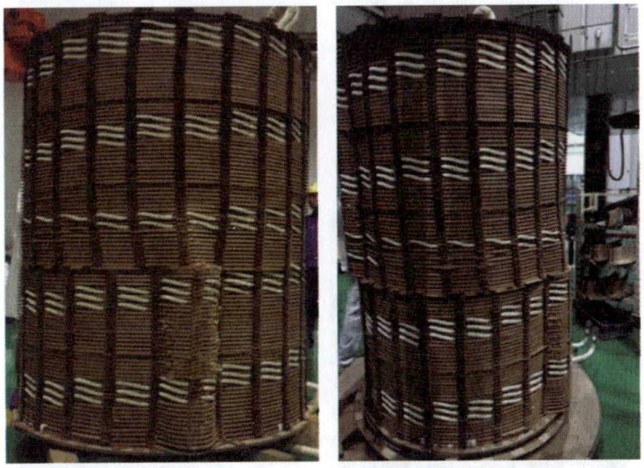

图 3－5　Bm 相绕组严重变形

3）严重变形部位为上部出线位置起，左数 1～2 段，自上向下 1～13 段严重凸起变形，见图 3－6。

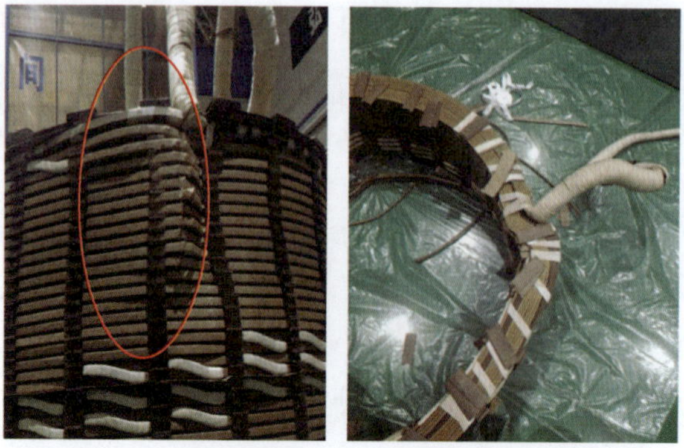

图 3-6　绕组严重变形 1

4）7～8 段，下半部及中部向上 1～15 段严重凸起变形，见图 3-7。

图 3-7　绕组严重变形 2

5）15～16 段，中部向上严重凸起变形，见图 3-8。

图 3-8　绕组严重变形 3

6）19～20 段，自上向下 19～36 段大面积凹陷，见图 3－9。

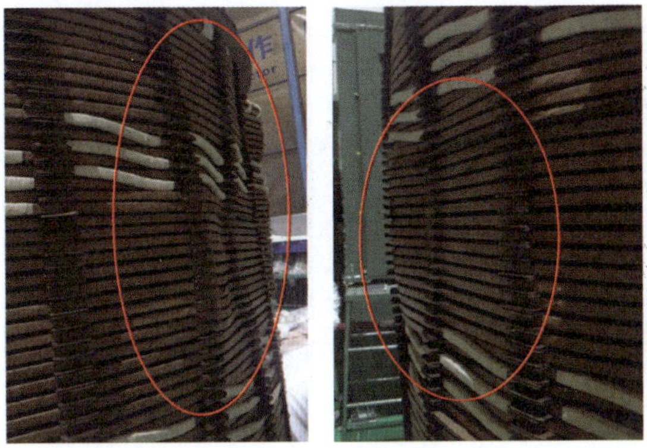

图 3－9　绕组严重变形 4

7）中压 Am 相绕组也有多处明显变形，见图 3－10。

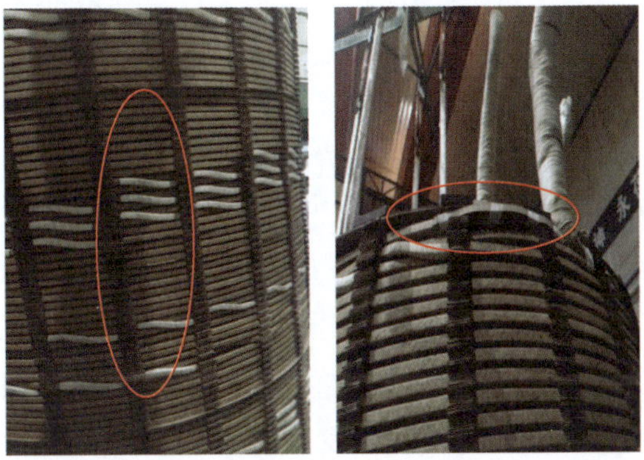

图 3－10　绕组严重变形 5

8）低压 B 相绕组变形严重，见图 3－11。

图 3－11　绕组严重变形 6

9）其他相低压绕组无异常，见图 3－12。

图 3－12　低压绕组无异常

（5）原因分析。引起此次电力变压器内部绕组变形的根本原因是该变压器多次承受短路冲击累积所致；由于中压侧所带负荷线路多次发生 Am、Bm 相间短路故障，对变压器中压绕组冲击过大，导致 Am、Bm 相绕组变形；低压 b 相绕组变形为中压绕组向内凹陷严重挤压所致。虽然导线外部绝缘纸包封因导线变形而有部分破损，但并未造成大量脱落露铜，也未发现导线有层间串位现象，这部分绝缘纸满足了匝间、层间绝缘要求；因此，该变压器在绝缘试验方面并未发现明显异常现象。由于未发现有放电痕迹，因此油色谱监测无异常；如果继续运行，再受到操作冲击或短路冲击，该变压器将发生匝间或股间短路故障，甚至会引发油箱爆裂起火。因此，通过绝缘试验诊断和油中溶解气体在线监测装置不容易发现绕组机械故障缺陷，但机械缺陷如进一步发展容易导致突发性绝缘故障，对电力变压器安全运行带来极大风险，在线诊断电力变压器绕组机械故障势在必行，及时发现故障隐患，避免变压器带缺陷运行，继而引发重大突发性事故。

3.2　电力变压器绕组出厂机械状态测试

变压器绕组中通过负载电流时，由于负载电流与漏磁场的作用，在绕组内产生电磁力，其大小取决于漏磁场的磁通密度与绕组导线电流的乘积。变压器中既有由电流产生的轴向漏磁分量 B_x，也有磁力线在绕组端部弯曲产生的辐向漏磁分量 F'_x，而辐向漏磁将产生轴向力 F'_y，双绕组变压器漏磁场分布与受力分析如图 3－13 所示，图 3－13（a）为变压器实际漏磁分布图，图 3－13（b）为轴向及辐向漏磁分布图；图 3－13（c）为辐向力与轴向力示意图。

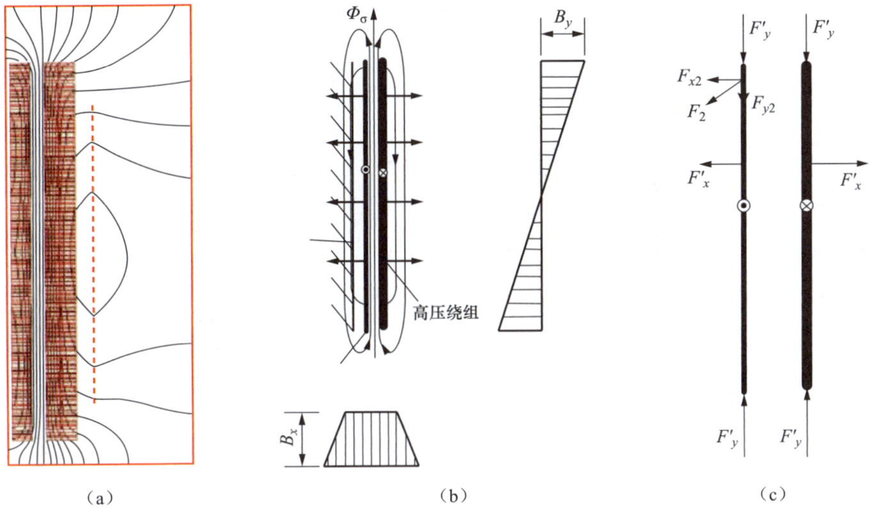

图 3-13　双绕组变压器漏磁场分布与受力分析

(a) 双绕组漏磁分布；(b) 轴向及辐向漏磁分布；(c) 绕组受力

负载电流流过绕组时在漏磁作用下产生电磁力，就高、低压绕组自身而言，由于绕组的匝与匝、层与层间各匝电流方向相同，因此在绕组内部产生相互吸引的电磁力；而对于变压器高、低侧绕组之间的电磁力而言，由于两绕组内部电流方向相反，故两绕组间辐向电磁力的作用方向相反，互相排斥。

磁力线在绕组端部弯曲产生辐向漏磁分量，从而引起轴向电磁力。该作用力的方向是使高低压绕组同时受到两端向中部的轴向压缩，故两垫块间的导线在轴向力的作用下，出现轴向弯曲应力，且最大的弯曲应力出现在绕组两端线饼导线中，这是由于绕组两端辐向漏磁分量最大，绕组两端线饼受到轴向短路力最大的缘故。绕组的轴向振动经由变压器油，上、下部压紧装置传递至油箱表面。对变压器绕组受力分析及安装位置的理论分析后，本书分别对实际变压器在空载、负载试验下的各个测点进行实测。

3.2.1　配电系统电力变压器绕组出厂机械状态测试

3.2.1.1　空载试验振动信号分析

(1) 试验目的。

1) 分析额定电压下油箱侧壁不同测点的铁芯振动信号特性，获取不同点变压器的振动特点，为后期选取变压器振动测点提供理论及试验依据，以及确定传感器安装位置的误差范围。

2）通过获取额定空载电压下 A、B、C 三相油箱侧壁对应振动信号，分析不同相别下时频域振动图谱，总结变压器空载时铁芯振动特征，为分析变压器绕组及铁芯振动特性提供试验依据。

3）通过获取不同电压下变压器油箱侧壁固定一测点的振动信号，总结变压器振动幅值与电压之间的规律，从而确定电力变压器在不同运行电压下所对应的振动幅值范围。

（2）试验内容及方案。由于变压器油箱侧壁为上下轴对称分布，同时越靠近顶部振动信号越受到铁芯夹件、导线出头等传递的信号干扰和套管出口电流电压的电磁干扰，因此测量点选取油箱侧壁中部以下各点进行测量分析。分别选取 A、B、C 各相绕组对应油箱侧壁（距地面）高度的 1/6、1/3、1/2 处。通过实际测量不同点的振动信号，分析比较其振动特性，从而确定变压器的振动信号测点。

试验变压器型号为 S－11－M－500/35，联接组别为 Yyn0，对该变压器分别做空载、负载试验，测试油箱侧壁不同测点的振动信号。以 A 相为例，变压器整体结构及传感器安装位置如图 3－14 所示。

图 3－14　A 相油箱侧壁传感器安装位置

空载试验时，高压侧为开路，在低压侧施加三相电压，空载电流很小，此时绕组产生振动忽略不计，故变压器油箱表面振动信号主要为铁芯磁致伸缩引起。而铁芯的磁致伸缩效应与电压有关，故测试不同电压等级下铁芯的振动特性。

本书针对型号为 S11－M－500/35，联接组别为 Yyn0 的变压器做空载试验，高压侧开路，在低压侧施加不同等级的三相电压，分别为低压侧额定电压的 50%、80%、100%（即 200、320、400V）。其试验原理图及试验现场接线图如图 3－15 所示。

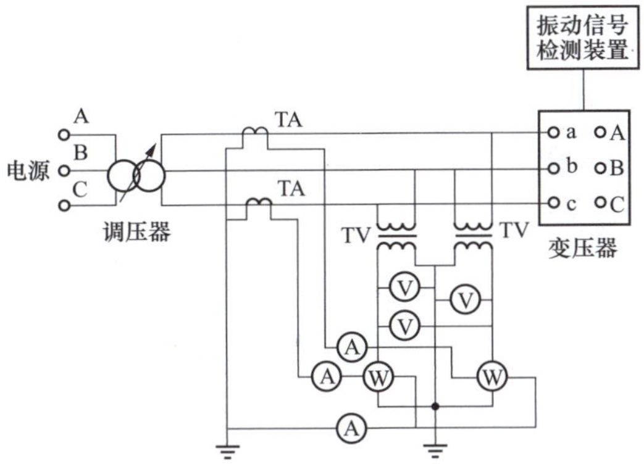

(a)

(b)

图 3-15　变压器绕组正常时空载试验原理图及试验现场接线图

(a) 空载试验原理图；(b) 空载试验现场接线图

(3) 试验结果分析。

1) 额定电压下不同测点的振动特性。设定变压器油箱侧壁距地面 1/6、1/3、1/2 测点，当二次侧电压达到额定时，测试并分析此时变压器本体的振动信号。以 A 相为例，铁芯振动信号时域及频域图如图 3-16 所示，各频率下振动幅值如表 3-5 所示。

表 3-5　变压器绕组正常时额定电压下 A 相油箱侧壁不同测点各频率下振动幅值　(m/s^2)

测点	100Hz	200Hz	300Hz	400Hz	500Hz	600Hz	700Hz	800Hz
1/6	0.06045	0.04164	0.01622	0.003811	0.02108	0.01129	0.007544	0.002467
1/3	0.03629	0.03984	0.01719	0.003546	0.009972	0.003715	0.002184	0.001351
1/2	0.03759	0.04259	0.01031	0.002628	0.01234	0.008987	0.000921	0.001838

由图 3-16 可知，A 相油箱侧壁不同测点振动信号是不同的。时域图中，1/6、1/3、1/2 测点振动幅值最大值分别为 0.1415、0.09563、0.1123m/s^2。频域图中不同测点铁芯的振动信号均集中在 100～200Hz 之间，并含有 300～800Hz 谐波分量，500Hz 谐波分量较明显，900Hz 以上基本衰减为零。

由于不同测点振动信号具有不同的特征，因此在分析变压器振动特性时应选取固定一点。通过对变压器振动测点进行多次试验，分析各振动信号区别，最终确定在选取的固定位置处安装传感器时不宜偏离固定点 2cm 以上，否则采集的振动信号不具有可对比性，不能准确的诊断变压器运行情况。

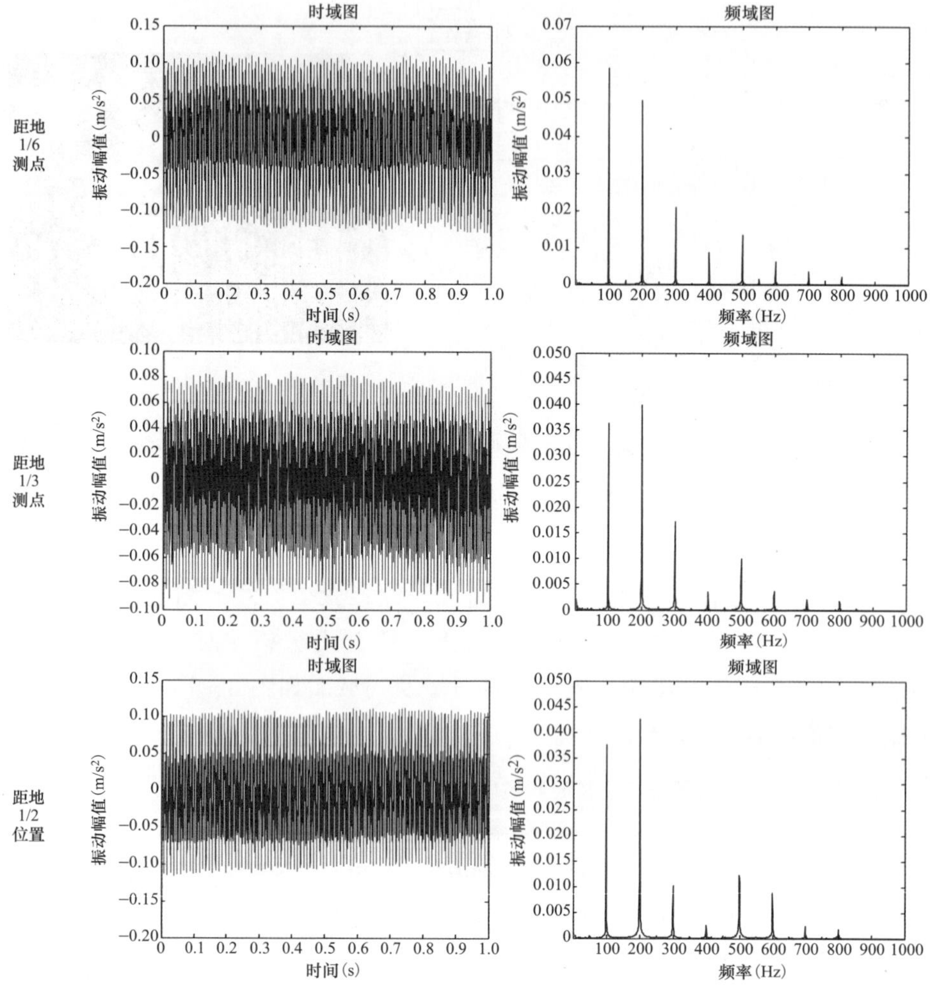

图 3-16　变压器绕组正常时额定电压下 A 相油箱侧壁不同测点振动信号

2）额定电压下 A、B、C 三相振动特性。根据不同测点振动信号不同的特点，且 1/6 测点振动相比其他两侧点明显，故以 1/6 测点为例分析变压器 A、B、C 三相油箱侧壁的振动特性，此处变压器本体振动信号如图 3-17 所示，频域下振动幅值如表 3-6 所示。

表 3-6　　变压器绕组正常时额定空载电压下各相油箱侧壁 1/6 测点频域下振动幅值　　(m/s^2)

相别	100Hz	200Hz	300Hz	400Hz	500Hz	600Hz	700Hz	800Hz
A 相	0.06045	0.04164	0.01622	0.003811	0.02108	0.01129	0.007544	0.002467
B 相	0.1976	0.03676	0.01185	0.007158	0.01169	0.004585	0.002392	0.002387
C 相	0.04471	0.04309	0.02668	0.006268	0.004235	0.002822	0.003512	0.000463

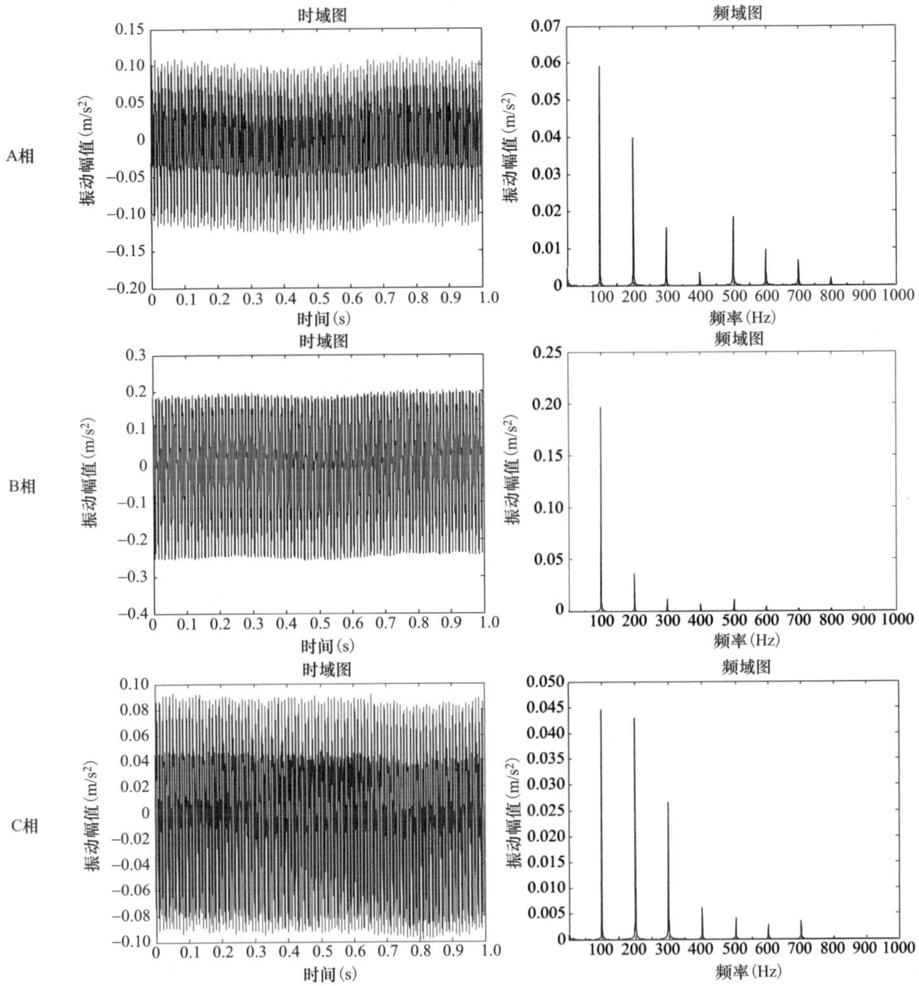

图 3-17　变压器绕组正常时额定空载电压下各相油箱侧壁 1/6 测点振动信号

由图 3-17 可知，变压器本体侧壁 1/6 测点处，时域图中 A、B、C 三相振动信号最大值为 0.1415、0.2071、0.09352m/s^2。频域图显示铁芯磁致伸缩引起的振动信号主要集中在 100～200Hz 之间，并含有高次谐波分量，而且振动幅值随着频率的增大逐渐衰减，900Hz 以上基本衰减为零。

由于铁芯为三相三芯柱式，A、C 两相磁路相同，故振动信号相似。另外，由于铁芯磁致伸缩与磁感应强度的平方成正比，铁芯窗口中的磁感应强度较大，同时 B 相振动受到 A、C 两相的干扰较大，使得信号在 B 相叠加，故时域及频域振动信号 B 相幅值（基频）明显大于 A、C

两相。

3）不同空载电压与各相铁芯振动之间的关系。空载试验时，变压器本体的振动信号主要是由铁芯的磁致伸缩引起的，而铁芯的磁致伸缩又正比于电压的平方，故不同电压下变压器本体振动信号也会有相应的变化。测量并分析变压器本体各相距地面 1/6 位置振动信号，不同电压等级下 A、B、C 三相时域及频域振动信号如图 3－18 所示，各相基频处振动幅值如表 3－7 所示。

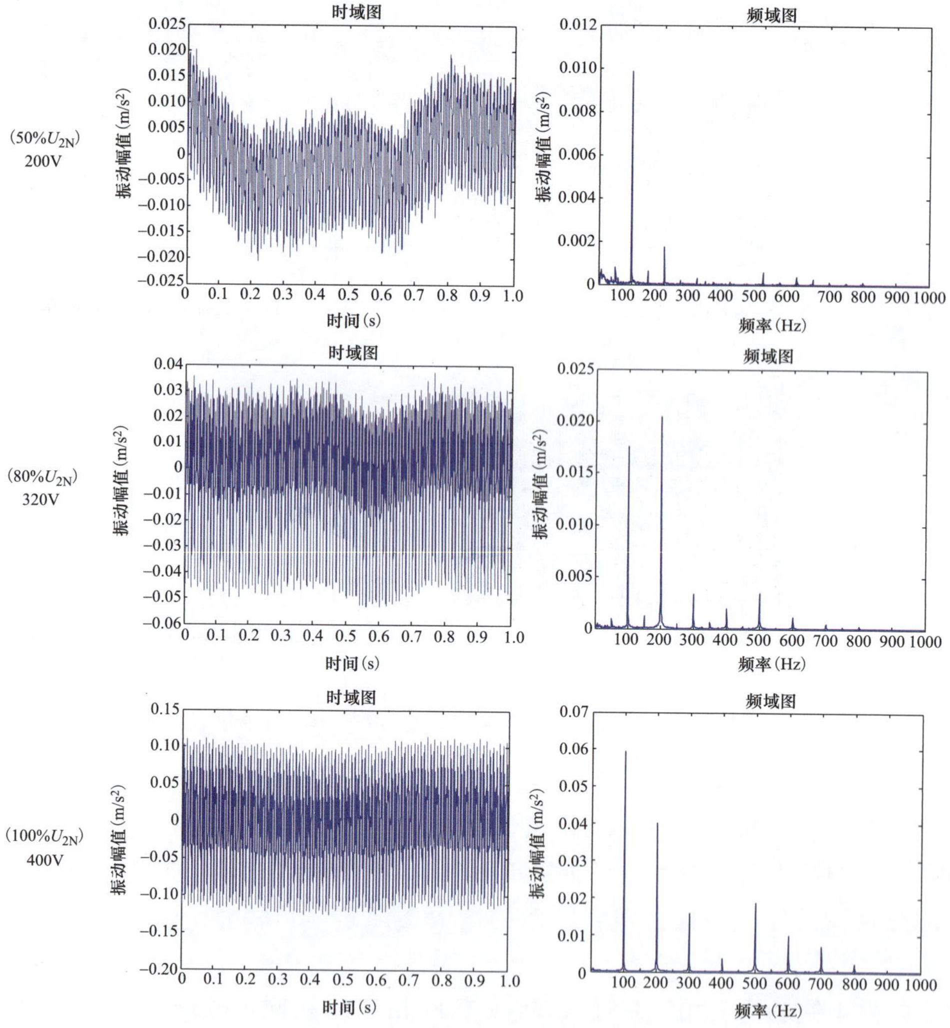

(a)

图 3－18　变压器绕组正常时不同电压下变压器侧壁距地面 1/6 位置处振动信号（一）

(a) A 相

(50%U_{2N})
200V

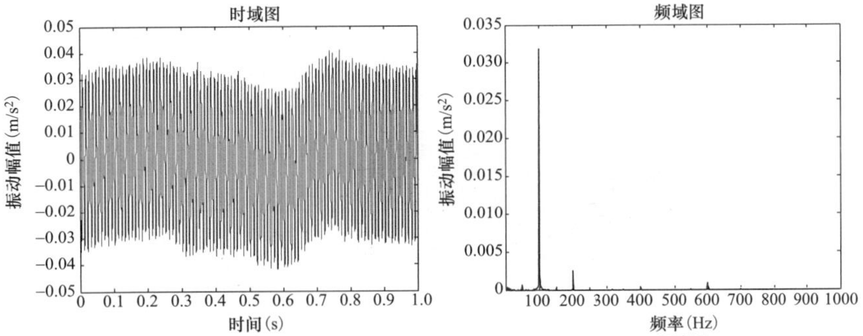

(80%U_{2N})
320V

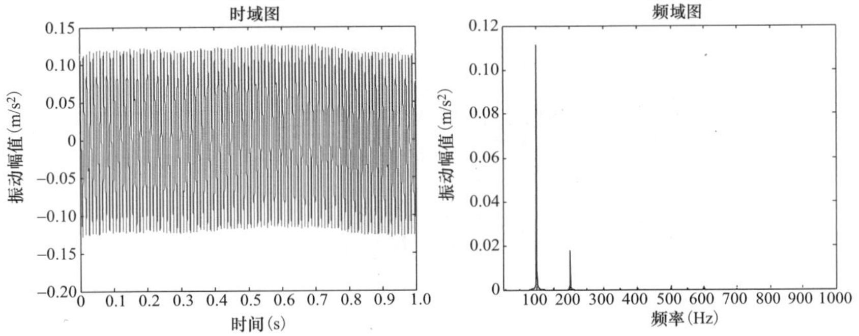

(100%U_{2N})
400V

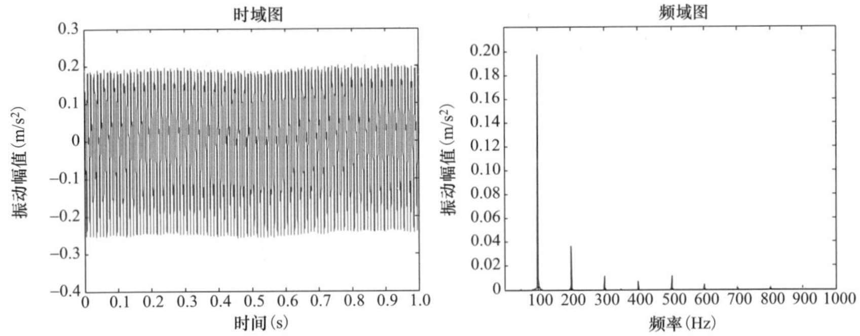

(b)

(50%U_{2N})
200V

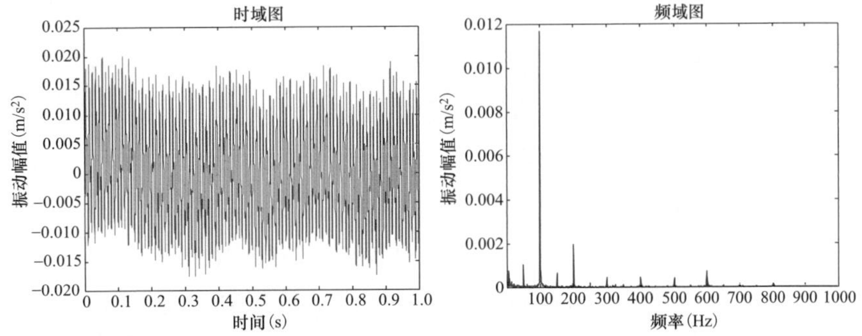

图 3-18　变压器绕组正常时不同电压下变压器侧壁距地面 1/6 位置处振动信号（二）

(b) B相；(c) C相

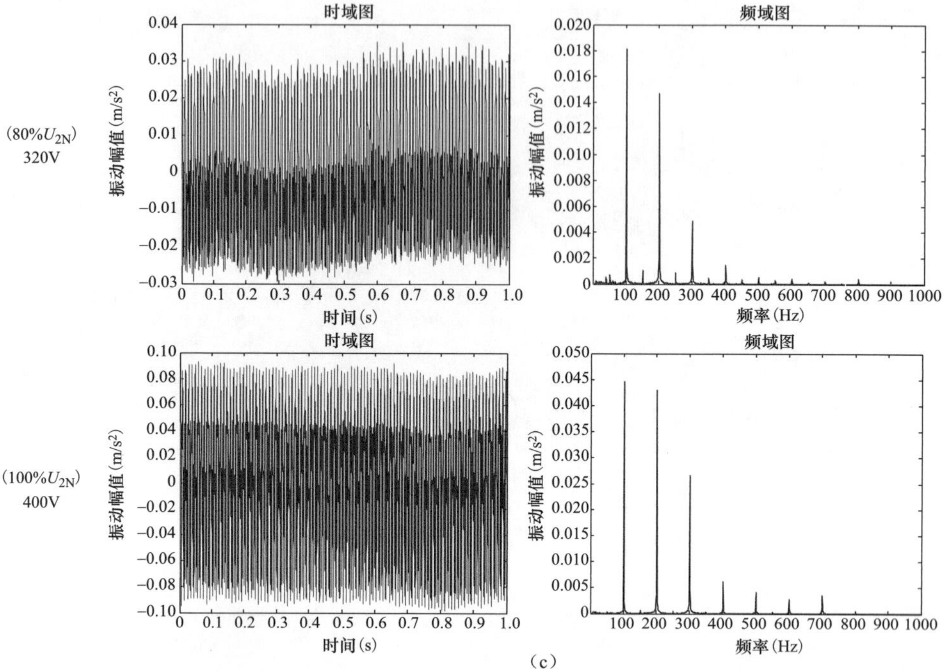

图 3－18 变压器绕组正常时不同电压下变压器侧壁距地面 1/6 位置处振动信号（三）

（c）C 相

表 3－7 变压器绕组正常时不同电压下各相侧壁距地面 1/6 位置处基频振动幅值 （m/s^2）

电压等级	A 相	B 相	C 相
（50%U_{2N}）200V	0.009749	0.03199	0.01172
（80%U_{2N}）320V	0.01753	0.1119	0.01817
（100%U_{2N}）400V	0.05923	0.1976	0.04471

由表 3－7 可见，铁芯的振动幅值（基频）与空载电压的平方成正比。在同一空载电压下，由于 B 相振动信号受到 A、C 两相振动信号的影响、铁芯窗口内磁感应强度大以及 B 相位于油箱中间等原因，故 B 相的振动信号幅值要比 A、C 两相的大。A、C 两相油箱表面的振动，除了由 A、C 相铁芯振动引起外，还会受到 B 相铁芯振动的影响（A、C 相距离已比较远，认为相互间影响不大）；由于 A、C 两相磁路相等，又同时都受到 B 相振动信号的影响，因此 A、C 两相的振动信号幅值相差不大。

由表 3－7 可知，基频处振动幅值与电压的平方成线性增大的关系，因此在变压器运行情况的诊断过程中，必须时刻将振动幅值与电压有效值进行匹配。铁芯振动信号中的高次谐波成分是由于磁致伸缩的非线性、沿铁芯内框和外框的磁通路径长短不同等原因引起的，不仅与所施加的空载电压有关，因此各次谐波分量幅值是否同样遵循上述规律，需要进一步研究。

通过对型号为 S11－M－500/35，联结组别为 Yyn0 的变压器进行空载试验，并分析得出：

1）通过分析不同测点下铁芯振动信号的特点，得知变压器振动特性与测点位置有关。不同测点处铁芯振动信号主要集中在 100～200Hz 之间，且含有高次谐波，900Hz 以上基本衰减为零。由于 1/6 测点磁场强度较大，故此处铁芯振动信号幅值大于其他两测点。另外为了获取准确、可靠、具有可对比性的振动数据，经过多次测试确定传感器安装位置误差不宜超过固定点的上下 2cm。

2）测试了空载试验时油箱侧壁 1/6 测点 A、B、C 三相的铁芯振动信号，时域下 A、B、C 三相铁芯振动信号幅值最大值分别为 0.1415m/s^2、0.2071m/s^2、0.09352m/s^2；频域下 B 相受到 A、C 两相振动信号的影响、铁芯窗口内磁感应强度大以及 B 相位于油箱中间等原因，故 B 相的振动信号幅值（基频）要比 A、C 两相的大。

3）随着电压等级的增加，振动幅值（基频）成增长趋势，而且变压器铁芯振动幅值（基频）与空载电压的平方成线性增长的关系；因此，通过振动频域分析诊断变压器运行情况时可以考虑电压与铁芯振动的有效匹配。

3.2.1.2 负载试验振动信号分析

（1）试验目的。

1）分析额定负载电流下油箱侧壁不同测点的振动信号特性，获取不同测点变压器绕组的振动特点，为选取变压器振动测点提供试验数据。

2）通过获取额定负载电流下 A、B、C 三相油箱侧壁对应的振动信号，分析不同相别下时频域振动图谱，总结变压器负载试验时绕组的振动特征，为分析变压器绕组振动特性提供试验依据。

3）通过获取不同负载电流下变压器油箱侧壁不同测点的振动信号，总结变压器绕组振动幅值与电流之间的规律，从而确定电力变压器在不同负载电流下对应的绕组振动幅值范围。

（2）试验内容及方案。负载试验时，低压侧短路，在高压侧施加三相电压，由于负载电流较大（励磁电流很小，因此可忽略铁芯磁致伸缩的影响），变压器本体振动主要是绕组振动信号，铁芯磁致伸缩引起的振动忽略不计。

由于绕组的振动与负载电流的大小有关，故测试不同电流等级下绕组的振动信号。针对型号为 S11－M－500/35，联结组别为 Yyn0 的变压器做负载试验，低压侧短路，在高压侧施加三相电压，一次侧电压从零逐渐增大，直到一次侧负载电流达到额定电流 I_N（8.25A）。负载电流分为一次侧额定电流的 30%、50%、80%、100%（即 2.475、4.125、6.6、8.25A），其试验原理图及试验现场接线图如图 3－19 所示。

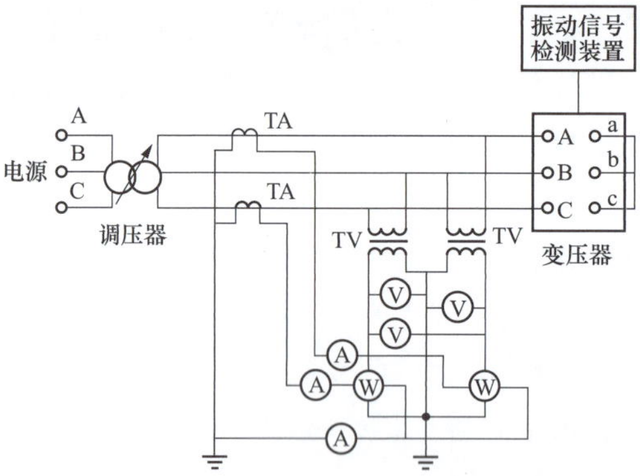

（a）

（b）

图 3－19　变压器负载试验原理图及试验现场接线图

（a）负载试验原理图；（b）负载试验现场接线图

（3）试验结果分析。

1）额定负载电流时不同测点的振动特性。设定变压器油箱侧壁距地面 1/6、1/3、1/2 测点，当一次侧电流达到额定时，测试并分析此时变压器本体的振动信号。A 相绕组振动信号时域及频域图如图 3－20 所示，各频率下绕组振动幅值如表 3－8 所示。

表 3－8　变压器绕组正常时额定电流下 A 相油箱侧壁不同测点各频率下振动幅值　(m/s^2)

测点	100Hz	200Hz	300Hz	400Hz	500Hz
1/6	0.01843	0.00165	0.003981	0.0006398	0.0006603
1/3	0.01491	0.002017	0.002052	0.0006247	0.0005033
1/2	0.01074	0.002352	0.00141	0.001149	0.000414

由图 3－20 可知，A 相侧壁不同测点振动信号是不同的。时域图中，

1/6、1/3、1/2 测点振动幅值最大值分别为 0.0351、0.02667、0.0225m/s^2，且 1/6 测点振动幅值大于其他两测点。频域图中各测点的绕组振动信号集中在 100Hz，并含有 200～500Hz 谐波分量且振动信号较小，1/6 测点在 300Hz 处有较明显的谐波分量，600Hz 以上基本衰减为零。

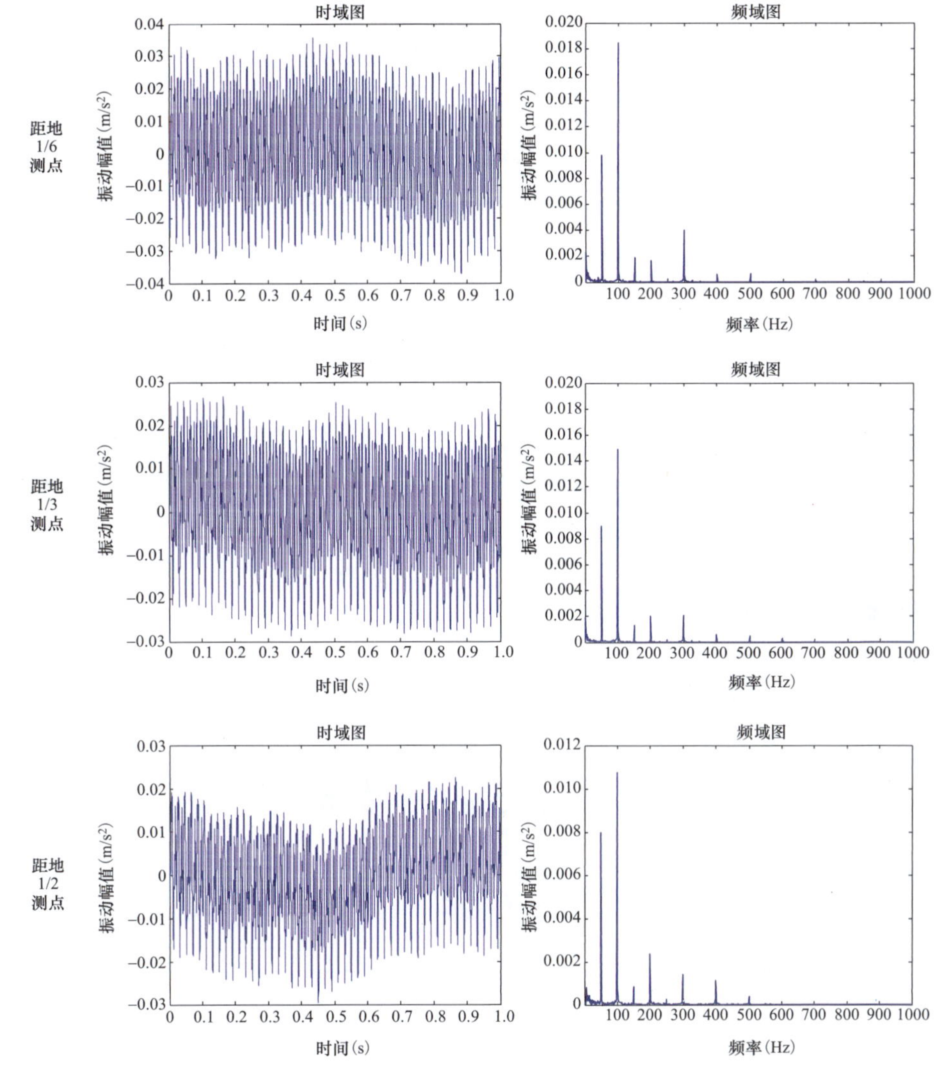

图 3-20　变压器绕组正常时额定电流下 A 相油箱侧壁不同测点振动信号

另外，三个测点处均含有 50Hz 和 150Hz 谐波分量。当绕组线圈中电流为 $i(t) = I\cos\omega t$ 时，铁芯外的漏磁密可表示为

$$B_t = kI\cos\omega t \tag{3-1}$$

式中：k 为漏磁密和电流的比例系数，随位置变化，同一位置可认为是常数。

、一匝导线在漏磁密中所受到的电磁力大小为

$$f(t) = i(t)B_t 2\pi R = \pi RkI^2(1+\cos 2\omega t) \tag{3-2}$$

负载实验时，外加电压很低，为（4%～10.5%）U_{1N}，励磁电流很小。当铁芯中存在剩磁时，励磁电流正负交替变化，铁芯外的磁通密度可近似表示为

$$B_t = B_{r1} + kI\cos\omega t \tag{3-3}$$

式中：B_{r1}为铁芯外剩磁。将式（3-3）带入式（3-2）可得

$$f(t) = i(t)B_t 2\pi R = 2\pi RB_{r1}I\cos\omega t + \pi RkI^2(1+\cos 2\omega t) \tag{3-4}$$

由式（3-4）可知，在有剩磁的变压器中进行负载实验时，振动信号中会存在工频（50Hz）振动分量，幅值大小为$2\pi RB_{r1}I$，与电流和剩磁的大小有关。比较式（3-2）和式（3-4），发现铁芯剩磁对100Hz分量没有影响，因此，负载实验时可不必考虑剩磁对100Hz特征分量的干扰。故50Hz振动信号由正常绕组在铁芯剩磁的作用下产生的，150Hz分量为工频（50Hz）的谐波分量。

2）额定电流下各相绕组的振动特性。负载试验时不同测点绕组的振动信号是不同的，且距离地面的1/6测点开展振动测试较其他两测试点振动明显。测试并分析变压器A、B、C三相侧壁距地1/6位置的振动特性，变压器绕组在该处的振动信号如图3-21所示，各频率下振动幅值如表3-9所示。

表3-9　变压器绕组正常时额定负载电流下各相侧壁距地面1/6位置振动幅值　（m/s^2）

相别	100Hz	200Hz	300Hz	400Hz	500Hz
A相	0.01843	0.00165	0.003981	0.0006398	0.0006603
B相	0.04154	0.001926	0.002248	0.003537	0.0011
C相	0.01934	0.001824	0.002105	0.00275	0.0005904

由图3-21可知，变压器本体侧壁距地面1/6位置处，时域图中A、B、C三相振动幅值最大值分别为0.03576、0.05342、0.0305m/s^2频域图显示变压器绕组的振动信号主要集中在100Hz，并含有200～500Hz的谐波分量，而且振动幅值很小，600Hz以上基本衰减为零。

由于铁芯为三相三芯柱式，A、C两相磁路相同，在高压侧施加三相对称电压下，A、C两相绕组的振动信号相似。由于绕组结构的不同及非线性因素的影响，使得A、C两相在高次谐波分量有稍微的不同。由于B相绕组振动

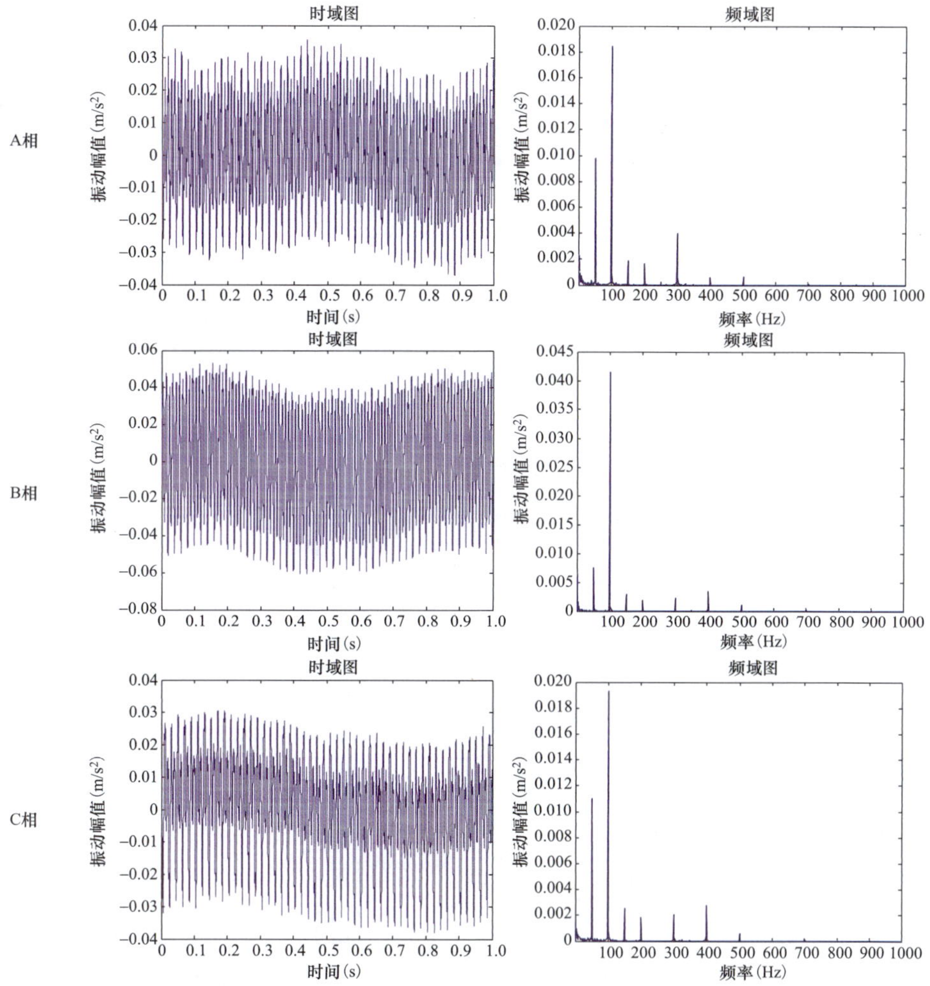

图 3 - 21　变压器绕组正常时额定负载电流下各相侧壁距地面 1/6 位置振动信号

受到 A、C 两相干扰、铁芯窗口内部磁场强度大以及 B 相位于变压器侧壁表面中间等因素的影响，使得时域及频域振动信号 B 相幅值（基频）大于 A、C 两相。

3）不同负载电流与各相绕组的振动信号之间的关系。负载试验时，变压器油箱表面的振动信号主要是由绕组振动产生的，而绕组振动信号与负载电流的大小有关，故测试不同负载电流下变压器绕组的振动信号，分析两者之间的关系。以变压器本体各相距地面 1/6 位置为例，不同负载电流等级下 A、B、C 三相时域及频域振动信号如图 3 - 22 所示，以及各相基频处振动幅值如表 3 - 10 所示。

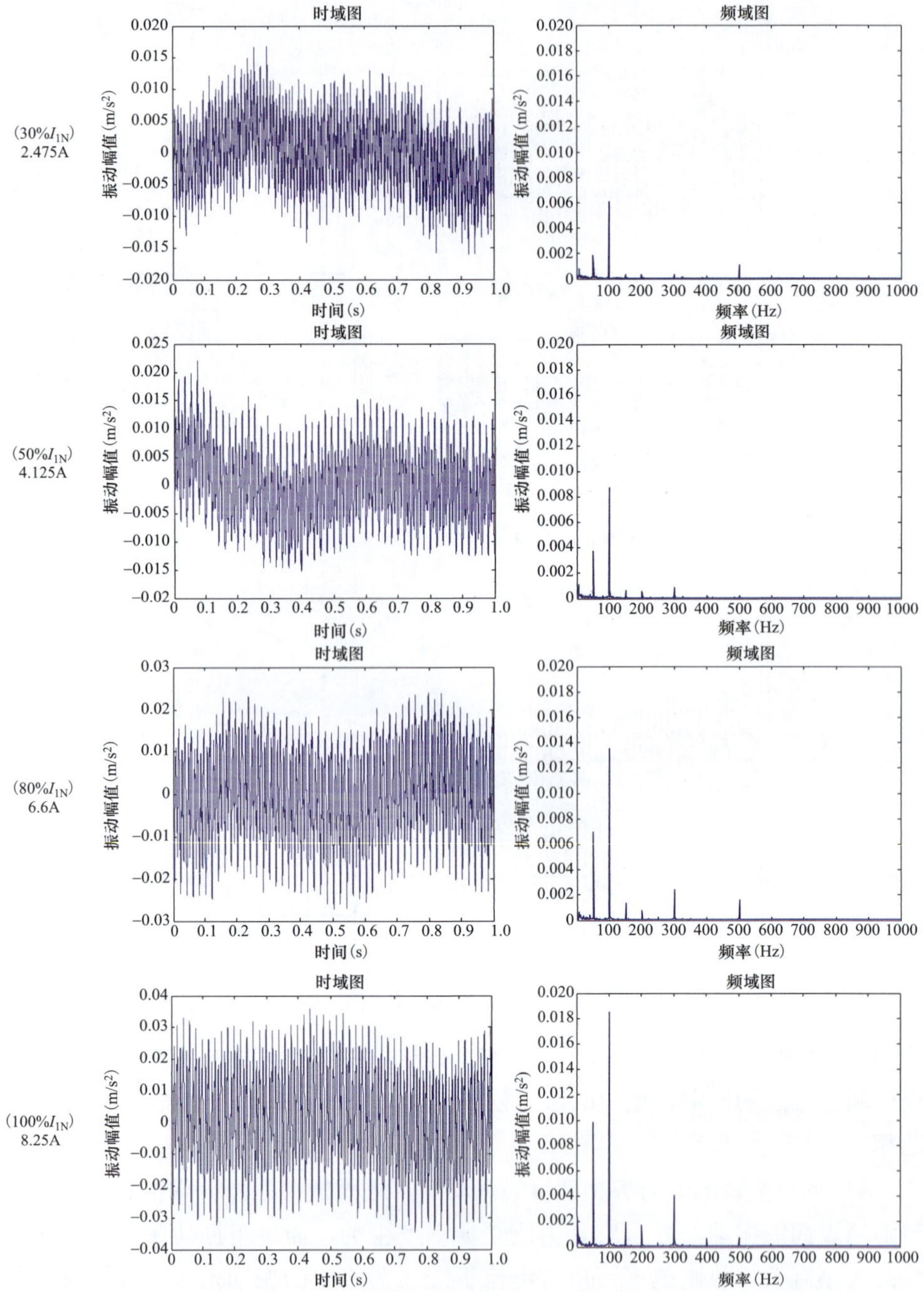

(a)

图 3-22　变压器绕组正常时不同负载电流下侧壁距地面 1/6 位置处振动信号（一）

(a) A 相

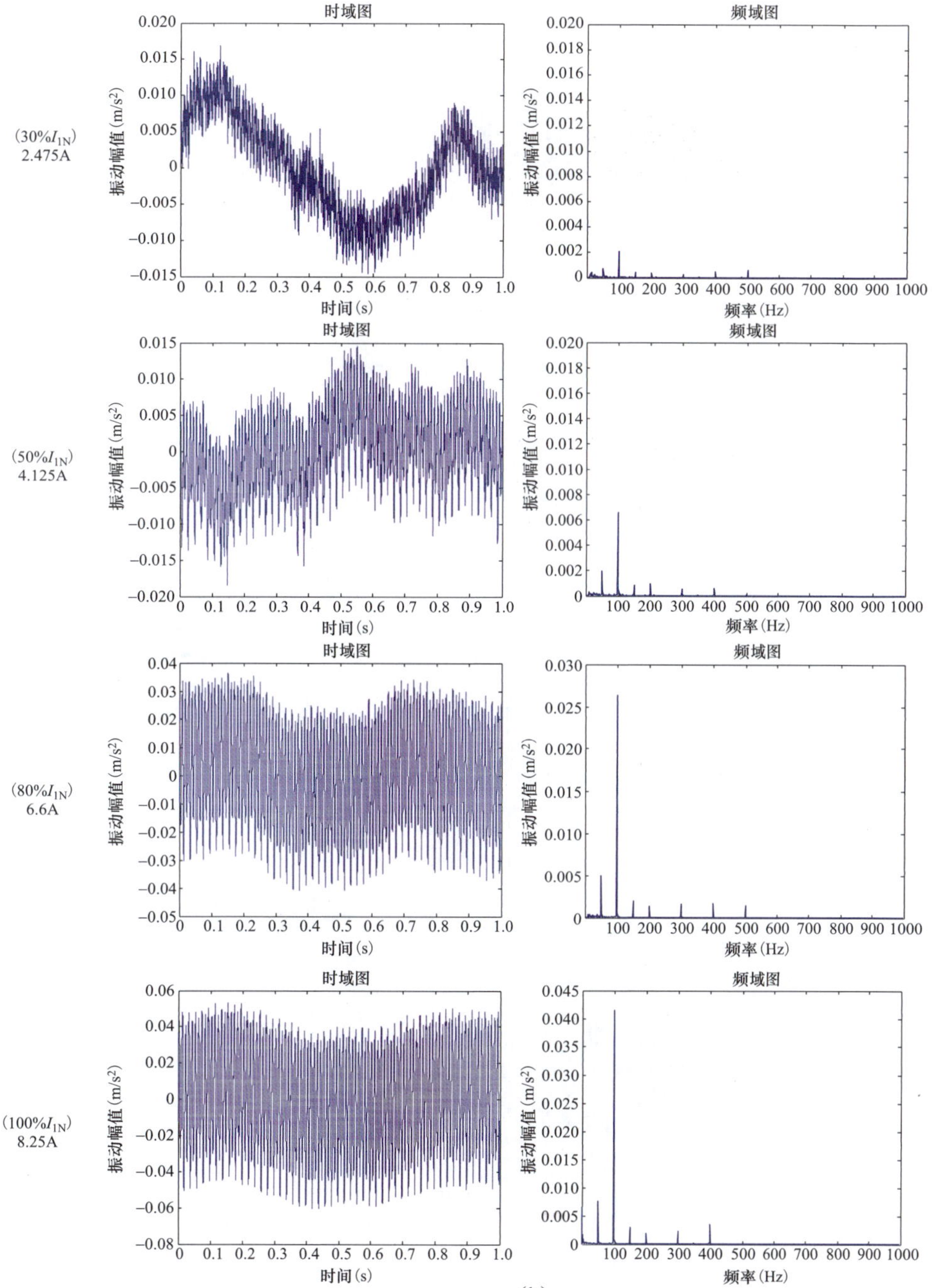

(b)

图 3－22　变压器绕组正常时不同负载电流下侧壁距地面 1/6 位置处振动信号（二）

（b）B相

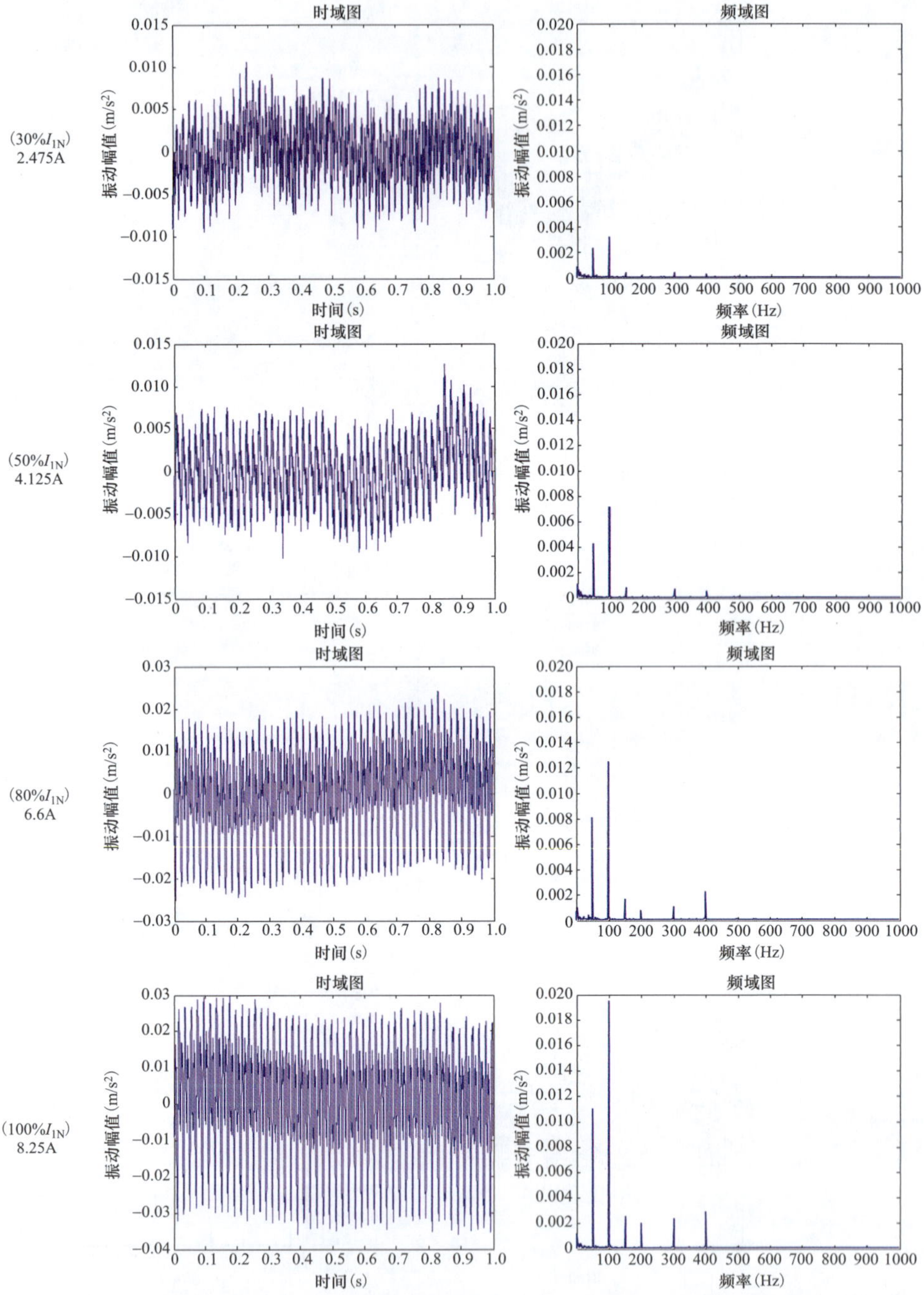

（c）

图 3－22　变压器绕组正常时不同负载电流下侧壁距地面 1/6 位置处振动信号（三）

（c）C 相

表 3-10　变压器绕组正常时不同负载电流下侧壁距地面 1/6 位置处基频振动幅值　(m/s^2)

电流等级	A相	B相	C相
2.475A（30%I_{1N}）	0.006049	0.002076	0.003166
4.125A（50%I_{1N}）	0.008669	0.00655	0.007117
6.6A（80%I_{1N}）	0.01347	0.02639	0.01241
8.25A（100%I_{1N}）	0.01843	0.0409	0.01943

由表 3-10 可见，绕组的振动幅值（基频）与负载电流的平方成正比。A 相与 C 相油箱表面侧壁相应位置处的振动信号幅值相差不大；而 B 相振动幅值要分别比 A、C 两相高。这与 B 相侧壁铁芯引起的油箱表面振动幅值高于其他两相是同样的道理，即 B 相绕组位于变压器中部，在其油箱表面测得的振动信号会同时受到 A、C 两相的影响，而 A、C 两相油箱表面的振动信号主要受到相邻 B 相的影响，因此在分析变压器绕组运行情况时必须考虑绕组位置的影响。

由表 3-10 可知，在不同负载电流下，三相绕组振动信号均不相同，而 A、C 两相振动原理相同，同时受到 B 相振动的影响，故两者振动信号相似。随着负载电流的增大，三相绕组振动信号均增大，即绕组的振动信号与负载电流的平方成线性关系，通过振动频域分析诊断变压器绕组运行情况时可以考虑电流与绕组振动的匹配性。

通过对变压器正常状态下负载试验及振动信号分析得出：

1）负载试验时，不同测点的振动信号反映了变压器内部绕组的振动特点与测量位置之间的关系。不同测点处绕组振动信号主要集中在 100Hz 处，并含有 200～500Hz 谐波分量，但幅值很小，600Hz 以上基本衰减为零。不同测点处绕组的振动信号对比显示在 1/6 位置振动较其他两侧点明显，与电力变压器绕组受力理论分析一致。获取不同测点变压器绕组振动信号，为测试变压器振动信号选取固定位置提供数据依据。

2）测试并分析了负载试验时各相油箱侧壁在距地面 1/6 测点的绕组振动信号。时域下 A、B、C 三相绕组振动信号幅值最大值分别为 0.03576、0.05342、0.0305m/s^2；B 相绕组振动幅值大于 A、C 两相，这是由于 B 相绕组振动受到 A、C 两相的影响，该相铁芯窗口漏磁感应强度比其他两相大，B 相绕组测点位置处于油箱中间所引起的，而 A、C 两相振动信号相似。因此不同位置相别的绕组振动信号具有不同振动特性。

3）通过受力分析可知，绕组的振动与流过绕组的负载电流有关，故测试不同负载电流下各相绕组的振动信号。绕组的振动幅值（基频）与负载电流的平方呈线性增长的关系。因此，通过振动频域分析诊断变压器绕组运行情况时可以考虑电流与绕组振动的匹配性。

3.2.2 输变电系统电力变压器绕组出厂机械状态测试

3.2.2.1 空载试验振动信号分析

（1）试验目的及方案。为了研究大型电力变压器的振动特性，本书针对220kV电力变压器的出厂空载试验进行振动测试。空载试验时，高压侧为开路，在低压侧施加三相电压，空载电流很小，此时绕组产生振动忽略不计，故变压器油箱表面振动信号主要由铁芯磁致伸缩引起。而铁芯的磁致伸缩效应与电压有关，故测试不同电压等级下铁芯的振动特性。

通过获取额定空载电压下A、B、C三相油箱侧壁对应振动信号，分析不同相别下时频域振动图谱，总结变压器空载下铁芯振动特征，为分析变压器绕组及铁芯振动特性提供试验依据。

本书针对型号为SFZ11－180000/220，联接组别为YNd11的变压器进行空载试验，其试验原理图及试验现场接线图如图3－23所示。

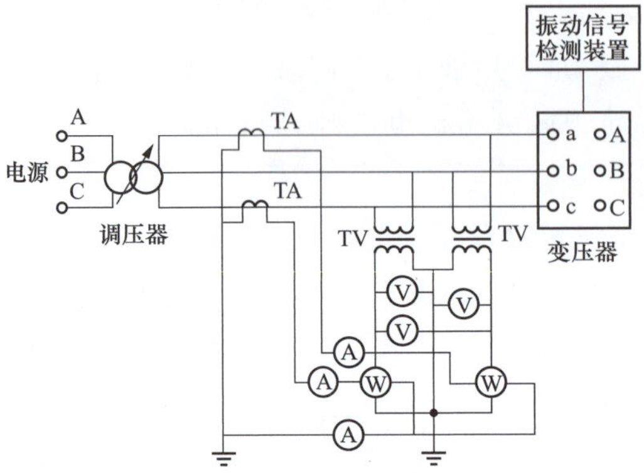

（a）

（b）

图3－23　变压器空载试验原理图及试验现场接线图

（a）空载试验原理图；（b）空载试验现场接线图

高压侧开路，在低压侧施加不同等级的三相电压，每次升高10%额定电压，直至100%额定电压，并获取变压器振动数据。

（2）试验结果分析。对试验变压器进行额定分接下空载试验，设定变压器油箱低压侧侧壁距地面1/6测点，每次升高10%额定电压，直至100%额定电压，测试并分析此时变压器本体的振动信号。铁芯振动信号时域及频域图如图3－24所示，额定分接空载试验100%额定电压下的振动幅值如表3－11所示。

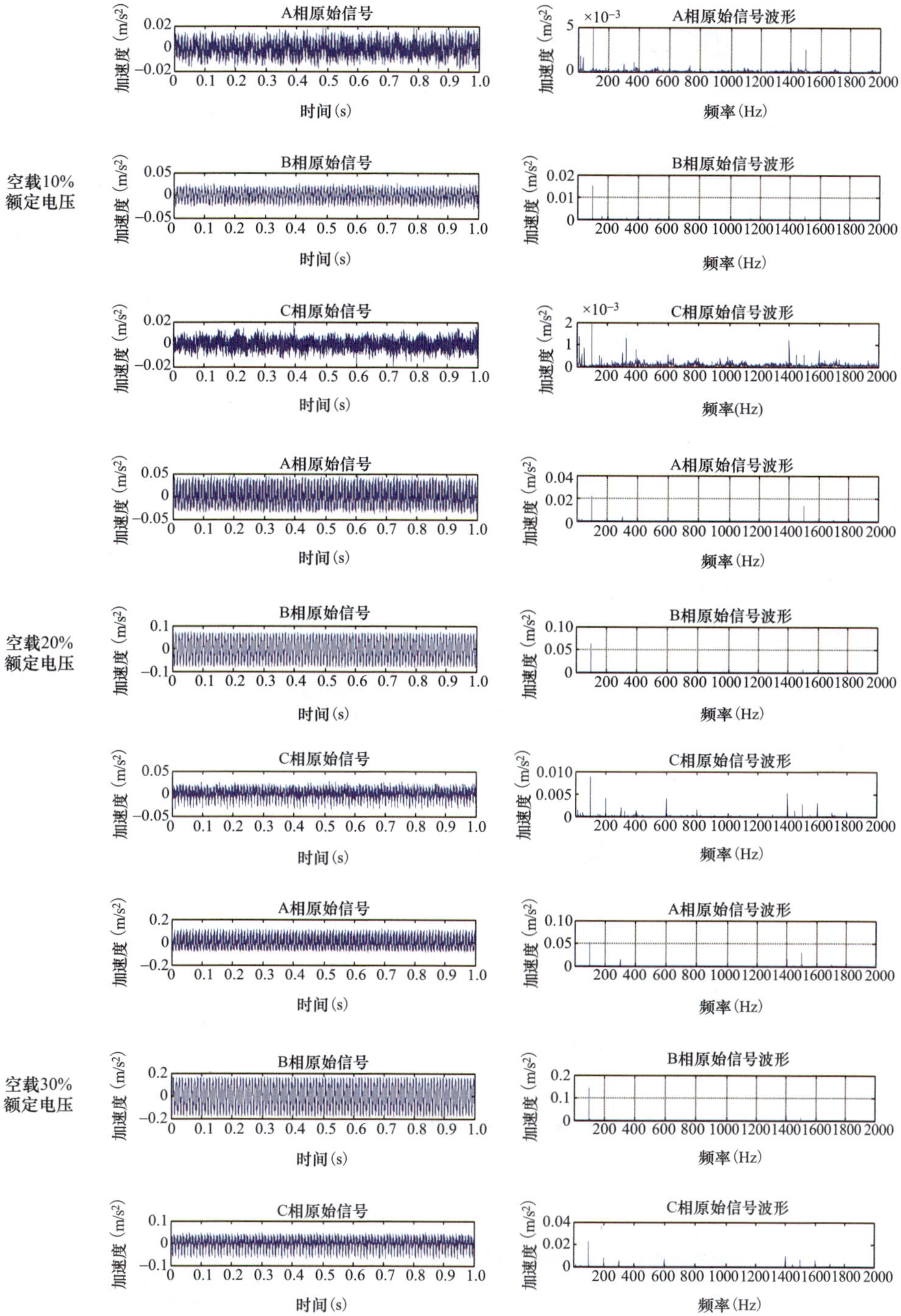

图 3-24　空载试验不同电压等级下时域及频域图（一）

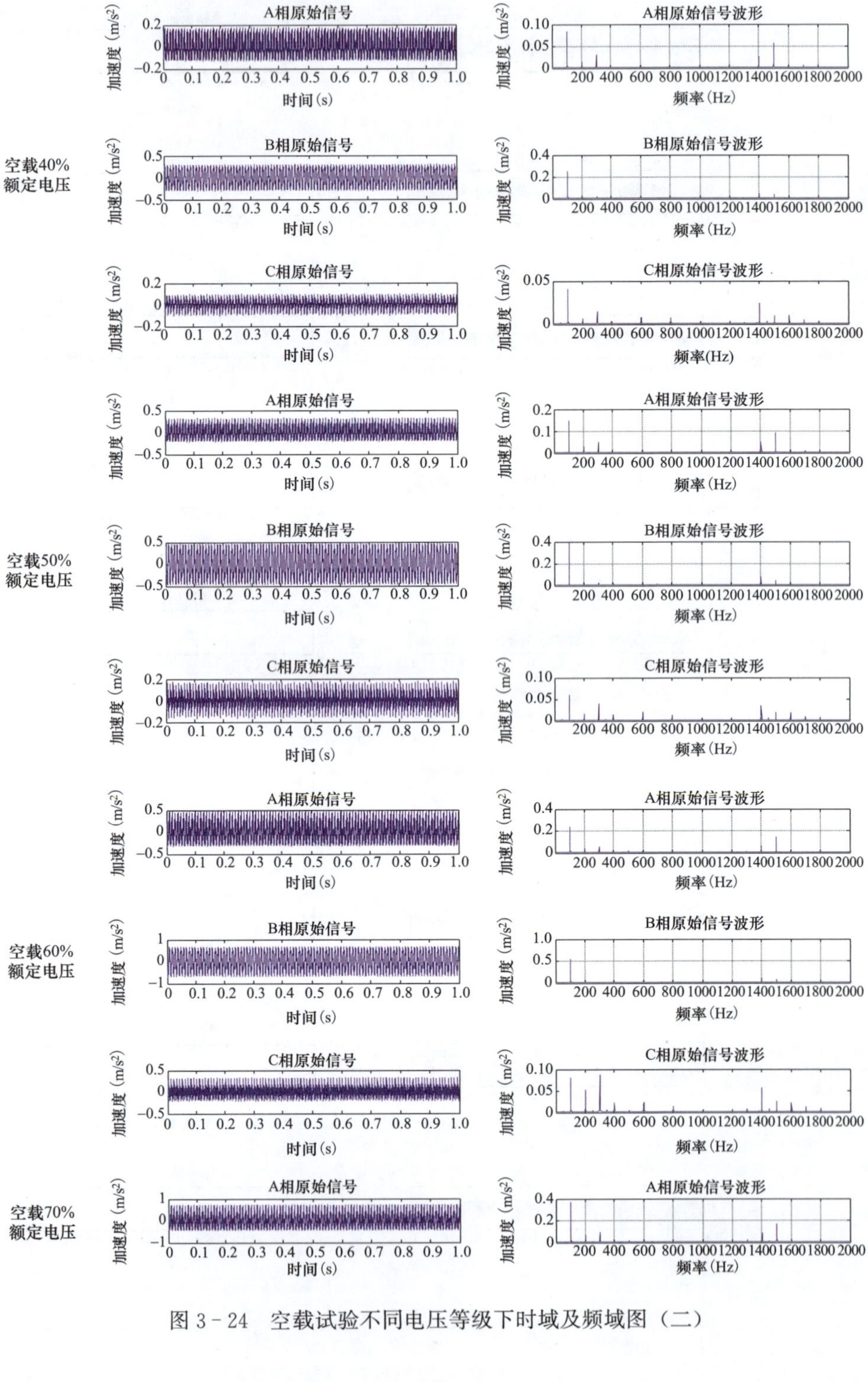

图 3-24　空载试验不同电压等级下时域及频域图（二）

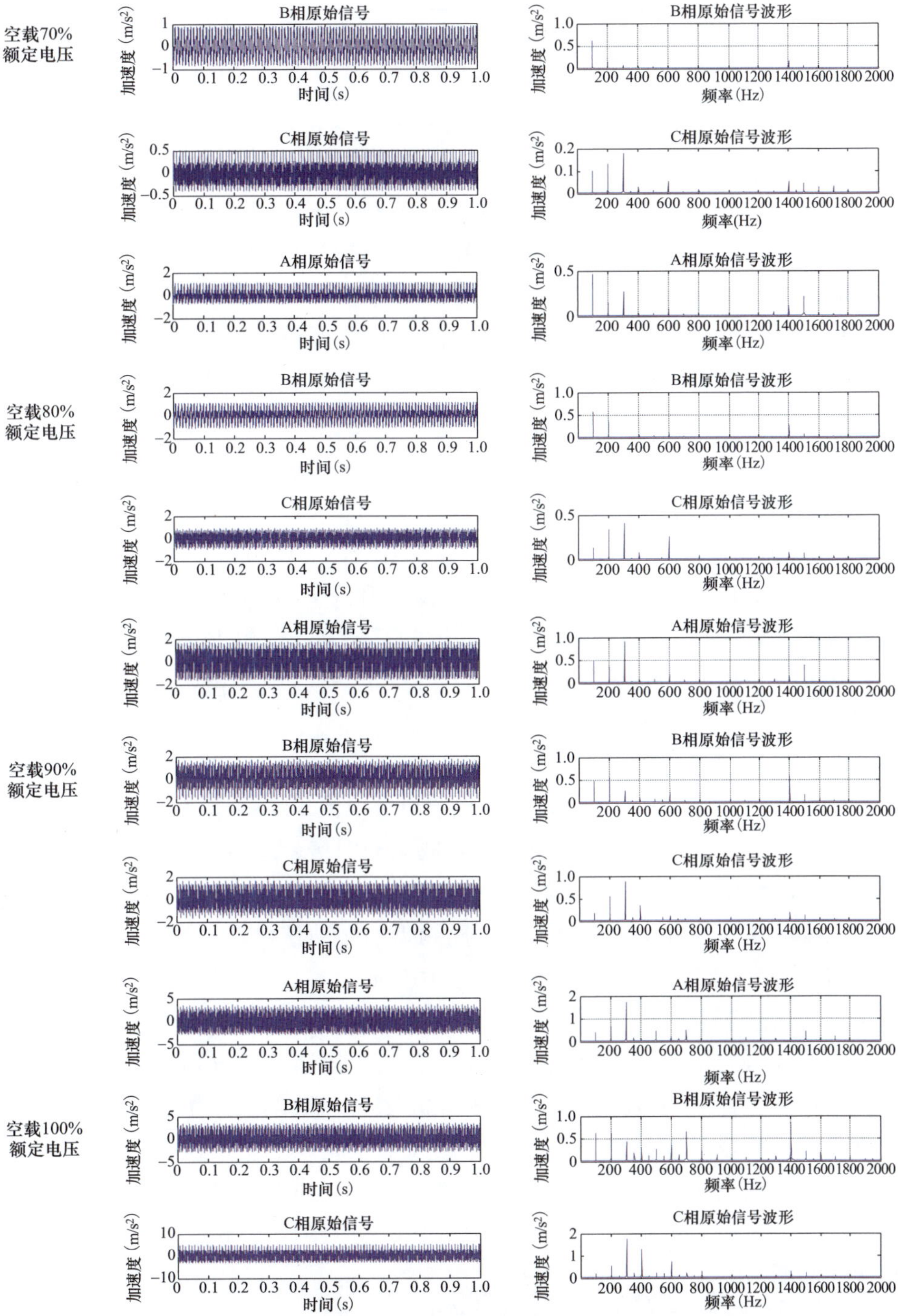

图 3-24　空载试验不同电压等级下时域及频域图（三）

表 3-11　　空载 100%额定电压下振动幅值　　(m/s^2)

相别	100Hz	200Hz	300Hz	400Hz	500Hz	600Hz	700Hz	800Hz
A 相	0.3937	0.6437	1.7145	0.1198	0.4582	0.1713	0.4700	0.0487
B 相	0.6007	0.5977	0.4299	0.2806	0.2502	0.3534	0.6402	0.2087
C 相	0.1800	0.5220	1.7229	1.2775	0.1943	0.6900	0.1875	0.2757

通过对变压器正常状态下空载试验及振动信号分析得出：

1）空载时，油箱振动在各个电压等级下，振动在低频以 100、200、300Hz 的振动为主；在高频段 1400Hz 的振动较为明显，随着电压等级的不断升高，振动幅值不断增加。在额定电压 U_N 下，B 相振动在频域分布较为分散，700Hz 与 1400Hz 的振动明显；A、C 两相振动较为相似，振动以 100、200、300、400Hz 为主；由于铁芯为三相三芯柱式，A、C 两相磁路相同，A、C 两相振动信号频域分布接近。

2）在振动幅值上，基频 100Hz 振动 B 相较 A、C 两相大；300Hz 振动量 A、C 两相大于 B 相，在空载 100%额定电压下，B 相 100Hz 振动幅值为 0.6007m/s^2，A 相 100Hz 振动幅值为 0.3937m/s^2，C 相 100Hz 振动幅值为 0.1800m/s^2。B 相 300Hz 振动幅值为 0.4299m/s^2，A 相 300Hz 振动幅值为 1.7145m/s^2，C 相 300Hz 振动幅值为 1.7229m/s^2。

3.2.2.2　负载试验振动信号分析

（1）试验目的及方案。通过获取额定负载电流下 A、B、C 三相油箱侧壁对应的振动信号，分析不同相别下时频域振动图谱，总结变压器负载试验时绕组的振动特征，为分析变压器绕组振动特性提供试验依据；通过获取不同负载电流下变压器油箱低压侧侧壁不同测点的振动信号，总结变压器绕组振动幅值与电流之间的规律，从而确定电力变压器在不同负载电流下所对应的绕组振动幅值范围。

由于绕组的振动与负载电流的大小有关，故测试不同电流等级下绕组的振动信号。针对型号为 SFZ11-180000/220，联结组别为 YNd11 的变压器做负载试验，低压侧短路，在高压侧施加三相电压，一次侧电压从零逐渐增大，直到一次侧负载电流达到额定电流 I_N。负载电流分为一次侧额定电流的 10%～100%，逐次增加 10%，其试验原理图及试验现场接线图如图 3-25 所示。

（2）试验结果分析。对试验变压器进行额定分接下负载试验，设定变压器油箱低压侧侧壁距地面 1/6 测点，每次升高 10%额定电流，直至 100%额定电压，测试并分析此时变压器本体的振动信号。绕组振动信号时域及频域

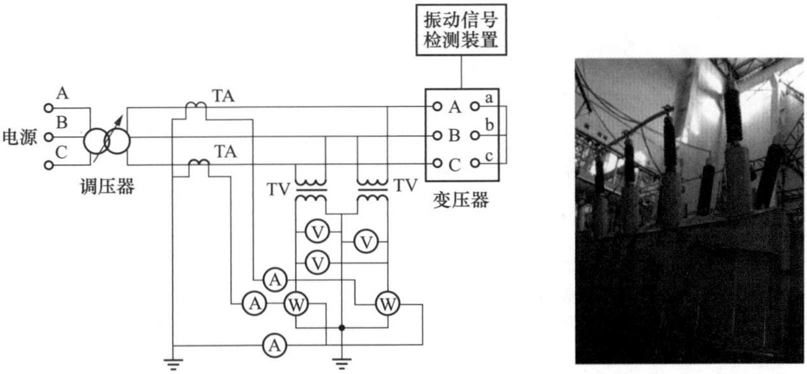

图 3-25　变压器负载试验原理图及现场接线图

(a) 负载试验原理图；(b) 负载试验现场接线图

图如图 3-26 所示，额定分接负载试验 100%额定电流下的振动幅值如表 3-12所示。

表 3-12　　额定分接 100%额定电流下三相振动幅值　　(m/s^2)

相别	100Hz	200Hz	300Hz	400Hz	500Hz	600Hz	700Hz	800Hz
A 相	1.6650	0.2068	0.0405	0.0239	0.0378	0.0297	0.0090	0.0005
B 相	9.0047	0.0484	0.1187	0.0550	0.0078	0.0349	0.0160	0.0126
C 相	2.6011	0.2011	0.0676	0.0579	0.0443	0.0503	0.0031	0.0137

通过负载试验获取系列试验数据，对负载试验数据进行傅里叶分解得到频域 100Hz 的振动幅值，对 100Hz 振动幅值与对应的负载电流平方值进行最小二乘拟合得到图 3-27。

图 3-27 中，横轴坐标代表的含义为额定电流百分比的平方，如 10%I_N 对应坐标中的 0.01；50%I_N对应坐标中的 0.25；100%I_N对应坐标中的 1。纵轴坐标为 100Hz 振动幅值。点为不同负载电流下实测的振动幅值与电流平方百分比之间的关系，直线为各点按最小二乘拟合之后的对应关系，由图 3-27 中点与拟合直线可以看出，各点的线性关系非常好，各实测点基本均位于拟合直线上。

分析结果如下：

1）负载试验数据振动幅值随着电流的增加而增大，振动在频域范围主要处于 100Hz；额定分接 100%额定电流下 100Hz 频率 A 相振动幅值为 1.6650m/s^2，B 相振动幅值为 9.0047m/s^2，C 相振动幅值为 2.6011m/s^2，B 相振动大于 A、C 两相。200Hz 及以上频率振动幅值很小，均小于 0.25m/s^2。

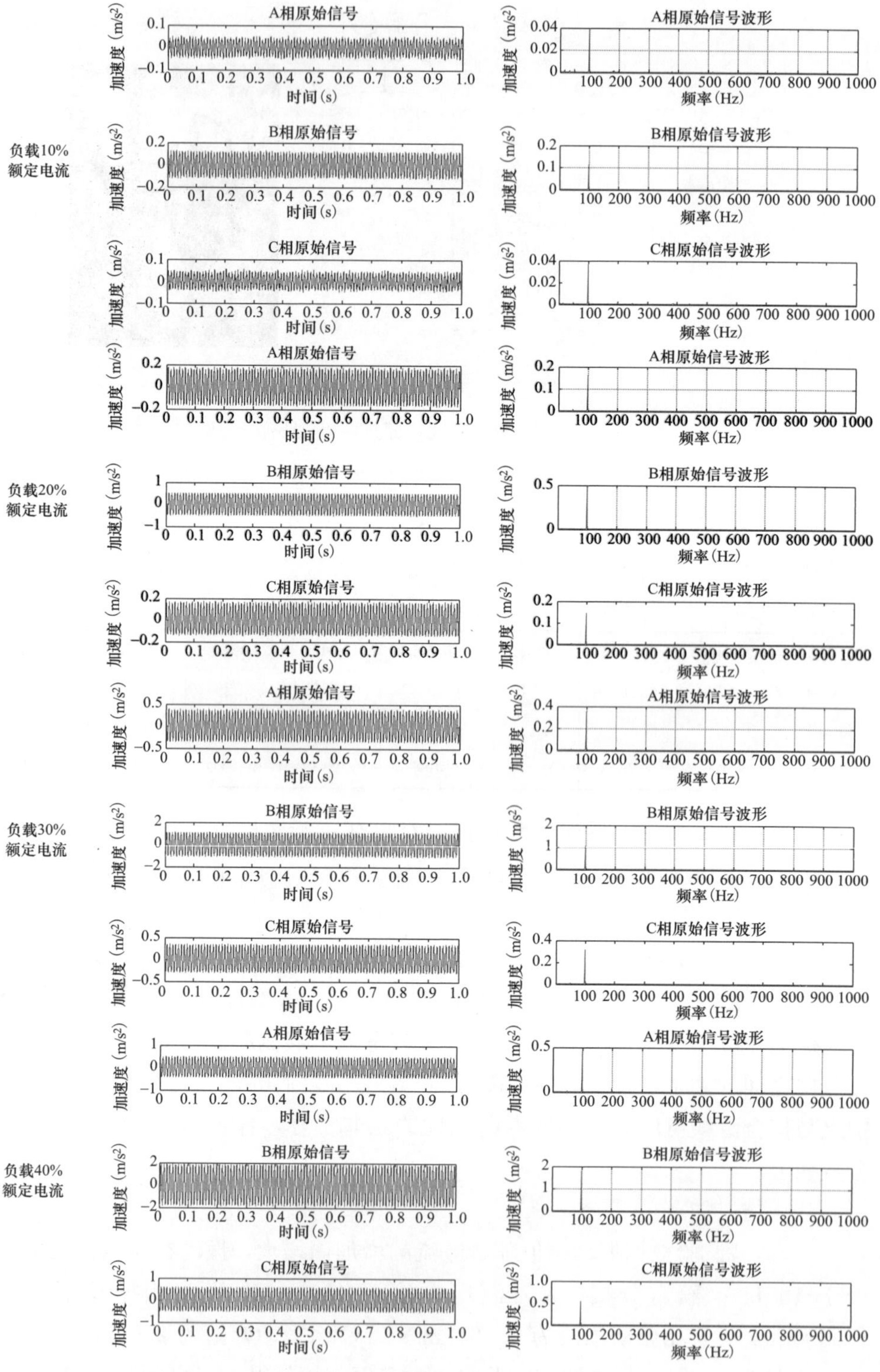

图 3-26　额定分接负载试验不同电流等级下时域及频域图（一）

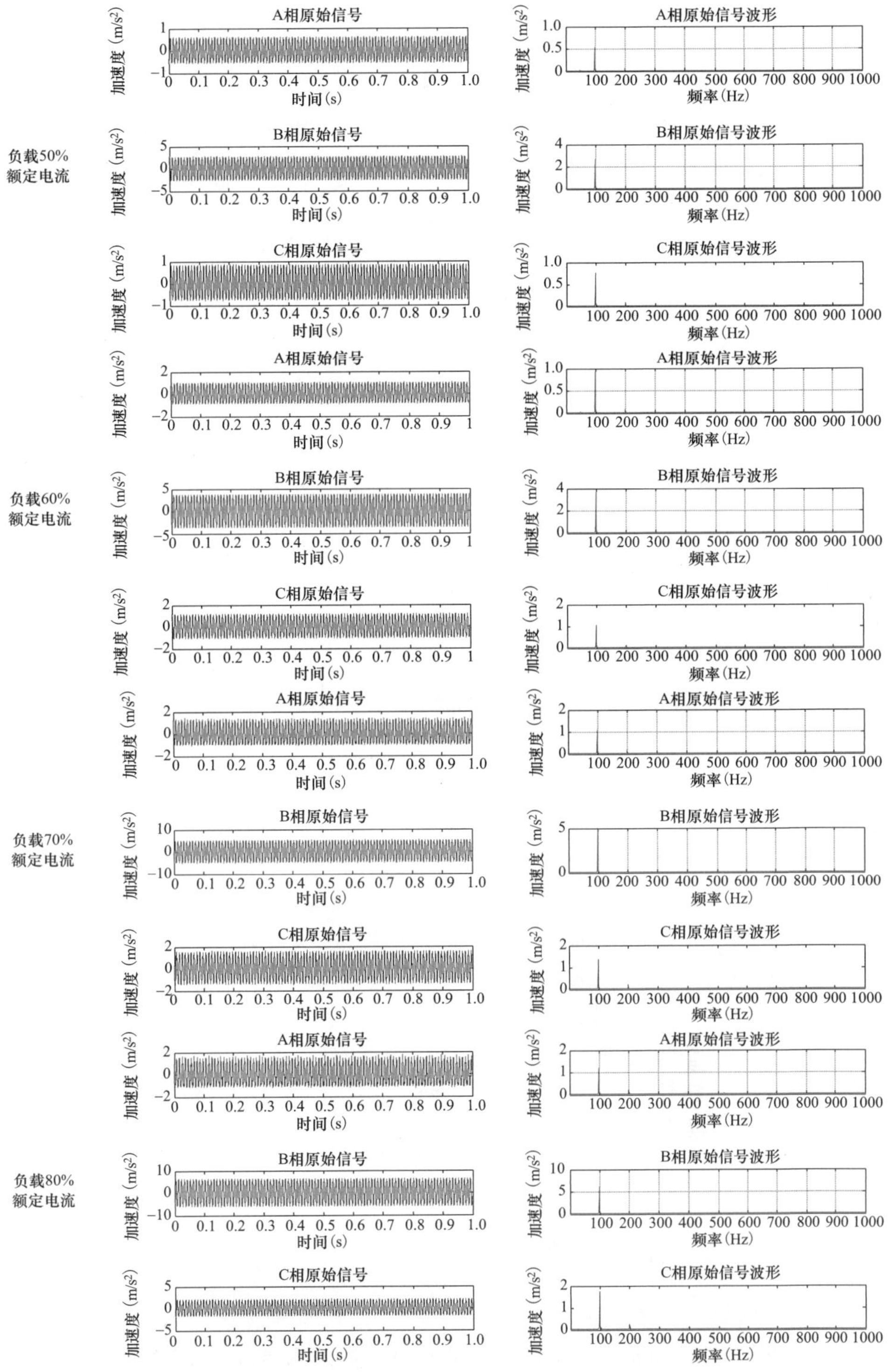

图 3-26　额定分接负载试验不同电流等级下时域及频域图（二）

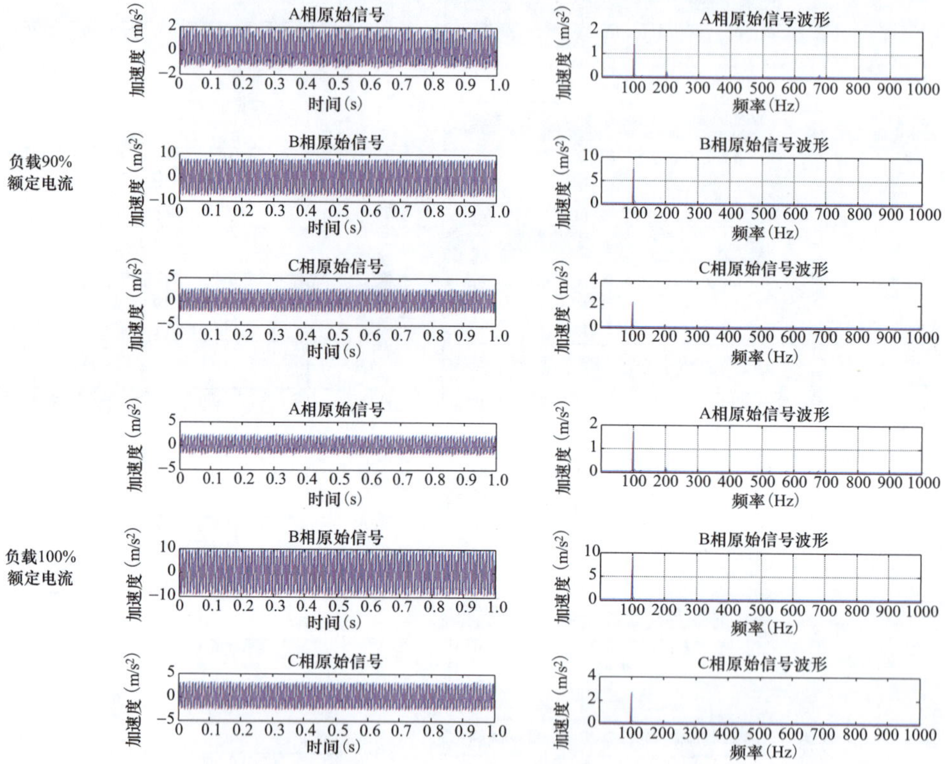

图 3-26　额定分接负载试验不同电流等级下时域及频域图（三）

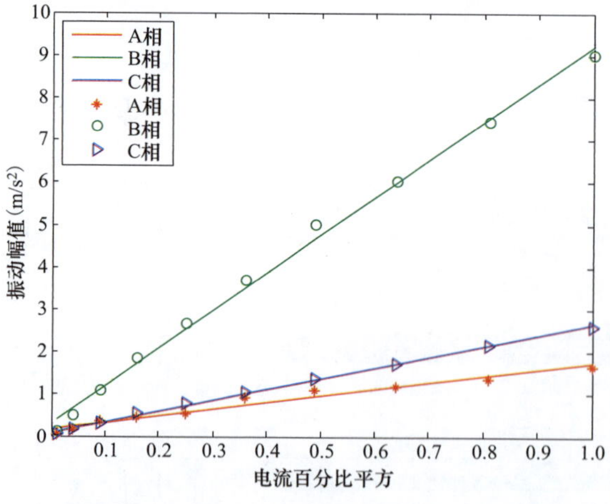

图 3-27　负载额定分接 100Hz 振动幅值与电流平方百分比关系图

2）A、B、C 三相 100Hz 振动幅值与负载电流的平方均成线性关系，且不同相序 100Hz 振动幅值与负载电流平方之间线性关系的斜率不同，可以推测出：绕组发生变形以后，原有的 100Hz 振动幅值与负载电流平方之间的线性关系应当不会改变，改变的应该是其拟合直线的斜率。因此，100Hz 振动幅值与负载电流平方百分比之间的线性关系的斜率是非常关键的振动特征量，反应了绕组的机械结构特性。

3.3 电力变压器绕组运行现场机械状态测试

3.3.1 运行变压器不同测点位置振动信号分析

针对某变电站现场运行主变压器型号为 SFPZ9－120000/220，获取不同测点变压器的振动信号，由于运行变压器现场环境与试验站环境不同，变压器现场运行工况复杂，需要对运行变压器进行测点分析，为选取变压器振动测点提供理论及试验依据。

（1）低压侧测点分析。

1）试验目的及方案。分析现场运行条件下油箱低压侧侧壁不同测点的铁芯和绕组振动信号特性，获取不同点变压器的振动特点，为后期选取变压器振动测点提供理论及试验依据，以及确定传感器安装位置的误差范围。

设定变压器油箱低压侧侧壁距地面 1/2、4/5、1/6、1/3、2/3 测点，测试并分析此时变压器本体的振动信号，传感器安装位置如图 3－28～图 3－30 所示。

图 3－28　低压侧 1/6 测点

图 3－29　低压侧 4/5 测点

图 3－30　低压侧 1/2 测点

2）数据分析。设定变压器油箱低压侧油箱壁顶部距地面 1/2、4/5、1/6、1/3、2/3 测点，测试并分析此时变压器本体的振动信号。振动信号时域及频域图如图 3－31～图 3－35 所示，各频率下振动幅值如表 3－13～表 3－17 所示。

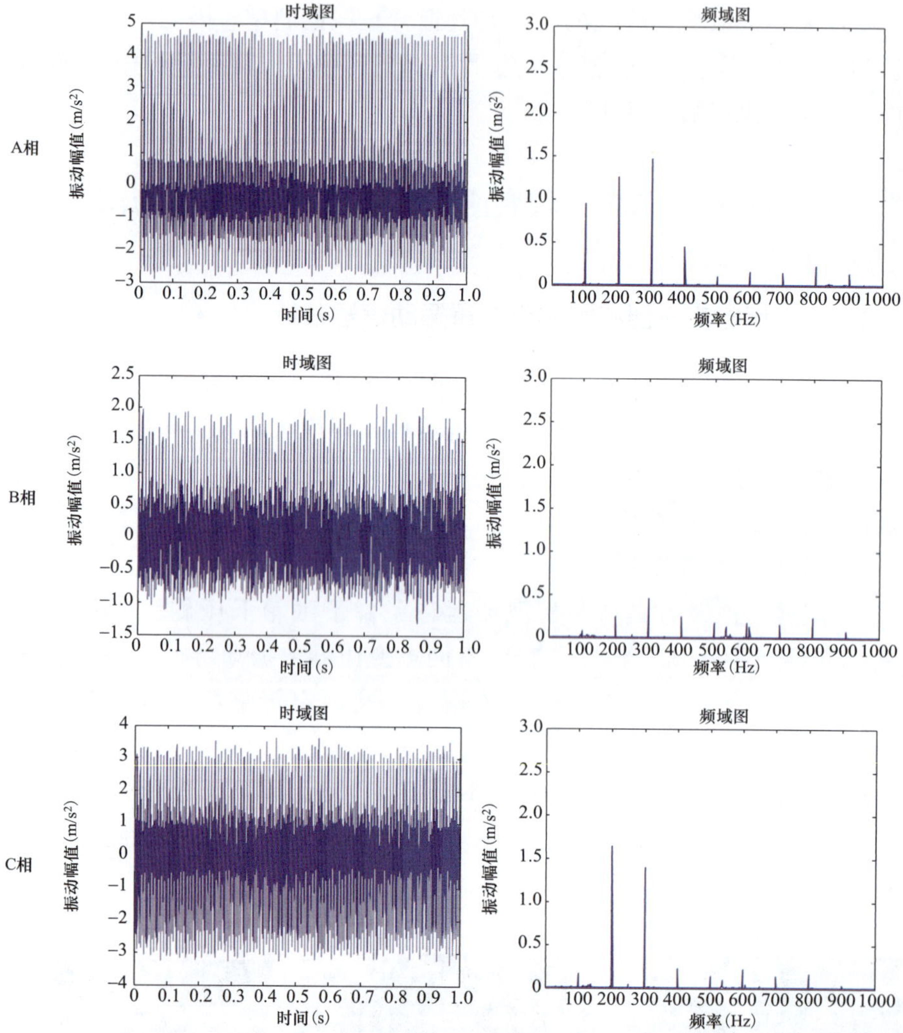

图 3－31　变压器低压侧距地 1/2 测点振动信号时域图和频域图

表 3－13　　变压器低压侧距地 1/2 测点各频率下振动幅值　　(m/s^2)

相别	100Hz	200Hz	300Hz	400Hz	500Hz	600Hz	700Hz	800Hz
A 相	0.94150	1.25051	1.457644	0.446665	0.098469	0.155302	0.147185	0.223803
B 相	0.07779	0.23698	0.450499	0.244123	0.166968	0.168048	0.151364	0.230631
C 相	0.16283	1.63858	1.389675	0.224637	0.134769	0.216731	0.135422	0.165640

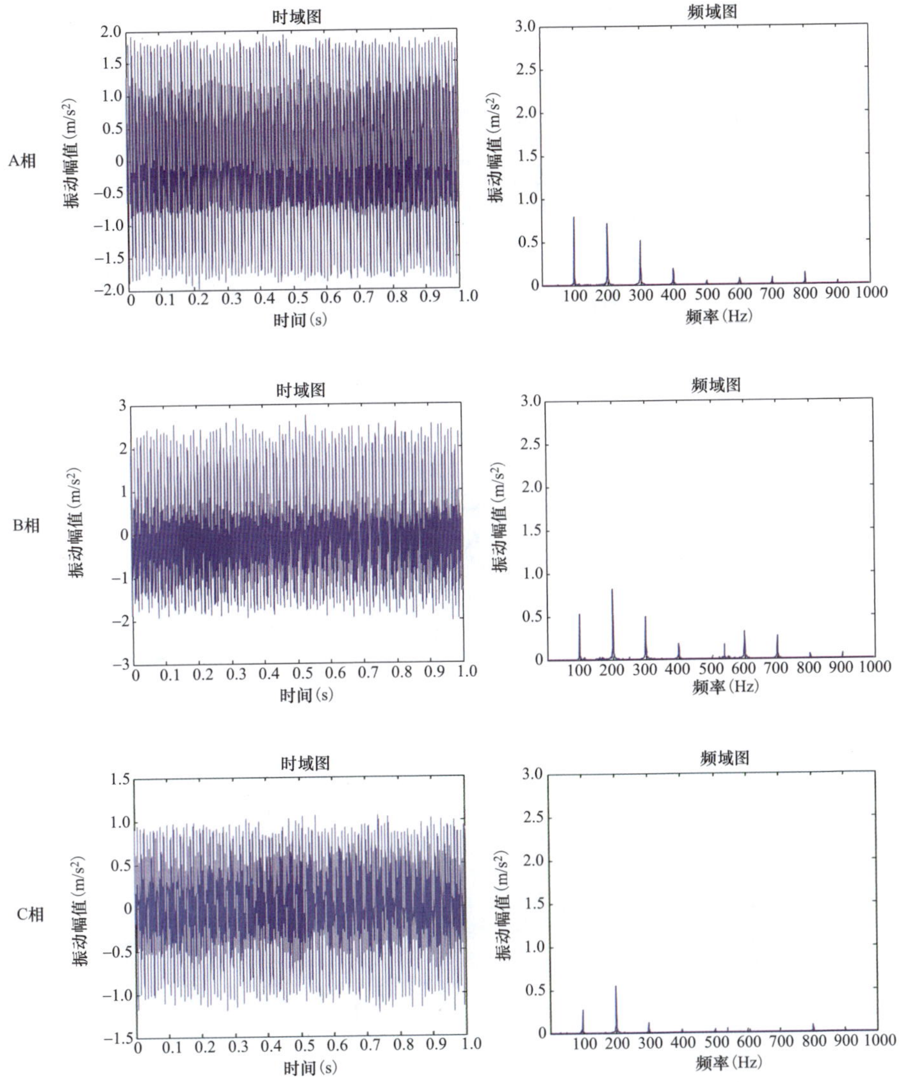

图 3-32　变压器低压侧距地 4/5 测点振动信号时域图和频域图

表 3-14　　变压器低压侧距地 4/5 测点各频率下振动幅值　　(m/s^2)

相别	100Hz	200Hz	300Hz	400Hz	500Hz	600Hz	700Hz	800Hz
A 相	0.79584	0.71357	0.509425	0.185346	0.051069	0.053263	0.033327	0.038974
B 相	0.52798	0.82439	0.499041	0.180695	0.017450	0.221812	0.12325	0.016177
C 相	0.27940	0.55029	0.115331	0.032533	0.040008	0.040008	0.006603	0.024236

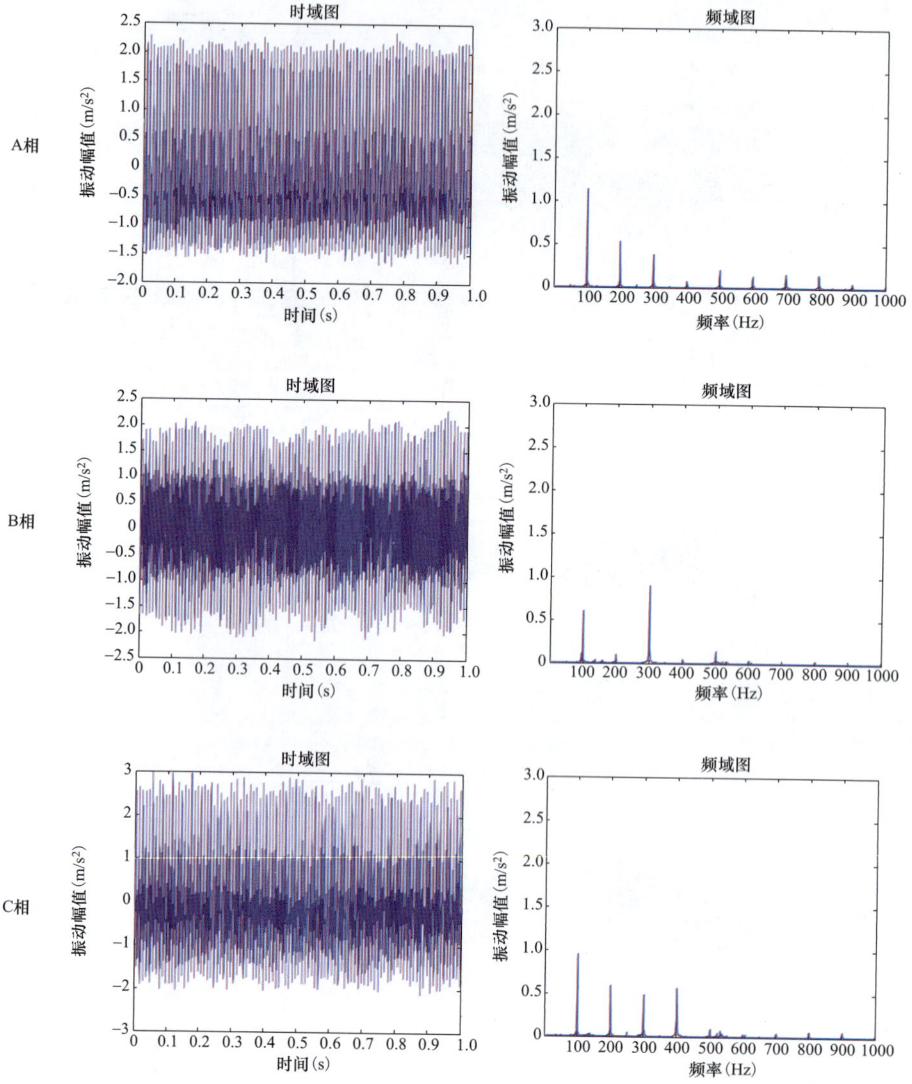

图 3-33　变压器低压侧距地 1/6 测点振动信号时域图和频域图

表 3-15　　变压器低压侧距地 1/6 测点各频率下振动幅值　　(m/s^2)

相别	100Hz	200Hz	300Hz	400Hz	500Hz	600Hz	700Hz	800Hz
A 相	1.13677	0.53241	0.377701	0.075311	0.206475	0.132768	0.166106	0.123885
B 相	0.59792	0.10485	0.896407	0.050560	0.147990	0.037155	0.011285	0.027805
C 相	0.95333	0.59505	0.486281	0.566739	0.090747	0.031370	0.048771	0.060657

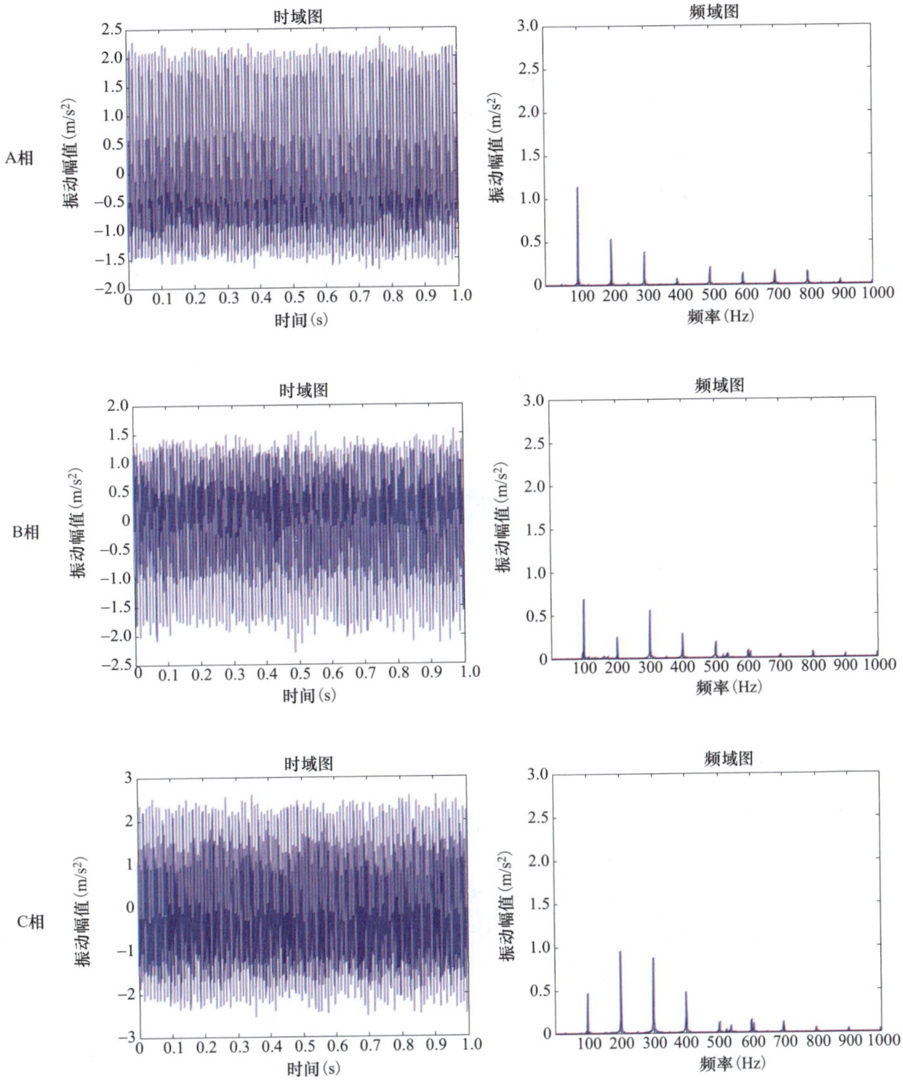

图 3-34　变压器低压侧距地 2/3 测点振动信号时域图和频域图

表 3-16　　变压器低压侧距地 2/3 测点各频率下振动幅值　　(m/s^2)

相别	100Hz	200Hz	300Hz	400Hz	500Hz	600Hz	700Hz	800Hz
A 相	0.22460	0.22946	1.045098	0.479308	0.325617	0.108519	0.063735	0.127045
B 相	0.68688	0.25250	0.557104	0.282779	0.184811	0.088041	0.039034	0.050445
C 相	0.46496	0.95450	0.870348	0.476762	0.122879	0.152422	0.112098	0.034622

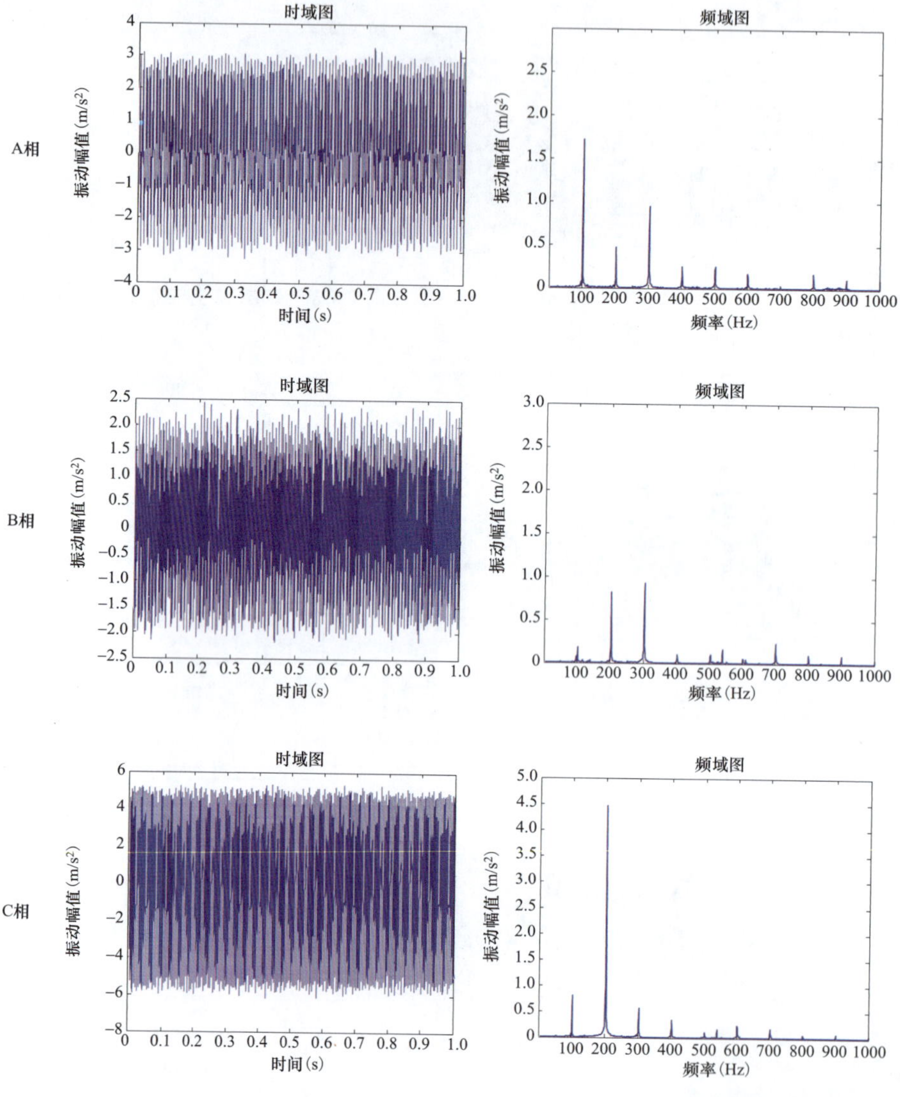

图 3-35　变压器低压侧距地 1/3 测点振动信号时域图和频域图

表 3-17　　变压器低压侧距地 1/3 测点各频率下振动幅值　　(m/s^2)

相别	100Hz	200Hz	300Hz	400Hz	500Hz	600Hz	700Hz	800Hz
A 相	1.71244	0.46696	0.942997	0.247793	0.251156	0.134955	0.016246	0.061956
B 相	0.17594	0.82268	0.927954	0.098322	0.098382	0.051090	0.128612	0.036351
C 相	0.81125	4.47019	0.576082	0.342229	0.106964	0.207689	0.101631	0.021110

由图 3-31～图 3-35 可知，A 相低压侧侧壁不同测点振动信号是不同的。时域图中，1/6、4/5、1/2、2/3、1/3 测点振动幅值 100Hz 最大值分别为 1.1367、0.7954、0.9412、0.22460、1.71244m/s²。频域图中不同测点铁芯和绕组的振动信号分布也不同，所有测点 300Hz 频率振动都很明显，说明铁芯振动较大。1/6 测点和 2/3 测点 A、C 两相 100Hz 频率下振动幅值对称，而 1/6 测点的振动能量集中在 100～200Hz，A、C 两相振动特征对称，而且 100Hz 振动明显。因此在以后在线监测试验中，选取 1/6 和 1/2 测点为变压器测点位置。

由于不同测点位置振动信号具有不同的特征，因此在分析变压器振动特性时应选取固定一点。通过对变压器振动测点进行多次试验，分析各振动信号区别，最终确定在选取的固定位置处安装传感器时不宜偏离原固定点 2cm 以上，否则采集的振动信号不具有可对比性，不能准确的诊断变压器运行情况。

（2）高压侧的测点分析。

1）试验目的及方案。分析现场运行条件下变压器油箱高压侧侧壁不同测点的铁芯和绕组振动信号特性，获取不同测点位置变压器的振动特点，为后期选取变压器振动测点提供理论及试验依据，以及确定传感器安装位置的误差范围。

设定变压器油箱高压侧侧壁底部、距地面 1/2 和 4/5 测点进行测试并分析此时变压器本体的振动信号，传感器安装位置如图所示 3-36 所示。

(a)　　　　(b)

图 3-36　传感器安装位置图

(a) 高压侧底部中间；(b) 高压侧 1/2 位置

2）数据分析。试验测得振动信号时域及频域图如图 3-37～图 3-39 所示，各频率下振动幅值如表 3-18～表 3-20 所示。

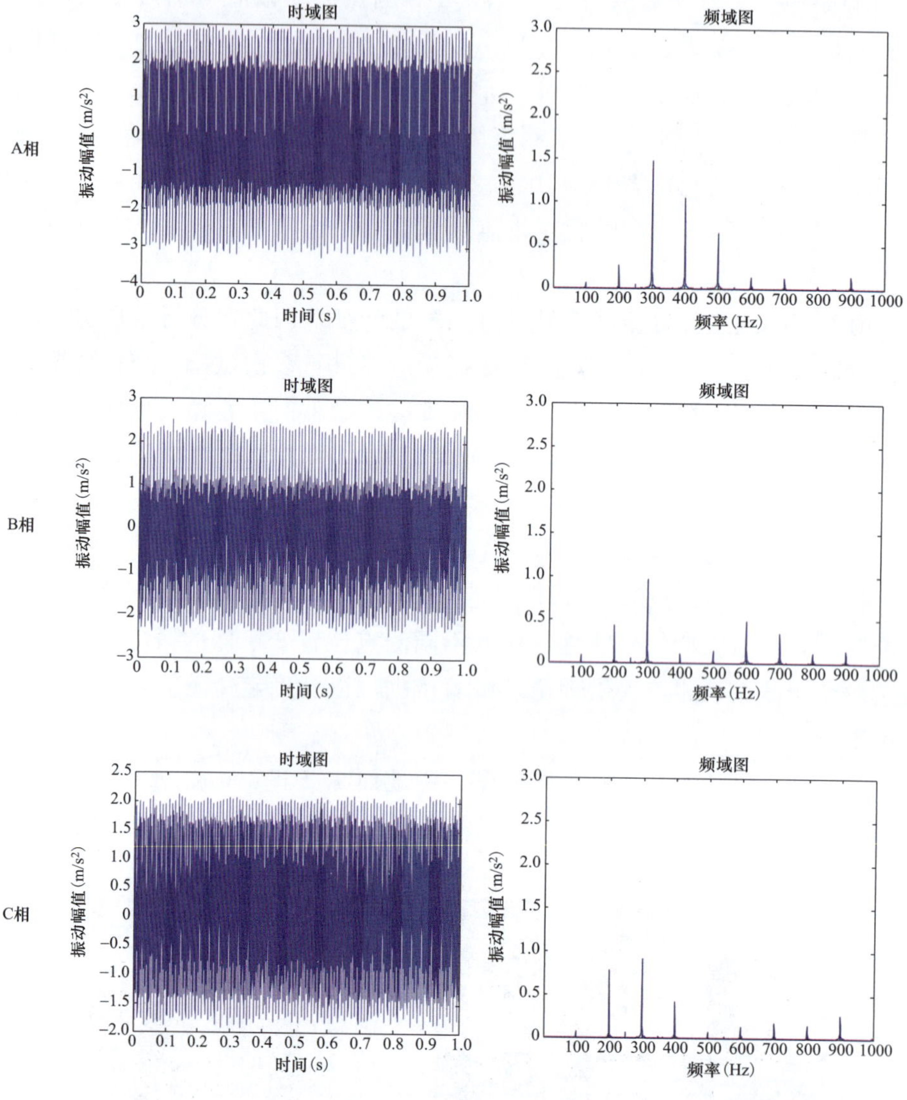

图 3-37　变压器高压侧底部中间测点振动信号时域图和频域图

表 3-18　　变压器高压侧底部中间测点各频率下振动幅值　　(m/s^2)

相别	100Hz	200Hz	300Hz	400Hz	500Hz	600Hz	700Hz	800Hz
A 相	0.06773	0.26467	1.479597	1.047907	0.646584	0.132336	0.131115	0.033091
B 相	0.09616	0.43670	0.969001	0.110485	0.148858	0.488001	0.346957	0.122017
C 相	0.81125	4.47019	0.576082	0.342229	0.106964	0.207689	0.101631	0.021110

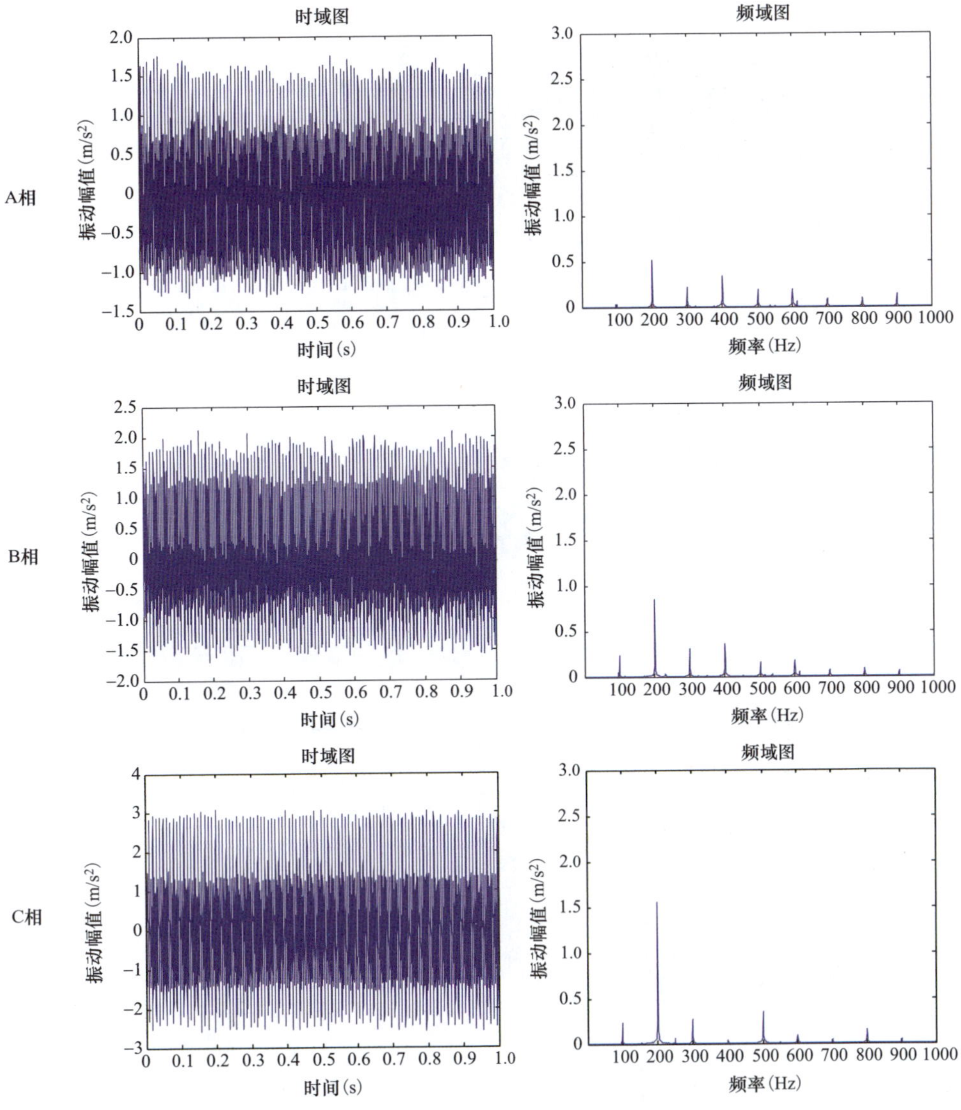

图 3－38　变压器高压侧距地 4/5 测点振动信号时域图和频域图

表 3－19　　变压器高压侧距地 4/5 测点各频率下振动幅值　　(m/s^2)

相别	100Hz	200Hz	300Hz	400Hz	500Hz	600Hz	700Hz	800Hz
A 相	0.01954	0.52194	0.225090	0.349557	0.197070	0.194513	0.078109	0.062318
B 相	0.24003	0.85709	0.315393	0.366178	0.158228	0.179332	0.058496	0.054850
C 相	0.23785	1.55808	0.273068	0.029319	0.357110	0.089283	0.033984	0.090538

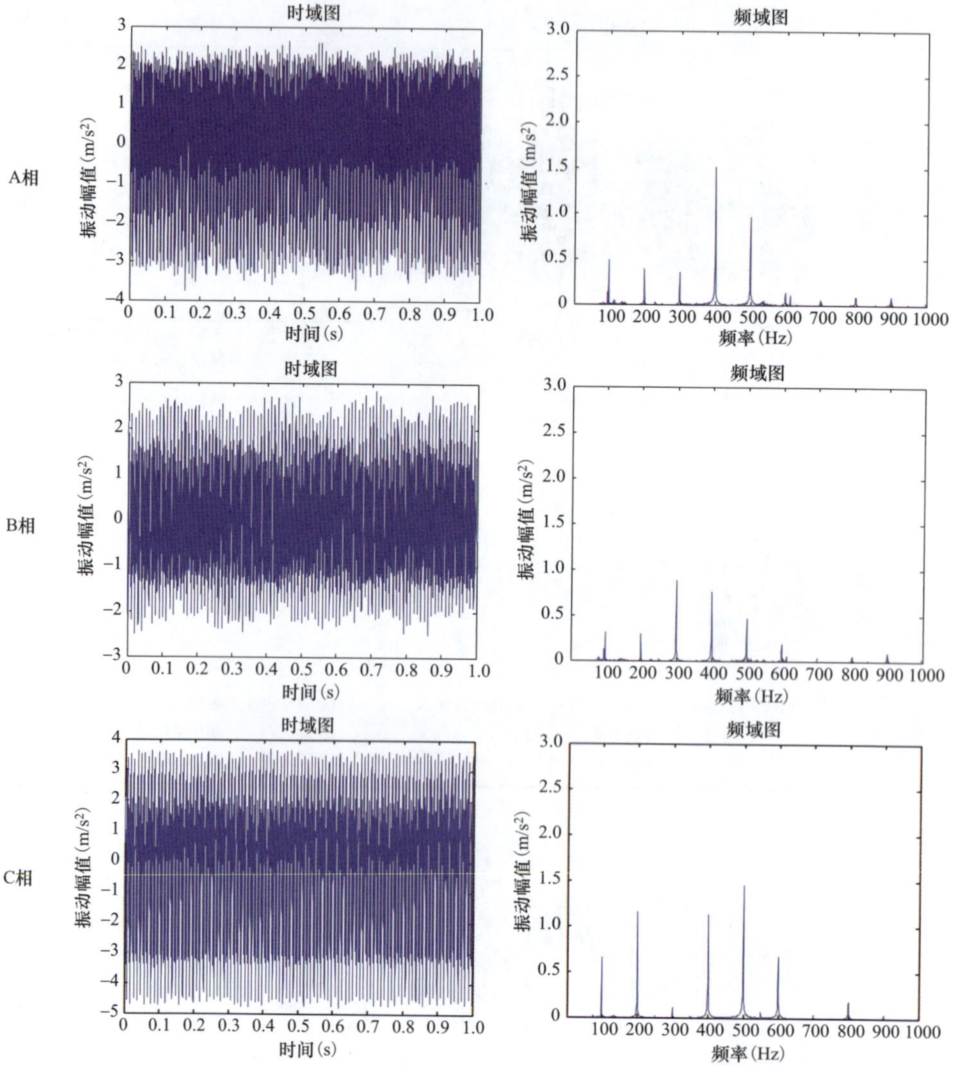

图 3－39　变压器高压侧距地 1/2 测点振动信号时域图和频域图

表 3－20　　变压器高压侧距地 1/2 测点各频率下振动幅值　　(m/s^2)

相别	100Hz	200Hz	300Hz	400Hz	500Hz	600Hz	700Hz	800Hz
A 相	0.49438	0.40132	0.36154	1.52221	0.96519	0.14548	0.06248	0.09285
B 相	0.32003	0.30608	0.89438	0.76735	0.47996	0.19873	0.01365	0.05280
C 相	0.66388	1.16659	0.11873	1.13352	1.45834	0.68392	0.02567	0.18866

由图 3－39 可知，A 相高压侧侧壁不同测点振动信号是不同的。时域图中，

底部中间、4/5、1/2 测点振动幅值最大值分别为 1.48、1.522、0.5219m/s^2。频域图中不同测点铁芯和绕组的振动信号分布也不同，底部中间 300Hz 振动明显，4/5 测点 400Hz 谐波分量较明显，1/2 测点以 200Hz 为主，都包含 300～800Hz 的高次谐波，900Hz 以上基本衰减为零。高压侧由于油箱侧壁结构复杂，高压侧测点时域振动远小于低压侧且基频幅值也小于低压测，考虑上述条件选取测点，以低压侧 1/6 和 1/2 位置为主。同时，在测试过程中应避免油箱表面加强筋对测试结果的影响。

3.3.2 不同运行年限变压器振动信号分析

针对三台 220kV、120MVA 运行变压器，分别为 1984 年投运、2004 年投运和 2010 年投运，测点选择为三台变压器距地 1/6 位置，分别对变压器振动进行监测，提取相同负荷条件下，三台主变压器的振动特性，比较不同年限变压器之间的区别。3 台主变压器的现场监测如图 3-40 所示。

(a)　　(b)　　(c)

图 3-40　电力变压器在线监测现场

(a) 1 号主变压器；(b) 2 号主变压器；(c) 3 号主变压器

二次侧负载电流相同，均为 576.1407A 时，三台主变压器的振动特性如图 3-41～图 3-49 所示。不同测点振动幅值见表 3-21～表 3-23。

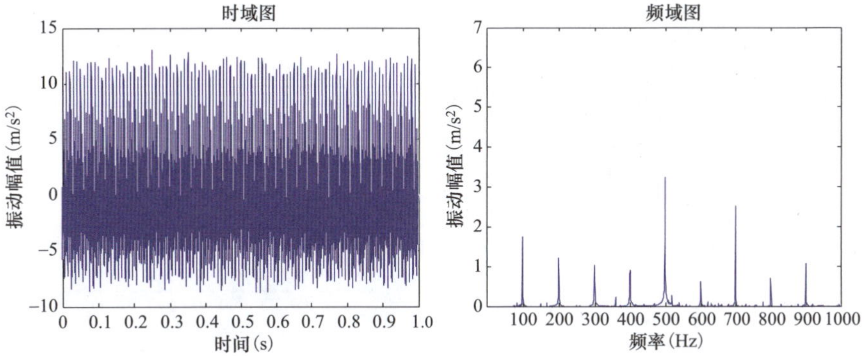

图 3-41　1984 年投运变压器 A 相绕组振动特性

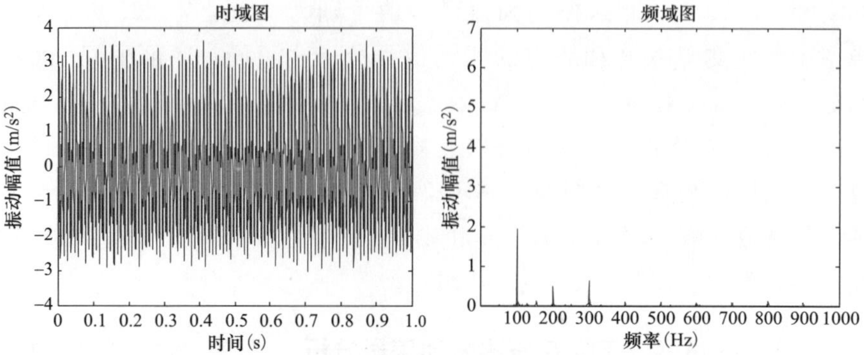

图 3-42　2004 年投运变压器 A 相绕组振动特性

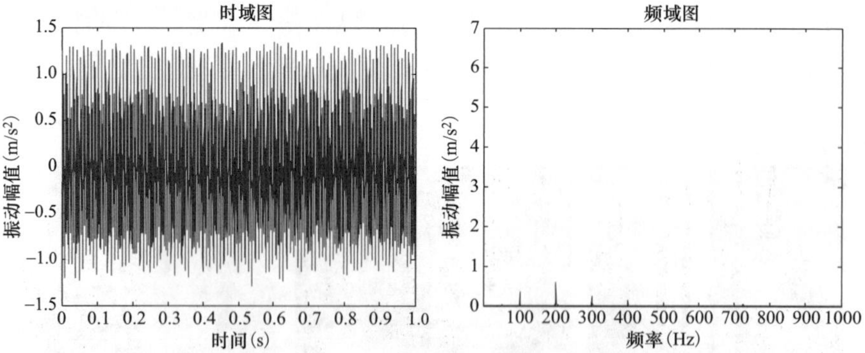

图 3-43　2010 年投运变压器 A 相绕组振动特性

表 3-21　变压器不同运行年限下 A 相油箱侧壁不同频率振动幅值　(m/s^2)

年份	100Hz	200Hz	300Hz	400Hz	500Hz	600Hz	700Hz	800Hz
1984 年	1.7765	1.23125	1.04555	0.82468	1.71335	0.16913	0.21955	0.04540
2004 年	1.9582	0.49222	0.64830	0.11923	0.10253	0.08915	0.05828	0.08180
2010 年	0.3512	0.60930	0.25155	0.15059	0.06707	0.01898	0.03491	0.01317

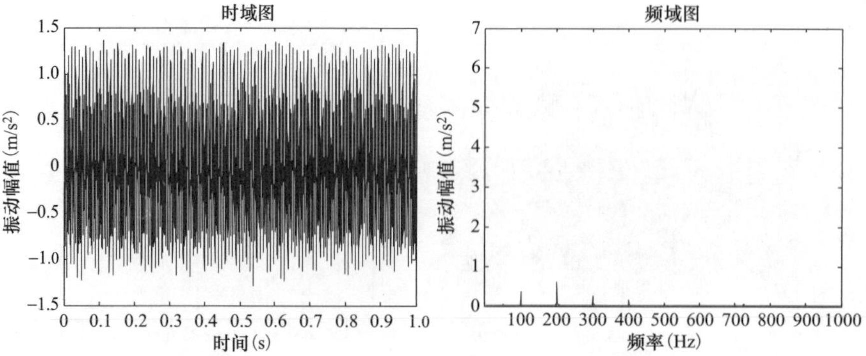

图 3-44　1984 年投运变压器 B 相绕组振动特性

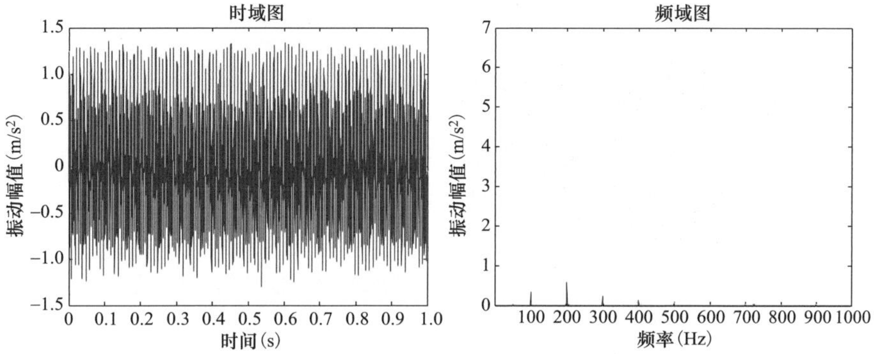

图 3-45　2004 年投运变压器 B 相绕组振动特性

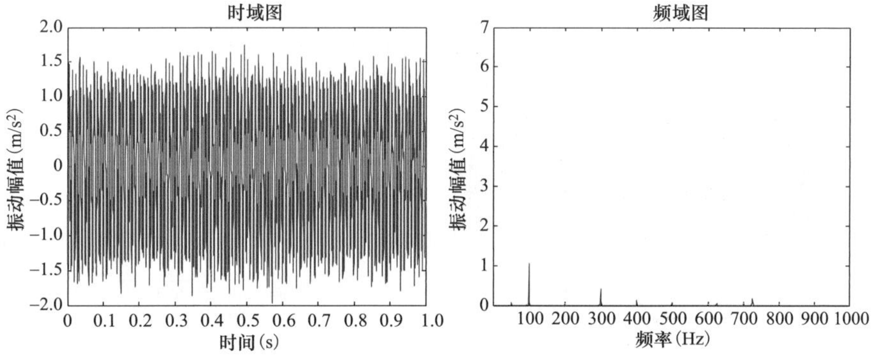

图 3-46　2010 年投运变压器 B 相绕组振动特性

表 3-22　　变压器不同运行年限下 B 相油箱侧壁不同频率振动幅值　　(m/s^2)

年份	100Hz	200Hz	300Hz	400Hz	500Hz	600Hz	700Hz	800Hz
1984 年	0.9526	0.95535	1.26724	2.39626	0.55156	0.45158	0.02469	0.02238
2004 年	1.7609	0.49146	1.03753	0.14702	0.12411	0.27416	0.02001	0.07635
2010 年	1.0810	0.05891	0.44413	0.14602	0.09314	0.03991	0.04798	0.01654

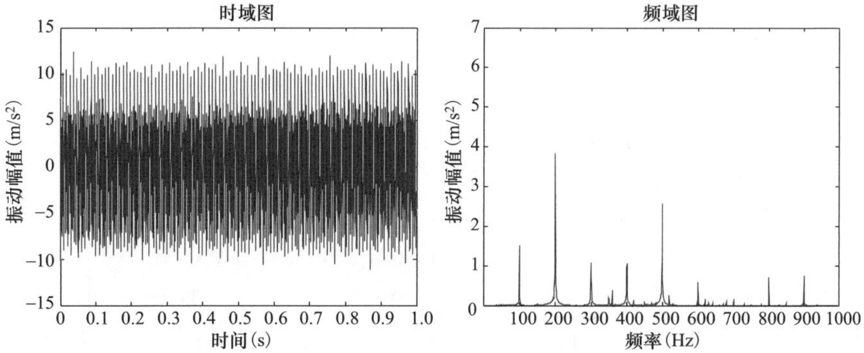

图 3-47　1984 年投运变压器 C 相绕组振动特性

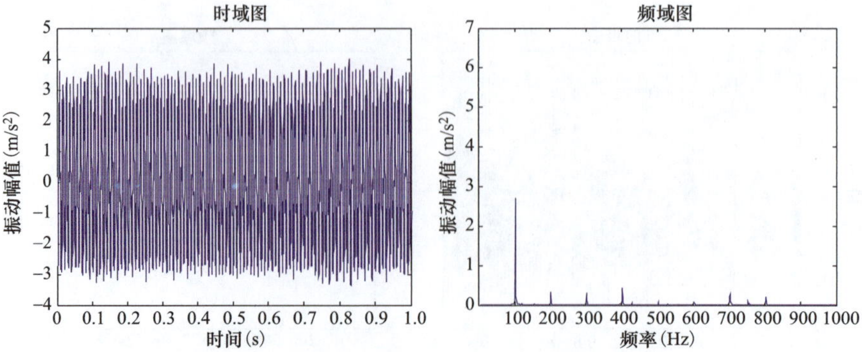

图 3-48　2004 年投运变压器 C 相绕组振动特性

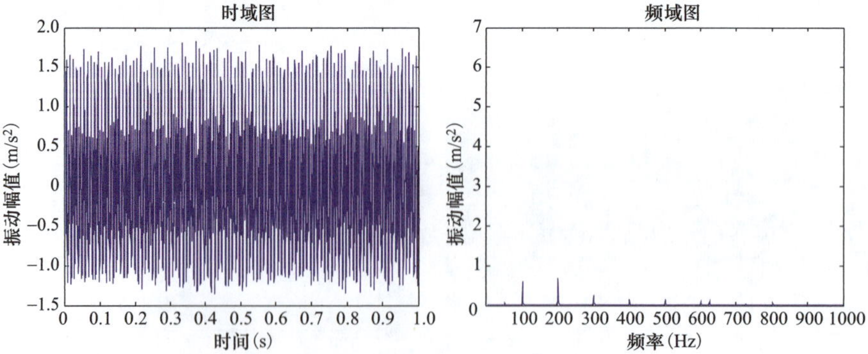

图 3-49　2010 年投运变压器 C 相绕组振动特性

表 3-23　变压器不同运行年限下 C 相油箱侧壁不同频率振动幅值　(m/s^2)

年份	100Hz	200Hz	300Hz	400Hz	500Hz	600Hz	700Hz	800Hz
1984 年	1.5163	3.85842	1.10004	0.97031	1.35126	0.15484	0.01927	0.03714
2004 年	2.7119	0.32881	0.32023	0.43184	0.06509	0.07846	0.21734	0.12143
2010 年	0.6015	0.69019	0.25613	0.14425	0.16269	0.06669	0.01966	0.03786

比较三台不同年限运行变压器振动信号，分析得出以下结论：

(1) 由时域图可知，1984 年变压器 A 相最大振动幅值为 12.7578m/s^2，B 相最大振动幅值为 9.8321m/s^2，C 相最大振动幅值为 13.1126m/s^2；2004 年变压器 A 相最大振动幅值为 3.2963m/s^2，B 相最大振动幅值为 4.1486m/s^2，C 相最大振动幅值为 3.9752m/s^2；2010 年变压器 A 相最大振动幅值为 1.4680m/s^2，B 相最大振动幅值为 1.7506m/s^2，C 相最大振动幅值为 1.8973m/s^2。振动幅值随变压器年限的增长，A、B、C 三相振动信号的幅值加大，其中 1984 年变压器最大，2004 年次之，2010 年最小。

(2) 通过上述分析表明，型号相同，运行年限不同的电力变压器在相同负载电流条件下，振动的时域和频域特征有明显区别。1984 年投运主变压器的运行年限接近30年，其时域振动幅值远大于其他两台变压器。相同型号、相同容量、不同运行年限的电力变压器在相同负载电流和运行历史条件下，振动的时域和频域特征有明显区别，运行年限越久，振动信号的时域和频域振动幅值越大。

3.3.3 不同短路冲击历史运行变压器的振动信号分析

针对某变电站两台挂网运行的型号为SFZ11－180000/220连接组别为YNd11的电力变压器与两台挂网运行的型号分别为SFZ11－240000/220、SFP9－240000/220连接组别为YNd11的电力变压器进行振动测试。获取该变压器A、B、C三相振动信号并将振动信号进行了进一步处理分析。

（1）试验目的及方案。研究挂网运行大型电力变压器在承受不同冲击历史条件下的振动特性。针对某变电站两台挂网运行的型号为SFZ11－180000/220连接组别为YNd11的电力变压器与两台挂网运行的型号分别为SFZ11－240000/220、SFP9－240000/220连接组别为YNd11的电力变压器进行振动测试，通过获取上述变电站在线运行的220kV电力变压器A、B、C三相油箱侧壁振动信号，分析A、B、C三相的时域与频域振动图谱，总结挂网运行变压器的振动特征与已承受的冲击历史的关系，为分析变压器绕组及铁芯振动特性提供理论依据。

通过信号线将LC0154J型电压式加速度传感器与BK振动数据采集前端3050A模块连接，调试BK采集系统。将传感器固定在电力变压器低压侧三相绕组对应的油箱侧壁距地1/6位置，开始测试。分别通过短时间与长时间测试，得到不同负荷下的信号。某站主变电站运行试验监测现场见图3－50，从该站获取两台变压器各相承受短路冲击历史情况如表3－24所示；某站监测设备接线及试验现场如图3－51所示，该站1号主变压器未承受过短路冲击，2号主变压器承受短路冲击历史情况如表3－25所示。

表3－24　某站主变压器各相绕组承受短路冲击次数统计表

1号主变压器	A相	13次
	B相	12次
	C相	9次
2号主变压器	A相	10次
	B相	21次
	C相	17次

(a)　　　　　　　　　　(b)

图 3-50　某站主变压器振动信号监测现场

(a) 1号主变压器；(b) 2号主变压器

(a)　　　　　　　　　　(b)

图 3-51　某站监测设备接线及试验现场图

(a) 监测设备接线图；(b) 试验现场图

表 3-25　　某站 2 号主变压器各相绕组承受短路冲击次数统计表

2 号主变压器	A 相	4 次
	B 相	0 次

（2）振动信号分析。

1）变压器振动信号分析。将采集的各相振动信号进行处理分析，得到某站主变压器振动信号 100～300Hz 振动幅值分布表，见表 3-26，为了更加方便直观的分析振动信号数据特性，将表 3-26 中的数据绘制成表 3-27，表 3-28为某站主变同负荷下时域振动幅值对比。

表 3-26　　某站主变压器振动信号 100～300Hz 振动幅值分布表　　(m/s^2)

类　别		100Hz	200Hz	300Hz
1号主变压器	A相	0.194029	0.599223	2.05036
	B相	0.316758	0.58719	1.304645
	C相	0.133049	0.894268	0.691426

续表

类　　别		100Hz	200Hz	300Hz
2 号主变压器	A 相	0.258818	0.71489	0.961612
	B 相	1.449209	0.522804	2.774456
	C 相	0.895235	0.540228	0.925836

表 3-27　　某主变压器不同时刻对应频域三相振动幅值对比

1 号主变压器	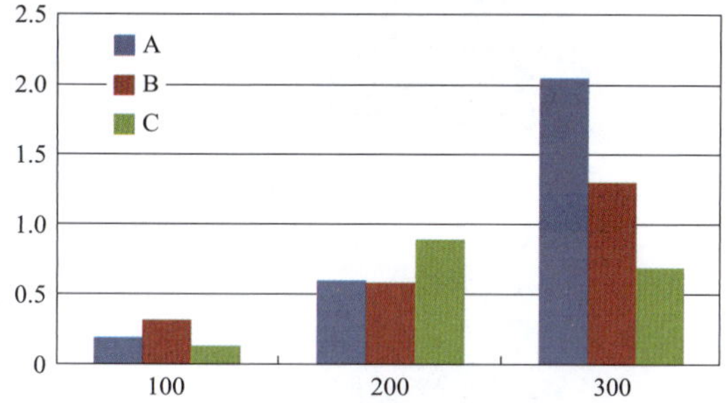
2 号主变压器	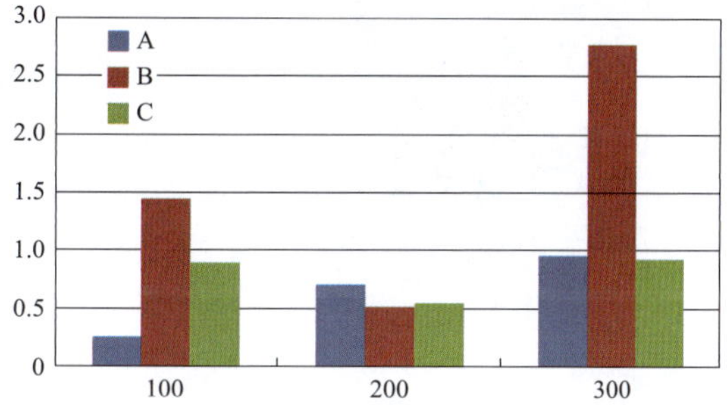

某站 1 号主变压器与 2 号主变压器型号均为 SFZ11-180000/220，因此可用于对比分析。由表 3-24 可知，1 号主变压器 A 相绕组受到短路冲击 13 次，B 相绕组受到短路冲击 12 次，C 相绕组受到短路冲击 9 次；2 号主变压器 A 相绕组受到短路冲击 10 次，B 相绕组受到短路冲击 21 次，C 相绕组受到短路冲击 17 次。1 号主变压器三相中，A、B 相受冲击次数基本相同，C 相略少于 A、B。

由表 3-26 与表 3-27 中数据分析可知：1 号主变压器三相对应 1/6 测点的箱壁振动 100Hz 频段幅值 B 相大于 A、C 两相，A 相较 C 相振动稍大；300Hz 频段幅值 A 相大于 B、C 两相，B 相大于 C 相振动；1 号主变压器与 2 号主变压器型号及生产厂家均相同，理论上应有相同的振动特性。但 2 号主变压器的振动幅值为：100Hz 频域振动幅值 B 相最大，C 相次之，A 相最小；300Hz 频域振动幅值 B 相最大，A、C 两相基本接近。

表 3－28　　某站主变压器同负荷下时域振动幅值对比

主变压器编号	A 相	B 相	C 相
1号主变压器	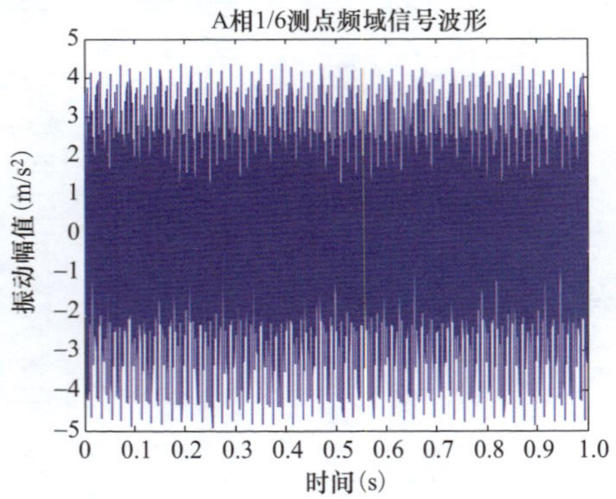	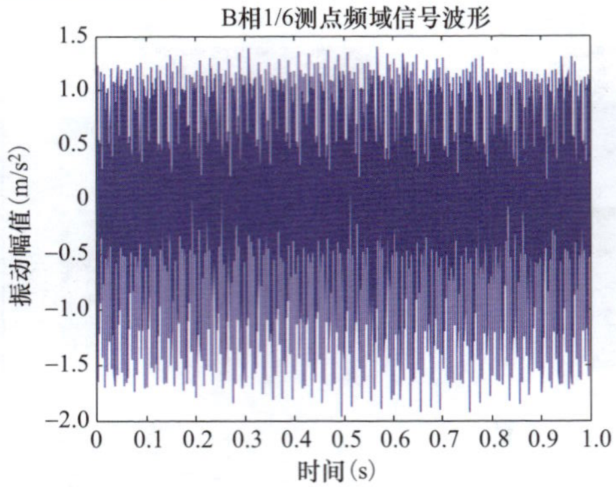	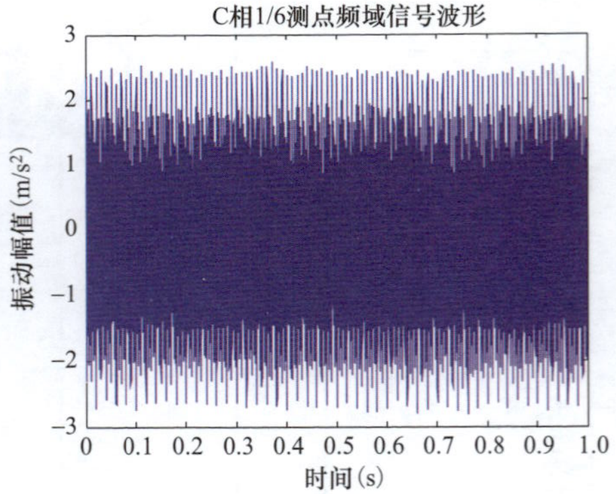
2号主变压器	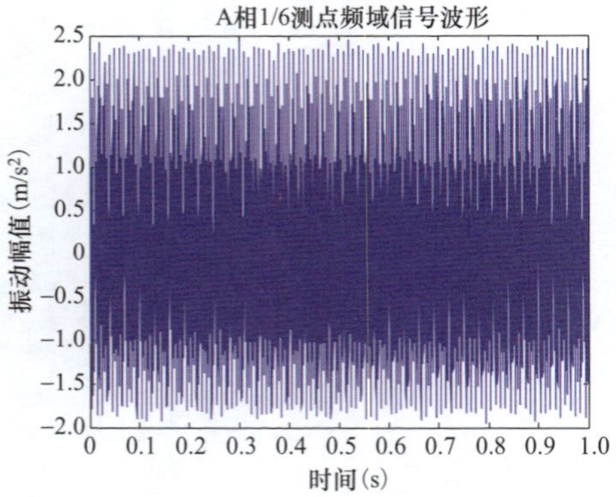	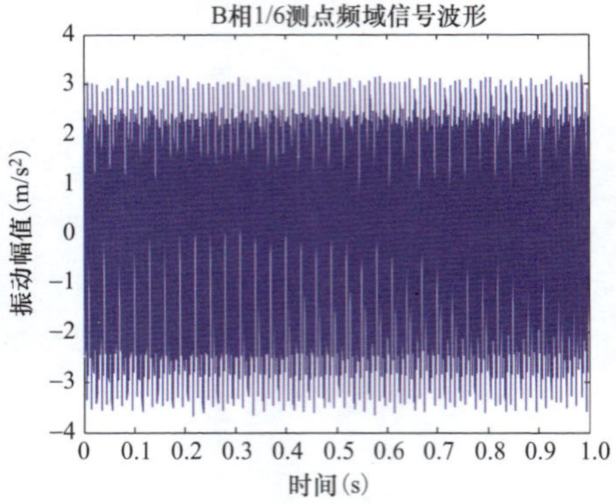	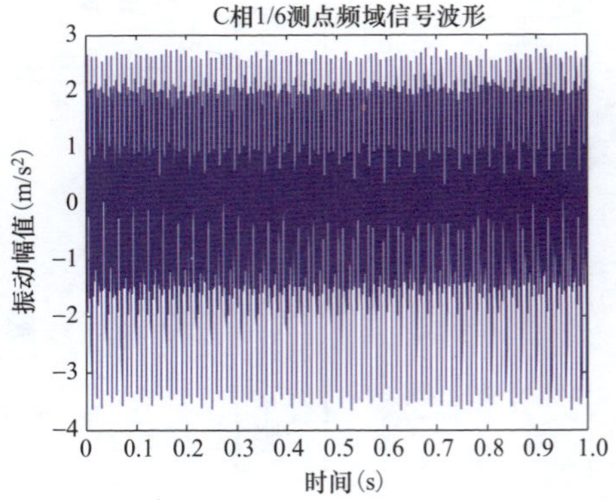

结合表 3－24 冲击历史与挂网运行振动数据综合分析可知：1 号主变压器 A 相比 C 相受到短路冲击次数更多，其中 A 相绕组受到 5000A 以上短路电流冲击 5 次，C 相绕组受到 5000A 以上短路电流冲击 4 次，A 相振动 100Hz 幅值稍大于 C 相。2 号主变压器 C 相比 A 相绕组多受到 7 次短路冲击，其中 A 相绕组受到 5000A 以上短路电流冲击 5 次，C 相绕组受到 5000A 以上短路电流冲击 12 次，C 相 100Hz 振动幅值大于 A 相；1 号主变压器 A 相比 B 相受到短路冲击更多，其中 5000A 以上短路冲击电流 A 相 5 次，B 相 5 次 A 相 300Hz 振动幅值大于 B 相。2 号主变压器 B 相比 A 相多受到 11 次短路冲击，其中 5000A 以上短路冲击电流 A 相 5 次，B 相 16 次，B 相 300Hz 振动幅值大于 A 相；1 号主变压器共承受 5000A 以上短路冲击 9 次，2 号主变压器共承受 5000A 以上短路冲击 17 次。通过同负荷下 1 号主变压器一和 2 号主变压器振动幅值对比可知，受到短路电流冲击次数较多的 2 号主变振动更剧烈。

2）变电站振动信号分析。将采集的各相振动信号进行处理分析，得到图 3－52 与图 3－53 某站主变压器振动信号时域与频域图，见图 3－52 和图 3－53。100～800Hz 振动幅值见表 3－29。

表 3－29　某变电站主变压器振动幅值　(m/s^2)

主变压器编号	相别	100Hz	200Hz	300Hz	400Hz	500Hz	600Hz	700Hz	800Hz
1 号	A 相	0.3033	0.2108	0.3856	0.4197	0.1305	0.2230	0.0369	0.0549
	B 相	0.3102	0.1084	0.2281	0.3379	0.1284	0.1622	0.1058	0.0381
	C 相	0.7476	0.1817	0.4117	0.3297	0.2846	0.1684	0.0395	0.0106
2 号	A 相	4.0245	0.5599	1.3315	0.6259	0.1556	0.2622	0.1299	0.0636
	B 相	3.5985	0.3787	1.4076	0.5741	0.0472	0.1760	0.1374	0.0551
	C 相	1.1935	0.8001	1.4980	0.5827	0.0883	0.0757	0.0398	0.0141

通过图 3－52 与图 3－53 的时频域分析得到表 3－29 中的数据，从以上数据中可以得出：1 号主变压器测点 1/6 处 A、B、C 三相 100Hz 基频振动加速度分别为 0.3033、0.3102、0.7476m/s^2。C 相基频振动加速度明显大于 A、B 两相，而在 200Hz 以上频率 A 相振动加速度大于其他两相。在振动频域幅值分布中，A、B、C 三相均有 100Hz 振动量在所有频率中最大，振动基频为 100Hz，除基频外，200～400Hz 振动分量较大，700Hz 之后振动量逐渐衰减；2 号主变压器测点 1/6 处 A、B、C 三相 100Hz 基频振动加速度分别为 4.0245、3.5985、1.1935m/s^2。A 相振动加速度在频域范围内要大于 B、C

两相；在振动频域幅值分布中，A、B、C 三相均有 100Hz 振动量在所有频率中最大，振动基频为 100Hz，除基频外，200～400Hz 振动分量较大，700Hz 之后振动量逐渐衰减。

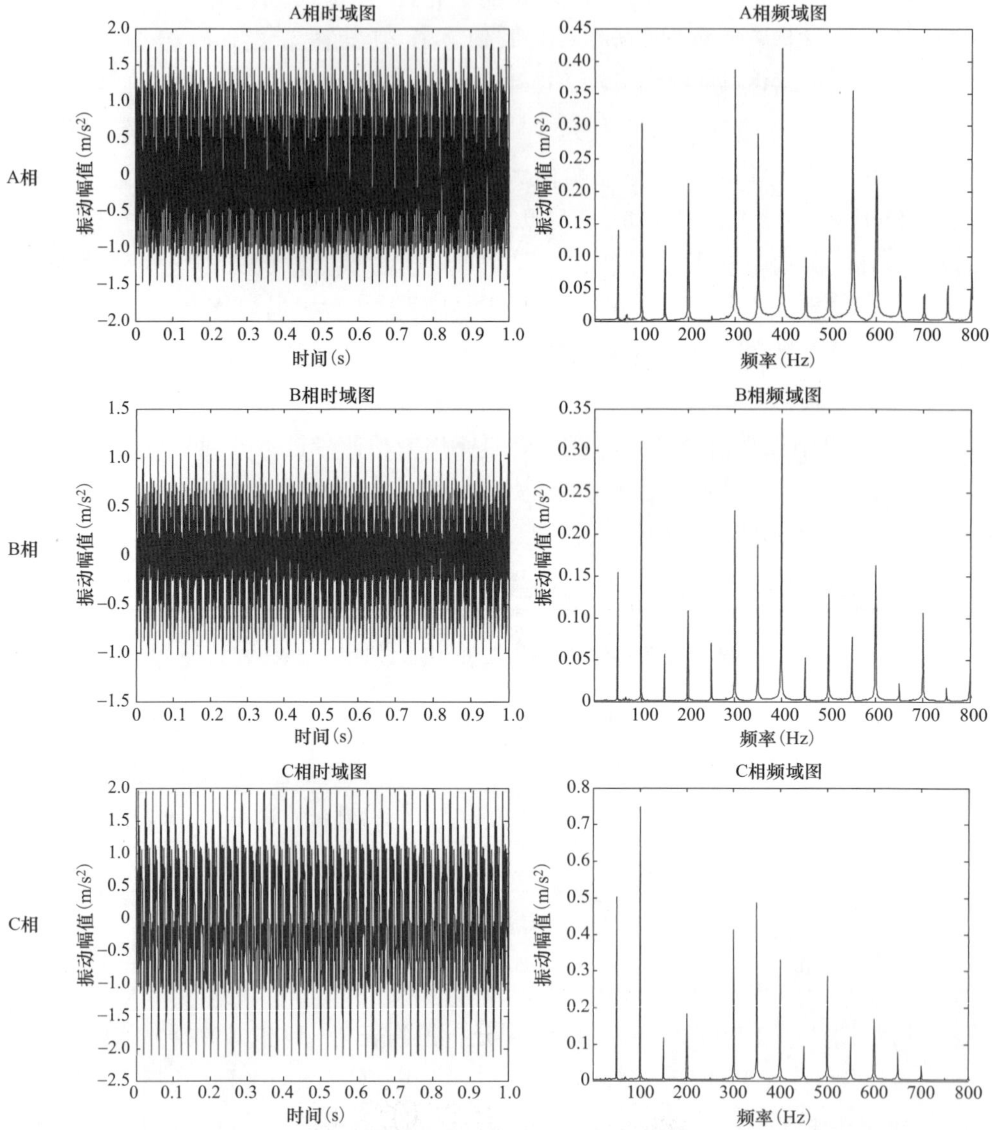

图 3-52　某变电站 1 号主变压器振动信号

结合表 3-25 冲击历史与变电站 2 号主变压器挂网运行振动数据综合分析可知：2 号主变压器 A 相受到短路冲击 4 次，而 B 相没受到短路冲击，A 相 100Hz 振动幅值为 4.0245m/s^2，B 相 100Hz 振动幅值为 3.5985m/s^2，A 相 100Hz 振动幅值明显大于 B 相 100Hz 振动幅值，且从 2 号主变压器三相振动

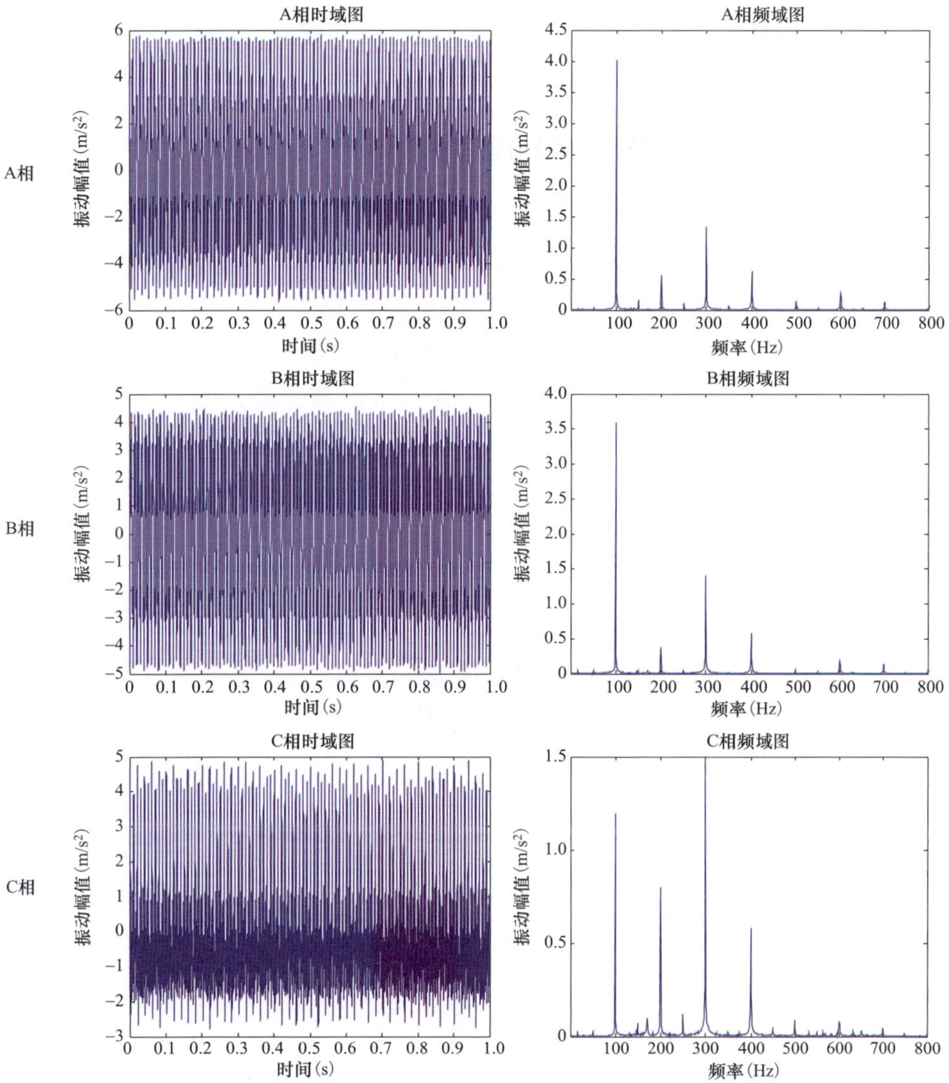

图 3-53　某变电站 2 号主变压器振动信号

信号幅值图上可以清晰看出 100Hz 后的频段 A 相振动幅值要大于 B 相振动幅值。

通过变电站内变压器振动监测装置挂网运行信号分析可知，现场运行的变压器随着变压器承受的短路冲击次数的增多，变压器油箱表面的振动信号幅值在逐渐增大。绕组受到短路冲击会使绕组压紧力松动，导致振动增大，短路冲击次数越多，振动幅值增大越明显，通过振动大小关系的改变可表征出绕组受到短路冲击后的松动、形变状态。

3.4 电力变压器绕组短路冲击试验机械状态测试

3.4.1 电力变压器短路冲击试验

运行中的电力变压器突发短路故障时，多数绕组不会立即发生损坏，而是仍继续运行一段时间，但是此时绕组已存在潜伏性故障隐患，这将导致绕组的累积效应。对于绕组已有变形但对仍在运行的电力变压器来说，虽然并不意味着会立即发生绝缘击穿等事故，但根据变形情况不同，当再次遭受并不大的过电流或过电压，甚至在正常运行的电磁激励振动作用下，也可能导致绝缘击穿事故。严重影响变压器的安全可靠运行。为研究变压器绕组发生累积效应的过程，对试验变压器进行不同短路电流百分比下的短路冲击试验，以此来研究绕组不同程度形变时，对变压器振动信号及短路电抗的影响。

3.4.1.1 变压器短路冲击电流及短路电抗计算

短路电流计算方法参照 GB 1094.5—2008《电力变压器　第 5 部分：承受短路的能力》，标准中将三相或三相组变压器的额定容量分为 3 个类别：

第Ⅰ类：不大于 2500kVA；

第Ⅱ类：2501～100000kVA；

第Ⅲ类：100000kVA 以上。

试验变压器为 S11－M－500/35，容量为 500kVA，因此属于第Ⅰ类变压器，依据规定，对于第Ⅰ类的变压器，如果系统短路阻抗等于或小于变压器短路阻抗的 5%，则在计算短路电流时，系统短路阻抗可忽略不计。

短路电流相关计算包括两个数值：对称短路电流和短路电流峰值。

对于具有两个独立绕组的三相变压器，对称短路电流的方均根值按式(3－5)计算

$$I=\frac{U}{\sqrt{3}(Z_t+Z_s)} \tag{3-5}$$

式中：I 为对称短路电流的方均根值，kA；Z_s 为系统短路阻抗，Ω/相。

$$Z_s=\frac{U_s^2}{S} \tag{3-6}$$

式中：U_s 为系统标称电压，kV；S 为系统短路视在容量，MVA。

短路试验系统视在容量的选取规则如表 3－30 所示。

表 3-30　　系统短路视在容量

系统标称电压（kV）	设备最高电压 U_m（kV）	系统短路视在容量（MVA）
6、10、20	7.2、12、24	500
35	40.5	1500
66	72.5	5000
110	126	9000
220	252	18000
330	363	32000
500	550	60000

Z_t 为折算到所考虑绕组在相应分接的短路阻抗，Ω/相；按式（3-7）计算

$$Z_t = \frac{z_t U_r^2}{100 S_r} \tag{3-7}$$

式中：U_r为所考虑绕组在相应分接的电压，kV；z_t 为在参考温度下、额定电流和额定频率下测得的短路阻抗，%；S_r 为变压器的额定容量，MVA。

而短路电流峰值的计算，只需在对称短路电流基础上乘以一个系数 k 即可，短路峰值按式（3-8）计算

$$\hat{i} = \sqrt{2}k \times I \tag{3-8}$$

$$k = 1 + e^{-\frac{R}{X}\pi}$$

式中：X 为变压器电抗 X_t与系统电抗 X_s之和，Ω；R 为变压器电阻 R_t与系统电阻 R_s之和，Ω。

表 3-31 列出了不同 X/R 值时的$\sqrt{2}k$ 值。若 X/R 为 1～14 之间的其他值时，其$\sqrt{2}k$ 值由线性差值法求得。

表 3-31　　系数 $\sqrt{2}k$ 值

X/R	1	1.5	2	3	4	5	6	8	10	14
$\sqrt{2}k$	1.51	1.64	1.76	1.95	2.09	2.19	2.27	2.38	2.46	2.55

针对试验变压器，出厂参数如下：$P_k = 6.937$kW，Z_k(%) $= 6.63\%$。(以额定分接为例)

变压器的短路电压为

$$U_k = 35000 \times 6.63\% = 2320.5\text{V}$$

因此每相电压为

$$U_{k\phi} = U_k / \sqrt{3} = 1339.7\text{V}$$

每相损耗为

$$P_{k\phi} = 6937/3 = 2312.3\text{W}$$

每相阻抗为

$$Z_k = U_k / I_k = 1339.7/8.25 = 162.3879\Omega$$

每相电阻为

$$R_k = P_{k\phi} / I_k^2 = 2312.3/ 8.25^2 = 33.9732\Omega$$

因此变压器的每相电抗为

$$X_k = \sqrt{Z_k^2 - R_k^2} = \sqrt{162.3879^2 - 33.9732^2} = 158.7944\Omega$$

系统短路阻抗计算中，系统的短路视在容量按表 3－30 中选取为 $S=$ 1500MVA，则系统短路阻抗按式（3－6）计算

$$Z_s = \frac{U_s^2}{S} = \frac{35 \times 35}{1500} = 0.8167\Omega$$

变压器短路阻抗按式（3－7）计算

$$Z_t = \frac{z_t U_r^2}{100 S_r} = \frac{6.63 \times 35 \times 35}{100 \times 0.5} = 162.4350\Omega$$

由于

$$\frac{Z_s}{Z_t} = \frac{0.8167}{162.4350} \times 100 = 0.5\% < 5\%$$

因此应该忽略系统阻抗，故变压器的对称短路电流为

$$I = \frac{U}{\sqrt{3} Z_t} = \frac{35000}{\sqrt{3} \times 162.4350} = 124.4021\text{A}$$

因为 $\frac{X_k}{R_k} = \frac{158.7944}{33.9732} = 4.6741$，按照线性差值可得 $\sqrt{2}k = 2.16$。故短路电流峰值为

$$\hat{i} = \sqrt{2}k \times I = 2.16 \times 124.4201 = 268.7085\text{A}$$

变压器短路电抗的变化可以有效反映出绕组的形变，因此在短路试验前测量每一相的短路阻抗，并把试验前后所测量的电抗值加以比较，其变化程度可作为判断变压器是否能够承受短路冲击能力的重要依据之一。

三相变压器短路阻抗的测量方法与变压器的联结组有关。联结组不同，测量方法也不同。本试验变压器为 Yyn0 连接组，因为试验变压器的高压侧没有中性点引出，所以不能直接测量每一相的短路阻抗，只能测量两相之间串联的短路阻抗，而后用公式计算每一相的短路阻抗。具体方法如下：

首先，将二次侧的 a、b、c 短接，然后分别测量一次侧的 AB、BC、AC 之间电感值，则 A、B、C 三相的短路电感值为

$$L_{\text{A}} = (L_{\text{AB}} + L_{\text{AC}} - L_{\text{BC}})/2$$

$$L_{\text{B}} = (L_{\text{AB}} + L_{\text{BC}} - L_{\text{AC}})/2$$

$$L_{\text{C}} = (L_{\text{AC}} + L_{\text{CB}} - L_{\text{AB}})/2$$

则每相的短路电抗为

$$X_A = \omega L_A = 2\pi f L_A$$

$$X_B = \omega L_B = 2\pi f L_B$$

$$X_C = \omega L_C = 2\pi f L_C$$

由此可以算出变压器每相的短路电抗。

3.4.1.2 变压器短路冲击试验与接线

（1）变压器绕组短路冲击试验目的。

1）不同规定短路电流百分比下的短路试验（60%、85%、100%）。模拟变压器绕组在不同短路冲击下的累积效应对变压器振动信号与短路电抗的影响，获取短路试验过程中的振动信号及电流电压数据，研究短路过程中的变压器振动信号与短路电抗的变化趋势。

2）不同相别不同次数短路试验。不同绕组在承受不同次数的短路冲击后，振动及电抗特性应发生不同变化，为了充分研究A相在多次短路冲击后的振动及电抗变化特性与其他两相的异同，试验方案设计中A相承受的短路冲击次数最多，并且在3分接位置下进行了连续5次冲击试验（由于3分接下短路电流最大），B相次之，C相没有进行单独的冲击试验。此时，三相绕组所经历的累积形变不同，振动及电抗特性理应发生相应变化。

3）每种电流百分比下短路试验前后进行空负载试验。研究变压器经历不同短路电流冲击后，绕组及铁芯的振动特性与试验前的异同，研究分析产生差异的原因，多次短路冲击对变压器绕组的累积效应的体现。

（2）变压器绕组短路冲击试验方案。为研究不同短路冲击电流下变压器绕组的振动信号及短路电抗变化特征，拟定了如下试验方案：

1）60%规定短路电流下（峰值电流：1分接151.8A，2分接161.4A，3分接169.8A；对称短路电流：1分接69.6A，2分接74.4A，3分接79.2A），分别对变压器A相1、2、3分接进行连续2次短路冲击；B相1、2、3分接进行1次短路冲击；C相不进行短路冲击（由于C相与A相位置针对B相属于轴对称，因此两者冲击一相即可获取其冲击特征；另外当A相进行短路冲击时，B、C相各承受A相短路冲击电流的50%，为了获取不同短路冲击电流下各绕组的状态，因此这里不对C相进行短路冲击，使其承受三相绕组中最小的短路冲击电流）。

2）85%规定短路电流下，重复1）中步骤（峰值电流：1分接215.3A，2分接228.6A，3分接240.5A；对称短路电流：1分接98.77A，2分接105.4A，3分接112.0A）。

3）100%规定短路电流下（峰值电流：1分接252A，2分接268.7A，3

分接 282.1A；对称短路电流：1 分接 116.2A，2 分接 124.4A，3 分接 131.8A)，分别对 A 相 1、2 分接进行连续 2 次短路冲击，3 分接进行连续 5 次短路冲击（5 次短路电流严格为：100%、100%、110%、112%、112%），不进行 B 相和 C 相的短路冲击。

4）在每种电流百分比下的短路试验前后，均进行空负载试验。

5）经过以上步骤的短路冲击试验后各相所承受的短路试验次数及冲击电流如表 3-32 所示。

表 3-32　短路冲击实验中各相绕组经受不同短路电流冲击次数

短路电流	A 相			B 相			C 相		
	1 分接	2 分接	3 分接	1 分接	2 分接	3 分接	1 分接	2 分接	3 分接
$60\%I_N$	2	2	2	1	1	1	/	/	/
$85\%I_N$	2	2	2	1	1	1	/	/	/
$100\%I_N$	2	2	2	/	/	/	/	/	/
$112\%I_N$	/	/	3	/	/	/	/	/	/

（3）变压器短路冲击试验现场接线。采用单相电源对变压器进行短路试验，在进行 A 相短路试验时，将低压侧 a、b、c 短接，高压侧 B、C 短接，电压施加在 A 相与 B、C 之间。这样，在短路试验时，B、C 相承受的电流为 A 相的一半；同理，在进行 B 相短路试验时，将高压侧 A、C 短接，电压施加在 B 相与 A、C 之间。短路试验接线原理图及现场接线图分别如图 3-54 和图 3-55 所示。

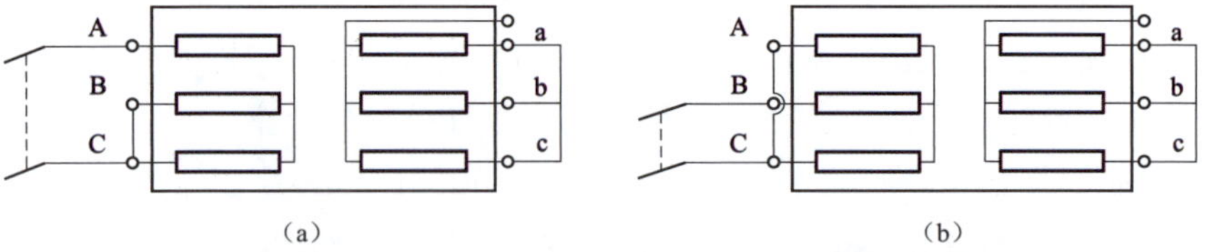

图 3-54　A、B 两相短路试验接线原理图

(a) A 相；(b) B 相

图 3-55　短路试验现场接线图

3.4.2 短路冲击试验前后绕组机械状态分析

（1）短路冲击下绕组受力情况分析。处于漏磁场区域中的电流系统，其电磁力的作用方向可以按下述原则进行判断：若电流系统的电流方向相同，则产生的电磁力相互吸引；若电流系统的电流方向相反，则产生的电磁力相互排斥。三相两绕的变压器受力情况如下。

1）轴向漏磁分量产生的辐向短路力。轴向漏磁分量产生的辐向短路力，使两个绕组之间主漏磁空道的距离增大。就内侧绕组和外侧绕组本身的短路力而言，由于绕组的匝与匝、层与层之间的短路电流方向相同，因此在绕组内部产生相互吸引的短路力。就内侧绕组和外侧绕组之间的短路力而言，由于电流方向相反，两个绕组之间的辐向短路力为相互排斥。沿外侧绕组的整个圆周上均受到向外拉伸的短路力，使外侧绕组的半径增大，而沿内侧绕组的整个圆周上均受到向内压缩的短路力，使内绕组的半径缩小。

2）磁力线在绕组端部弯曲产生的轴向短路力。磁力线在绕组两端弯曲产生辐向漏磁分量，由安培力定律可知其引起的短路力是轴向的。该力的作用方向是从绕组两端指向中部，企图使内外绕组的轴向高度降低。由于该变压器其绕组采用纸包铜导绕制，匝与匝之间有绝缘纸甚至缝隙的存在，故绕组匝与匝之间的绝缘纸以及导线本身在这种轴向短路力的作用下将出现轴向弯曲，产生弯曲应力，且最大的弯曲应力出现在绕组两端线匝的导线中。因为绕组两端的辐向漏磁分量最大，绕组两端的线匝受到的轴向压缩力也就最大。

绕组轴向短路力示意图见图 3-56，外侧绕组线匝用 1，2，3，…，N 表示。由于沿绕组轴向各个线匝之间相互作用，线匝 1 对线匝 2、线匝 2 对线匝 3，以此类推，进行轴向短路力的传递。如线匝 3 上的轴向短路力，通过线匝 1 和线匝 2 所受到的轴向压缩力也传递至线匝 3 上。显然在绕组中部这种轴向压缩力最大，即绕组中部线匝受到的轴向压缩力最大。

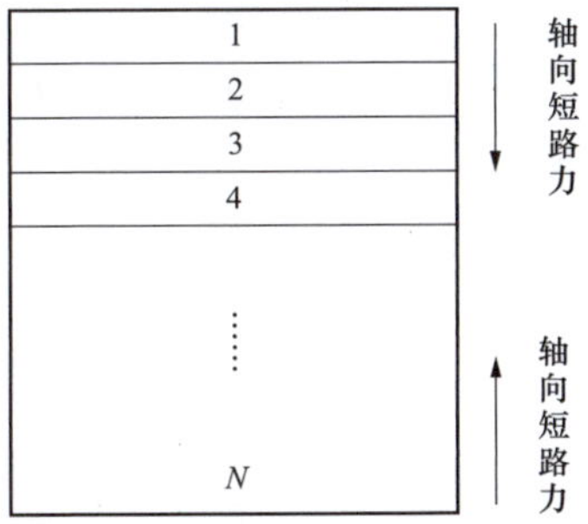

图 3-56 绕组轴向短路力示意图

综上所述，在短路冲击试验过程中，由于流过绕组的短路冲击电流非常大，高压绕组与低压绕组内部各匝之间会产生相当大的相互吸引的电磁力；而高压绕组与低压绕组由于电流方向相反，因此产生相互排斥的电磁力。变压器的绕组是由匝绝缘和附加绝缘隔开的铜线构成的弹性系统。在变压器短路冲击试验时，变压器绕组和结构件会以起始位置为中心做往复振动，在轴向上由于轴向短路力的作用而作上下振动，在辐向上受拉伸力或压缩力的作用，外层绕组向外扩张，内层绕组向内收缩。冲击结束后，弹性系统绕组将恢复至冲击前状态，但由于巨大短路电磁力的反复作用，绕组会产生部分不可恢复的形变，势必导致绕组的压紧力减小。

(2) 绕组振动特性及电抗值分析。变压器在短路冲击试验前、60%规定短路电流冲击后、85%规定短路电流冲击后以及112%规定短路电流冲击后均进行了负载试验。试验现场见图 3-57。

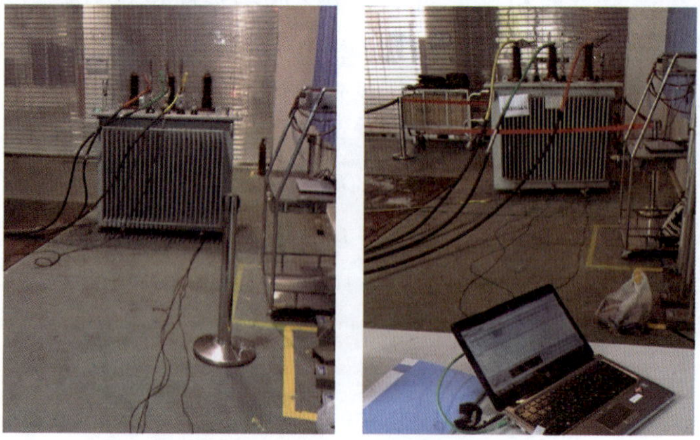

(a)　　　　　　　　　　(b)

图 3-57　变压器空负载试验现场

(a) 空载试验；(b) 负载试验

短路冲击前后对变压器各相绕组对应油箱 1/6 测点进行空载试验，将获取振动信号进行比较分析，获得结果为短路冲击前后空载电压下铁芯振动并未发生明显变化，额定分接档位下的短路冲击前后空载振动信号时频域比较图如图 3-58 所示。

图 3-58 中 A 相绕组对应油箱表面的各频域振动幅值在短路冲击前后并无明显变化，同时 B、C 相测试及分析结果与 A 相相同，因此可以得出在短路冲击后铁芯振动与冲击前并无明显变化。

对不同分接档位下进行负载试验，每次试验中 A、B、C 三相绕组振动信号时域图及频谱图如 3-59 所示。

负载试验过程中，三种分接开关档位下均进行了绕组振动信号采集，其中 A 相、B 相及 C 相绕组振动加速度最大幅值如表 3-33 所示。

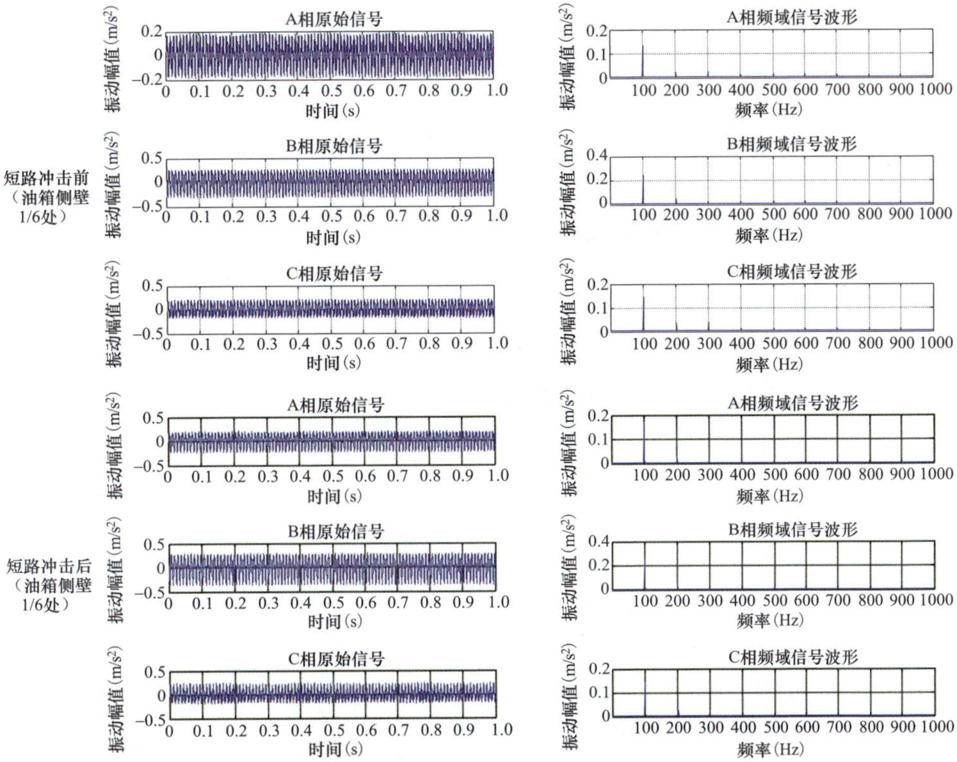

图 3-58 短路冲击前后空载试验振动信号比较（时域图和频谱图）

表 3-33　　负载试验时振动加速度最大幅值　　(m/s^2)

试验方式		A 相	变化率（%）	B 相	变化率（%）	C 相	变化率（%）
短路冲击前	1 分接	0.026952	—	0.046569	—	0.050952	—
	2 分接	0.032728	—	0.054604	—	0.052432	—
	3 分接	0.030032	—	0.053456	—	0.05024	—
60%短路冲击后	1 分接	0.039988	48.37	0.060124	29.11	0.066293	30.11
	2 分接	0.051924	58.65	0.070236	28.63	0.070676	34.80
	3 分接	0.048789	62.46	0.069088	29.24	0.069361	38.06
85%短路冲击后	1 分接	0.047989	78.05	0.058648	25.94	0.066019	29.57
	2 分接	0.049093	50.00	0.05832	6.81	0.062184	18.60
	3 分接	0.046056	53.36	0.062529	16.97	0.056212	11.89
112%短路冲击后	1 分接	0.087584	224.96	0.073789	58.45	0.075716	48.60
	2 分接	0.087252	166.60	0.074608	36.63	0.071662	36.68
	3 分接	0.09167	205.24	0.075866	41.92	0.073087	45.48

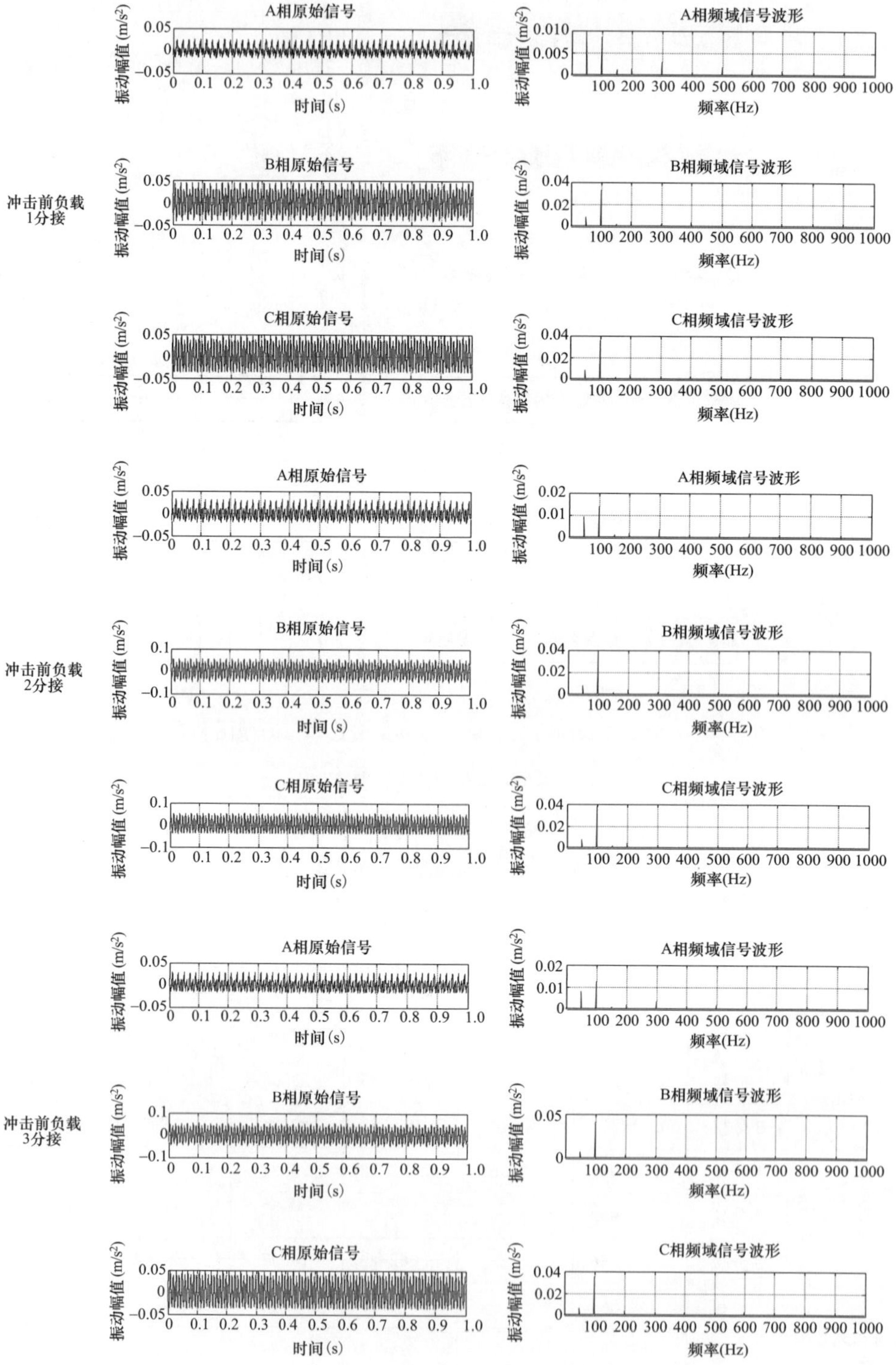

图3-59　各次负载试验时域图和频谱图（一）

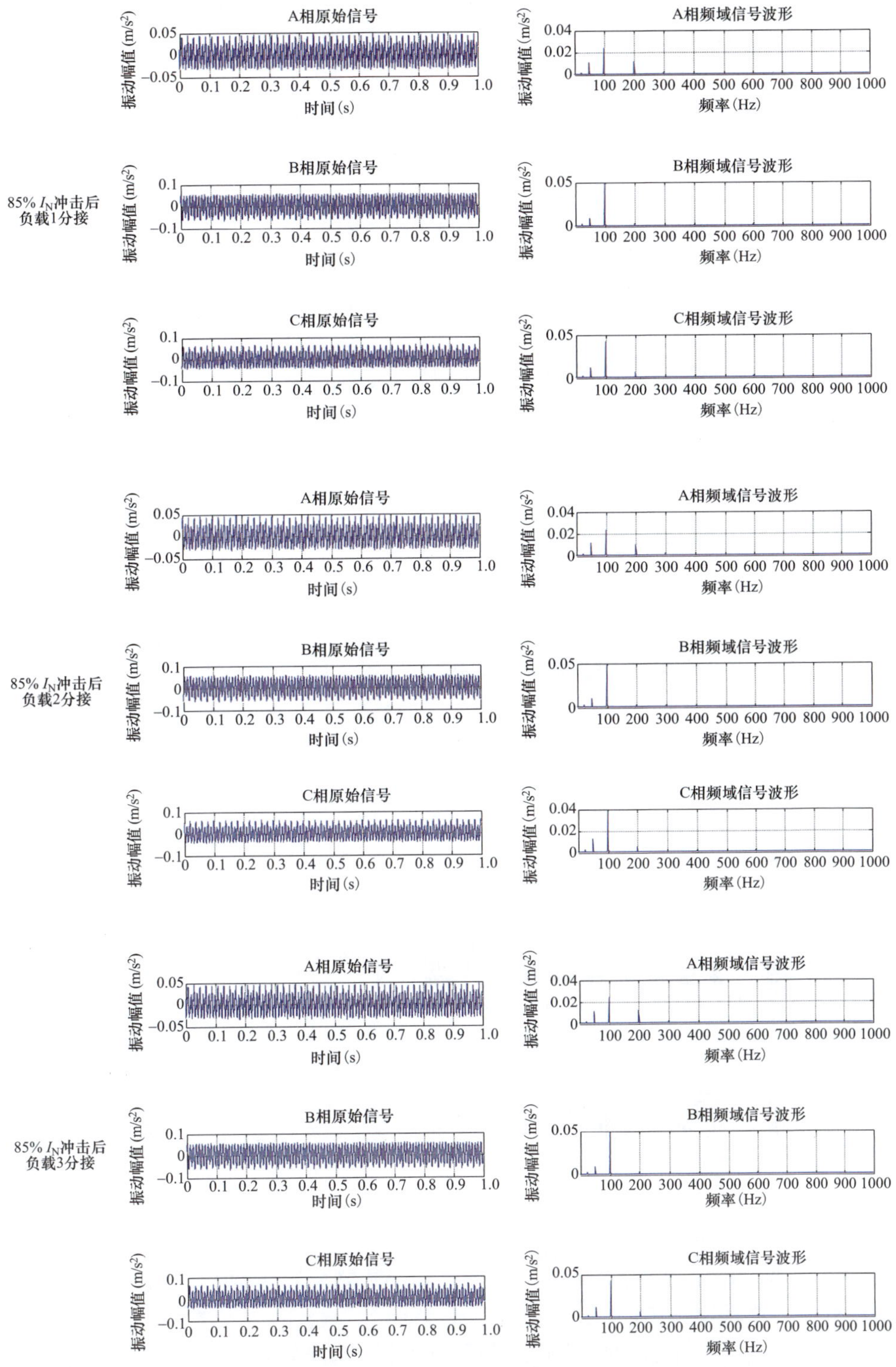

图 3-59　各次负载试验时域图和频谱图（二）

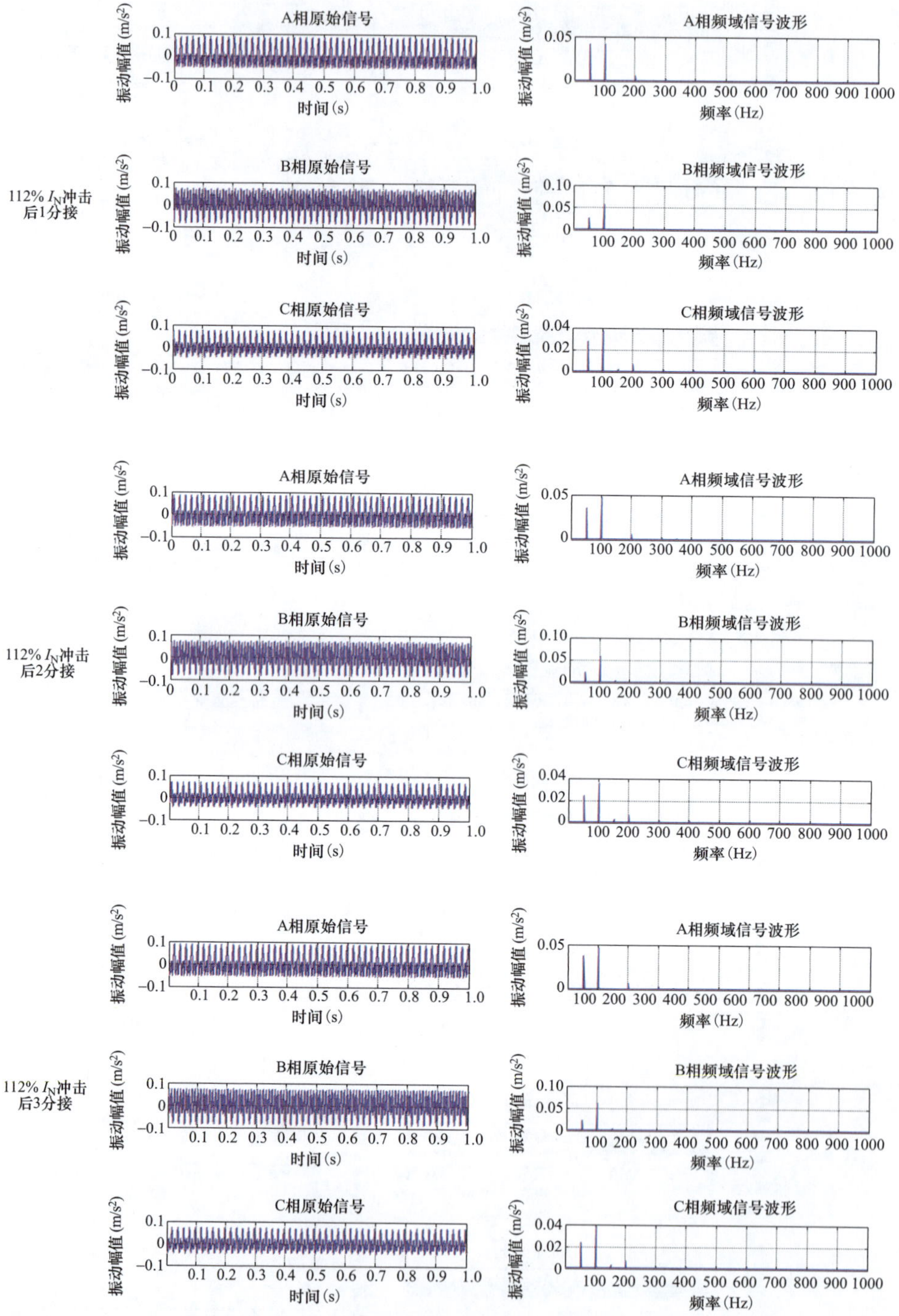

图 3-59　各次负载试验时域图和频谱图（三）

从表 3－33 可以看出，不同分接档位下，短路冲击前、60％短路冲击后、85％短路冲击后以及 112％短路冲击后进行的负载试验过程中，每相绕组的最大振动加速度幅值变化趋势基本一致。不同之处在于不同分接档位下，负载试验时的短路电流不同。1 分接、2 分接和 3 分接档位下，短路电流依次增大，分别为 7.86、8.25A 和 8.68A。前文分析指出绕组振动幅值与负载电流大小有关，负载电流越大，振动幅值越大。因此，不同分接档位下，绕组的振动幅值有所差别，但由于每种分接开关下的电流大小只相差 5％，导致差别较小。因此，后文仅对额定分接档位——2 分接下的负载试验振动信号进行分析。

短路冲击前和每组短路冲击后负载试验的 A 相、B 相和 C 相绕组的振动幅值变化趋势如表 3－33 所示，可明显看 A、B、C 三相绕组的振动幅值均大致呈上升趋势。三者的振动幅值均在 85％短路冲击后相比 60％短路冲击后的振动幅值有所减小，112％短路冲击后的振动幅值又继续增大；而 A 相的振动幅值在 112％短路冲击后相对 BC 两相有较大增幅。

短路冲击前后均对变压器各相直流电阻进行测量，短路冲击前后额定分接下各相间绕组直流电阻值如表 3－34 所示。

表 3－34　短路冲击前后额定分接下各相间直流电阻值　（Ω）

项目	A－B	B－C	C－A	a－b	b－c	c－a
短路冲击前	30.30	30.43	30.45	2.843×10^{-3}	2.851×10^{-3}	2.887×10^{-3}
短路冲击后	30.82	30.91	30.97	2.894×10^{-3}	2.900×10^{-3}	2.939×10^{-3}

从表 3－34 中可以看出，直流电阻相在短路冲击前后所有变化，是由于电阻的变化受温度的影响，随着短路电流的增大，在绕组中产生的热量也越大，因此，直流电阻随着短路冲击电流的增大有所增加。由于试验针对绕组机械形变（即动稳定性）进行诊断，而直流电阻的变化主要体现变压器绕组内部温度的变化（即耐热性），因此下面主要针对短路电抗的变化进行比较分析。

每组短路冲击试验结束后均进行短路电抗的测量，各分接档位下每相绕组的短路电抗值如表 3－35～表 3－37 所示，其变化率如图 3－60～图 3－62 所示。

经历多次短路冲击后，各线圈的短路电抗值没有非常明显的变化，变化范围并未超过 2％，按照标准和导则，对于具有圆形同心式线圈的变压器短路试验前后电抗变化量纵向比较不得超过 2％，横向比较不得超过 2.5％。因此本次短路冲击试验的短路电抗变化按阻抗法检测认为绕组机械状态没有发生变化。

表 3-35　　1 分接各次短路冲击后短路电抗及变化率

试验方式	短路电抗（Ω）					
	A 相	A 相变化率（%）	B 相	B 相变化率（%）	C 相	C 相变化率（%）
短路冲击前	175.52	—	176.28	—	178.98	—
60%短路冲击后	176.09	0.32	176.40	0.07	179.54	0.31
85%短路冲击后	176.24	0.41	176.87	0.33	179.70	0.40
112%短路冲击后	175.65	0.07	176.53	0.14	179.17	0.11

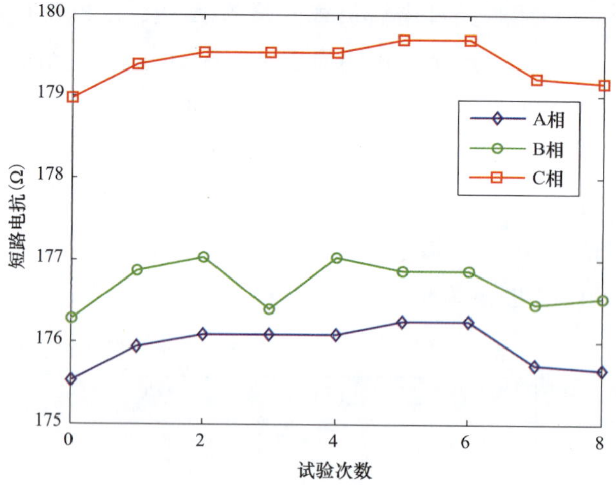

图 3-60　1 分接短路试验过程中短路电抗变化曲线

表 3-36　　2 分接各次短路冲击后短路电抗及变化率

试验方式	短路电抗（Ω）					
	A 相	A 相变化率（%）	B 相	B 相变化率（%）	C 相	C 相变化率（%）
短路冲击前	156.58	—	156.77	—	159.47	—
85%短路冲击后	156.81	0.15	156.94	0.11	159.67	0.13
112%短路冲击后	156.73	0.10	156.92	0.010	159.69	0.14

表 3-37　　3 分接各次短路冲击后短路电抗及变化率

试验方式	短路电抗（Ω）					
	A 相	A 相变化率（%）	B 相	B 相变化率（%）	C 相	C 相变化率（%）
短路冲击前	139.66	—	139.88	—	142.46	—
85%短路冲击后	139.72	0.04	139.94	0.04	142.61	0.11
112%短路冲击后	139.90	0.17	140.02	0.10	142.60	0.10

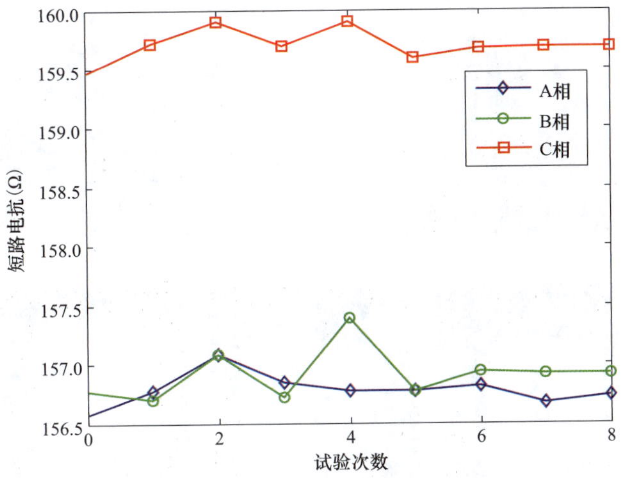

图 3－61　2 分接短路试验过程中短路电抗变化曲线

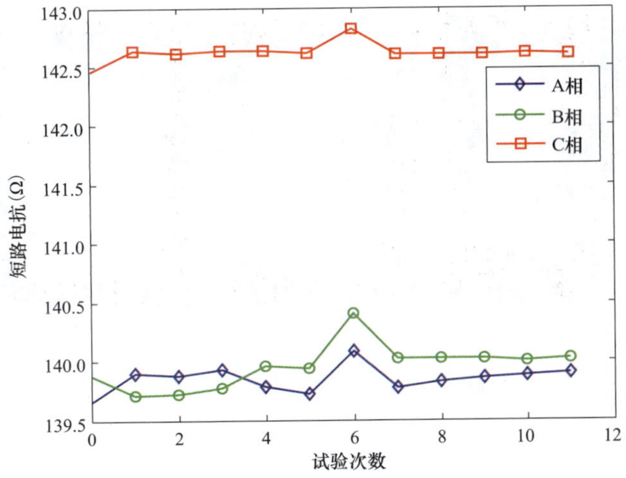

图 3－62　3 分接短路试验过程中短路电抗变化曲线

（3）绕组形变累积效应分析。对变压器进行多次短路冲击后在现场进行吊芯检查，检查结果如图 3－63 所示，三相线圈基本完好无变形，但 A 相线圈的端部绝缘垫块位置发生少量变化。可以看出，在变压器绕组未发生严重变形的情况下，其短路电抗值并不会发生明显变化。理论上来说，该变压器绕组经过多次短路冲击，甚至进行了多次 112％规定短路冲击电流冲击，形变逐渐累积，最终绕组会发生较大形变，但吊芯后发现三相绕组均未发生变形。

图 3－63　吊芯检查绕组变形情况

(a) 短路前三相绕组整体情况；(b) 短路后三相绕组整体情况；(c) 短路前 A 相绕组情况；(d) 短路后 A 相绕组情况；(e) 短路前 B 相绕组情况；(f) 短路后 B 相绕组情况；(g) 短路前 C 相绕组情况；(h) 短路后 C 相绕组情况

为了获取多次短路冲击后的累计效应，在制作时对被试变压器进行了多方面加强处理，因此变压器经多次短路冲击后未发生明显形变，主要表现在以下几个方面：①绕组绕制过程中采用特殊工艺，端部线匝水平尽可能水平绕制，与端绝缘紧密贴合，有效地减少绕组端部的辐向漏磁，从而大大减小了短路时绕组所承受的轴向短路力；②铁芯与撑桶之间的缝隙均采用木条填充，保证铁芯接近圆形，受力均匀；③撑桶采用绝缘硬纸筒，比瓦楞纸更坚固，不易变形。

A 相绕组在多次短路冲击后，负载试验时的振动信号主要的能量集中在基频 100Hz 处，其幅值逐渐增大。根据国内外的试验研究可知，在相同激励条件下，绕组的 100Hz 振动幅值在绕组处于正常状态时基本保持不变，但当绕组压紧力减小时，其振动幅值会发生明显变化，本次试验也充分验证了这一点，因此这种基频幅值的变化可以作为在线检测绕组故障隐患的依据。

通过后期返厂吊芯检查后发现 A 相绕组的压紧力已明显减小，表现为 A 相绕组的拉螺杆松动明显，而 C 相绕组的拉螺杆基本没有变化。试验过程中，A 相绕组冲击次数最多，其振动信号的基频幅值变化率也最大；B 相绕组冲击次数次之，其振动信号的基频幅值变化率也比 A 相小得多；C 相绕组未进行短路冲击，其振动信号基频幅值变化微弱。因此，振动法可有效地发现拉螺杆松动，压紧力减小这一故障隐患；但整个试验中，虽然压紧力有明显减小，电抗值却一直未有明显变化，并未能表征压紧力减小这一故障隐患。

通过对短路冲击前后变压器进行负载试验并对振动信号进行分析得到以下结论：随着冲击次数的增加，绕组振动信号的基频幅值呈上升趋势；绕组被冲击的次数越多，其压紧力减小的越明显，振动信号的基频幅值越大。因此，绕组振动信号的基频幅值在一定程度上可以反映变压器绕组的状况，在负载电流相同情况下，振动信号的变化能够反映绕组压紧力减小等潜在性故障隐患。当绕组内部发生压紧力松动潜伏性故障时，短路电抗并未超出规定的 2%变化范围，而振动却有明显变化，因此振动法能够更准确地监测及诊断变压器绕组状态。

3.5 电力变压器绕组机械故障状态测试

3.5.1 变压器典型绕组变形故障样机

为诊断电力变压器绕组不同类型、不同位置的故障，提出更加准确判断依据，设计变压器绕组故障模拟装置，分别针对 A、B、C 三相绕组设置不同故障来获取变压器绕组松动、变形等不同故障情况下振动信号，为后期机械振动识别变压器绕组故障提供可靠数据。

绕制几种不同故障的绕组并进行试验，获取更加丰富完整的变压器绕组故障振动数据库。通过研究大量实际变压器绕组故障部位以及绕组受力分析，总结出变压器绕组典型故障类型如下：①辐向拉伸（高压绕组中间位置）；②辐向压缩（低压绕组中间位置）；③轴向延伸（即崩塌低压绕组顶端）；

④轴向压缩（高压绕组中间）；⑤轴向套叠（高压绕组上下端部）；⑥绕组末匝扭斜（高低压绕组均可能出现）。

通过分析以往变压器各种绕组故障所占比例，以及对绕组模拟故障的可实施性与变压器制造厂商沟通，对变压器绕组设计以下典型缺陷来模拟绕组不同故障，具体绕组模拟故障方案如下：

（1）A相绕组施加低压绕组辐向压缩、高压绕组辐向拉伸。电流流过绕组时在电磁力作用下，高压线圈在辐向与低压绕组的线圈互斥被向外拉伸。对于变压器高低侧绕组之间的电磁力而言，由于两绕组内部电流方向相反，因此两绕组间辐向电磁力的作用方向互相排斥。即沿高压绕组的圆周上收到向外的拉伸力，使高压绕组直径增大。而沿低压绕组圆周上收到向内压缩力，使低压绕组的直径缩小。通过分析及实际故障调查，发现高低压绕组的辐向压缩及拉伸多数为同时发生，为此设计并制作了低压绕组向里压缩、高压绕组向外拉伸的形变故障。设计辐向故障绕组，1/2位置低压绕组辐向压缩、高压绕组辐向拉伸。形变故障共设计两处：①压缩量为3%，面积占低压绕组表面积的1.26%；②压缩量为3%，面积占低压绕组表面积的2.53%。对应位置的高压绕组形变量为9%，面积占高压绕组表面积的1.93%；另一处形变量为厚9%，面积占高压绕组表面积的7.4%。其故障设计实物图如图3-64所示。

（a）　　（b）

图3-64　换位位置低压绕组辐向压缩及高压绕组辐向拉伸实物图

（a）低压绕组辐向压缩；（b）高压绕组辐向拉伸

由于电磁线在绕组端部弯曲产生横向漏磁分量，从而引起轴向电磁力。该作用力的方向是使高低压绕组同时受到两端向中部的轴向压缩，故两垫块间的导线在轴向力的作用下，出现轴向弯曲应力，且最大的弯曲应力出现在绕组两端线饼导线中，这是由于绕组两端横向漏磁分量最大，绕组两端线饼受到轴向短路力最大的缘故。为此分别设计变压器绕组轴向故障：绕组顶端轴向延伸（崩塌）和绕组轴向压缩后叠套。

（2）B相施加低压绕组轴向延伸、高压绕组正常。B相绕组人为设计故障为低压绕组轴向松动，通过不加低压绕组楔形条及端绝缘来模拟绕组的轴向松动，高压绕组正常。低压绕组轴向松动占低压绕组整体的 20%。其故障设计实物图如图 3-65 所示。

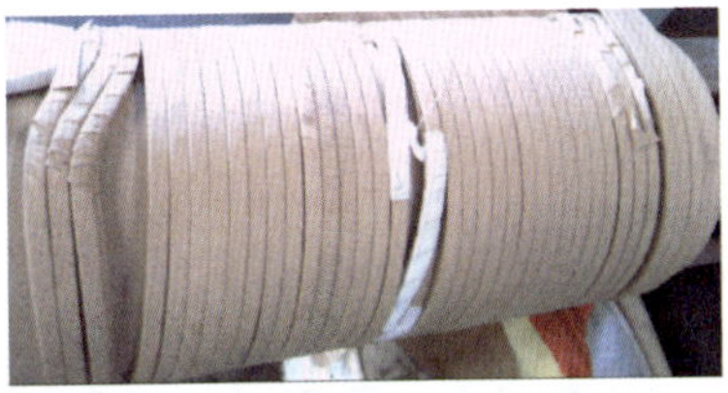

(a)

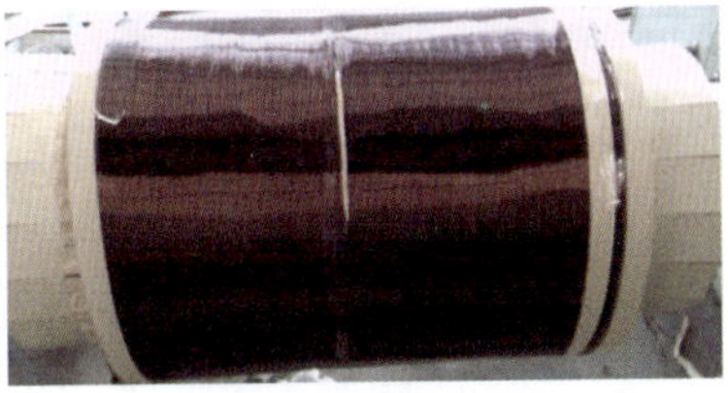

(b)

图 3-65 低压绕组轴向拉伸高压绕组正常实物图

(a) 低压绕组轴向松动延伸；(b) 高压绕组正常

(3) C 相施加低压绕组正常、高压绕组上下端部叠套。绕组受轴向力压缩后层间线圈相互叠加在一起，在高压绕组绕制的过程中将其中的 10%匝线圈套叠起来，形成人为高压绕组叠套故障。C 相绕组人为设计故障如图 3-66 所示，高压绕组两端后一匝套在前一匝上，故障设计长度占高压绕组长度的 10%。

(a)

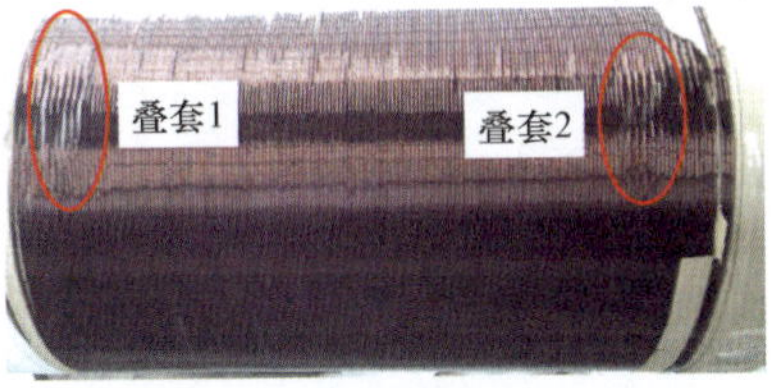

(b)

图 3-66 C 相低压绕组正常高压绕组叠套故障设计实物图

(a) 低压绕组正常；(b) 高压绕组上下端部叠套

3.5.2 变压器绕组机械状态分析

3.5.2.1 空载试验振动信号分析

空载试验时变压器油箱振动主要为铁芯振动信号，故绕组故障对铁芯振动影响很小。分别对比三种绕组故障下对铁芯振动的影响，开展变压器模拟绕组故障下振动特性试验与测试，分析变压器振动特征，通过试验结果分析表明三种绕组故障下对铁芯振动影响均相似，因此下面以 A 相绕组故障 BC 相绕组正常为例，对绕组故障与正常时各相铁芯振动变化进行分析说明。通过对比各位置对振动信号的影响，选取距地 1/6 位置为测点，信号较为明显，对比 A 相故障时 A、B、C 三相对应油箱表面距地

1/6 位置空载下铁芯振动特点，同时分析各相铁芯振动信号幅值（基频）与电压之间的关系。

（1）试验内容及方案。将人为设计的故障绕组套在铁芯上装入油箱，对人为故障设计的变压器做空载试验。试验时，高压侧开路，在低压侧施加不同等级的三相电压，分别为低压侧额定电压的 50%、80%、100%（即 200、320、400V）。其试验原理图及现场接线图如图 3－67 所示。

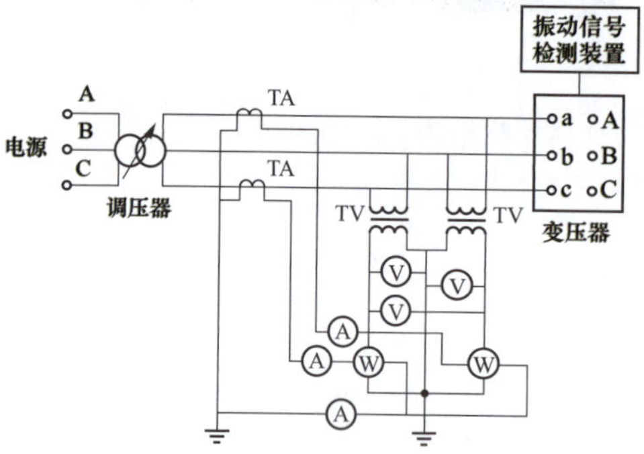

（a）

（b）

图 3－67　变压器 A 相绕组故障时空载试验原理图及试验现场接线图

（a）空载试验原理图；（b）空载试验现场接线图

（2）试验目的。

1）获取不同点变压器的振动特点，对比正常绕组时变压器各测点的振动信号，分析额定电压下油箱侧壁不同测点的振动信号特性。对比绕组故障后与绕组正常时变压器铁芯振动信号的变化。为诊断绕组故障时是否需要考虑铁芯振动信号的变化提供试验依据。

2）获取额定电压下 A、B、C 三相振动信号，分析不同相别下时频域振动图谱，总结单相绕组故障时变压器铁芯的振动特点，为分析变压器绕组故障时绕组及铁芯振动特性提供试验依据。

3）分析铁芯振动幅值（基频）与空载电压之间的关系，故障绕组与正常绕组时两者之间的关系对比，证明绕组故障时铁芯振动与空载电压之间的关系是否发生变化。

（3）试验结果分析。

1）额定电压下不同测点的振动特性。设定变压器油箱侧壁距地面 1/6、1/3、1/2 测点，当二次侧电压达到额定时，测试并分析此时变压器本体的振动信号。以 A 相绕组模拟故障为例进行分析，其铁芯振动信号时域及频域图如图 3－68 所示，振动幅值如表 3－38 所示。

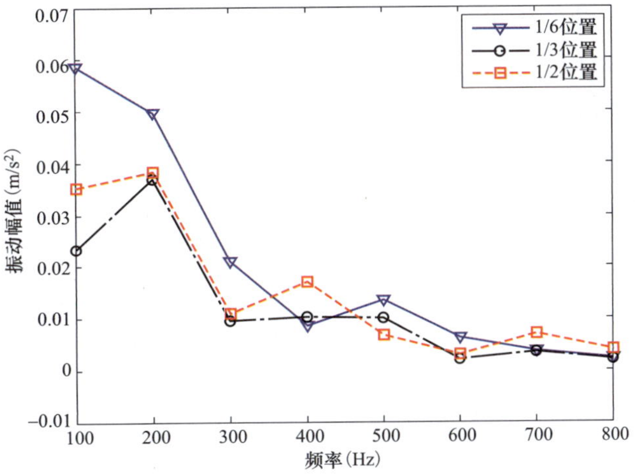

图 3-68 A 相绕组故障时额定电压下 A 相油箱侧壁不同测点处振动信号对比图

表 3-38 变压器 A 相绕组故障时额定空载电压时 A 相不同测点各频率下振动幅值 (m/s^2)

测点	100Hz	200Hz	300Hz	400Hz	500Hz	600Hz	700Hz	800Hz
1/6	0.05869	0.04978	0.0209	0.0087	0.01345	0.00631	0.003632	0.002198
1/3	0.02322	0.03698	0.009466	0.01027	0.009975	0.001954	0.003401	0.002088
1/2	0.03522	0.03837	0.01099	0.01713	0.006643	0.003073	0.007074	0.003928

由图 3-68 可知，时域图中，1/6、1/3、1/2 测点振动幅值最大值分别为 0.1478、0.08673、0.1033m/s^2；频域图中不同测点铁芯的振动信号均集中在 100～200Hz 之间，300～800Hz 振动信号也较为明显，900Hz 以上基本衰减为零。总体趋势是随着频率的增大，振动幅值成上下波动式的衰减。

对比 A 相侧壁距地面 1/6 测点绕组故障时与绕组正常时铁芯振动特性，分析绕组变化对铁芯振动信号的影响，对比图如图 3-69 所示。

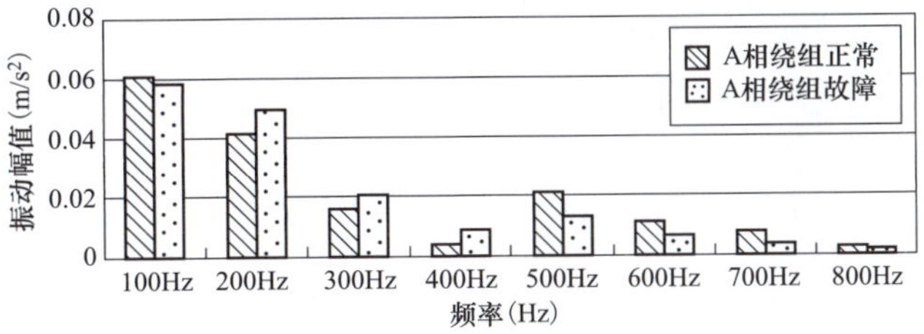

图 3-69 A 相绕组正常与故障时 A 相侧壁距地面 1/6 测点铁芯振动信号对比图

由图 3-69 可见，A 相绕组故障时铁芯振动幅值（基频）与绕组正常时铁芯的振动幅值（基频）基本无差别，200～700Hz 时铁芯振动变化很小且无规律可循，说明绕组故障对铁芯的振动基本无影响，因此在诊断绕组故障时不必考虑铁芯振动的变化。

2）额定空载电压下A、B、C三相振动特性。通过分析比较各测点，最终选取1/6位置分析变压器A、B、C三相绕组的振动特性，距地面1/6测点变压器额定空载电压下振动信号如图3－70所示，各频率下振动幅值如表3－39所示。

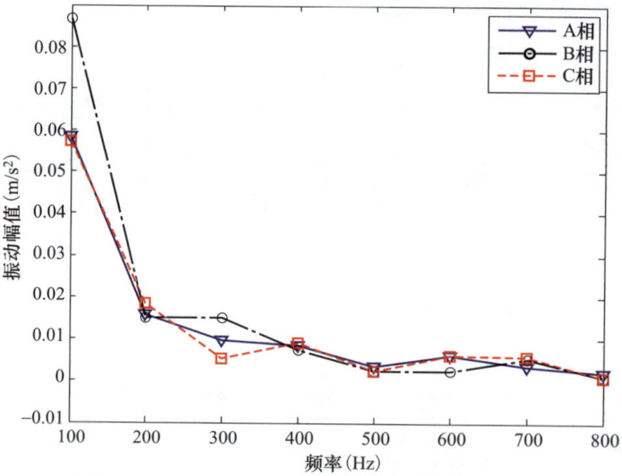

图3－70　A相绕组故障时额定空载电压下各相侧壁距地1/6测点振动幅值对比图

表3－39　　A相绕组故障时额定空载电压下各相油箱侧壁距地面1/6测点振动幅值

（m/s^2）

相别	100Hz	200Hz	300Hz	400Hz	500Hz	600Hz	700Hz	800Hz
A相	0.05869	0.01587	0.009766	0.0087	0.003662	0.00631	0.003632	0.002198
B相	0.0867	0.01503	0.01497	0.007374	0.002508	0.002457	0.005275	0.0008788
C相	0.05743	0.0185	0.005384	0.00927	0.002562	0.006243	0.006075	0.0009559

由图3－70可知，变压器本体油箱侧壁距地面1/6测点处，时域图中A、B、C三相振动幅值最大值分别为0.1478、0.1107、0.1355m/s^2；频域下各相铁芯振动主要集中在100Hz，并含有200～800Hz的高次谐波，900Hz以上基本衰减为零。

3）不同空载电压与各相铁芯振动之间的关系。空载试验时，变压器本体的振动信号主要是由铁芯的磁致伸缩引起的，而铁芯的磁致伸缩又正比于电压的平方，故不同电压下变压器本体振动信号也会有相应的变化。当A相绕组故障时铁芯振动产生变化，分析其振动与电压之间的关系。以变压器本体各相距地面1/6测点为例，不同电压等级下A、B、C三相时域及频域振动信号如图3－71所示，各相基频处振动幅值如表3－40所示。

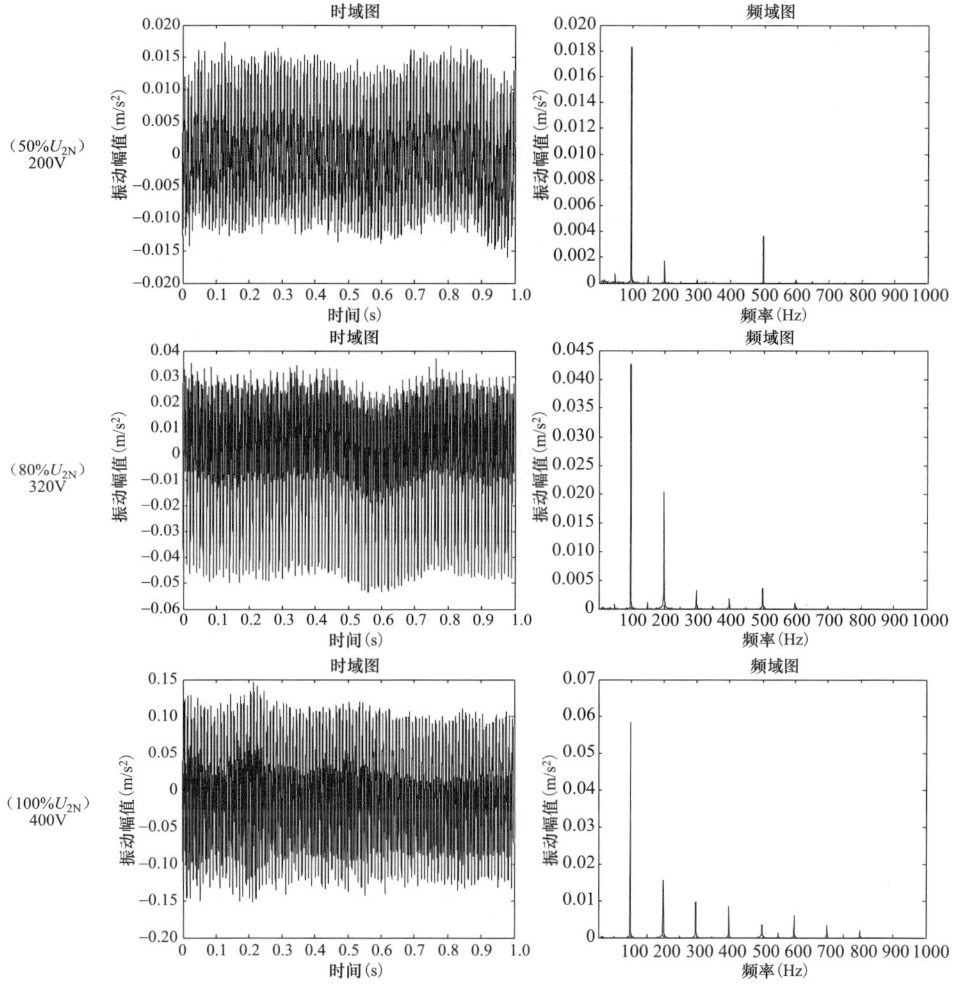

（a）

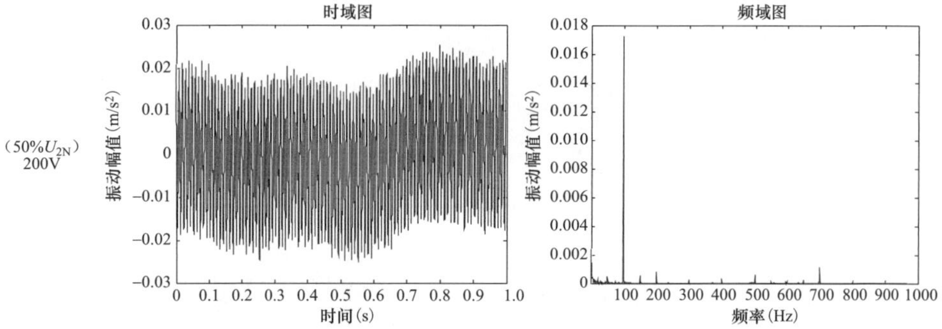

图 3－71　A 相绕组故障时不同电压下各相侧壁距地面 1/6 测点振动信号（一）

（a）A 相；（b）B 相

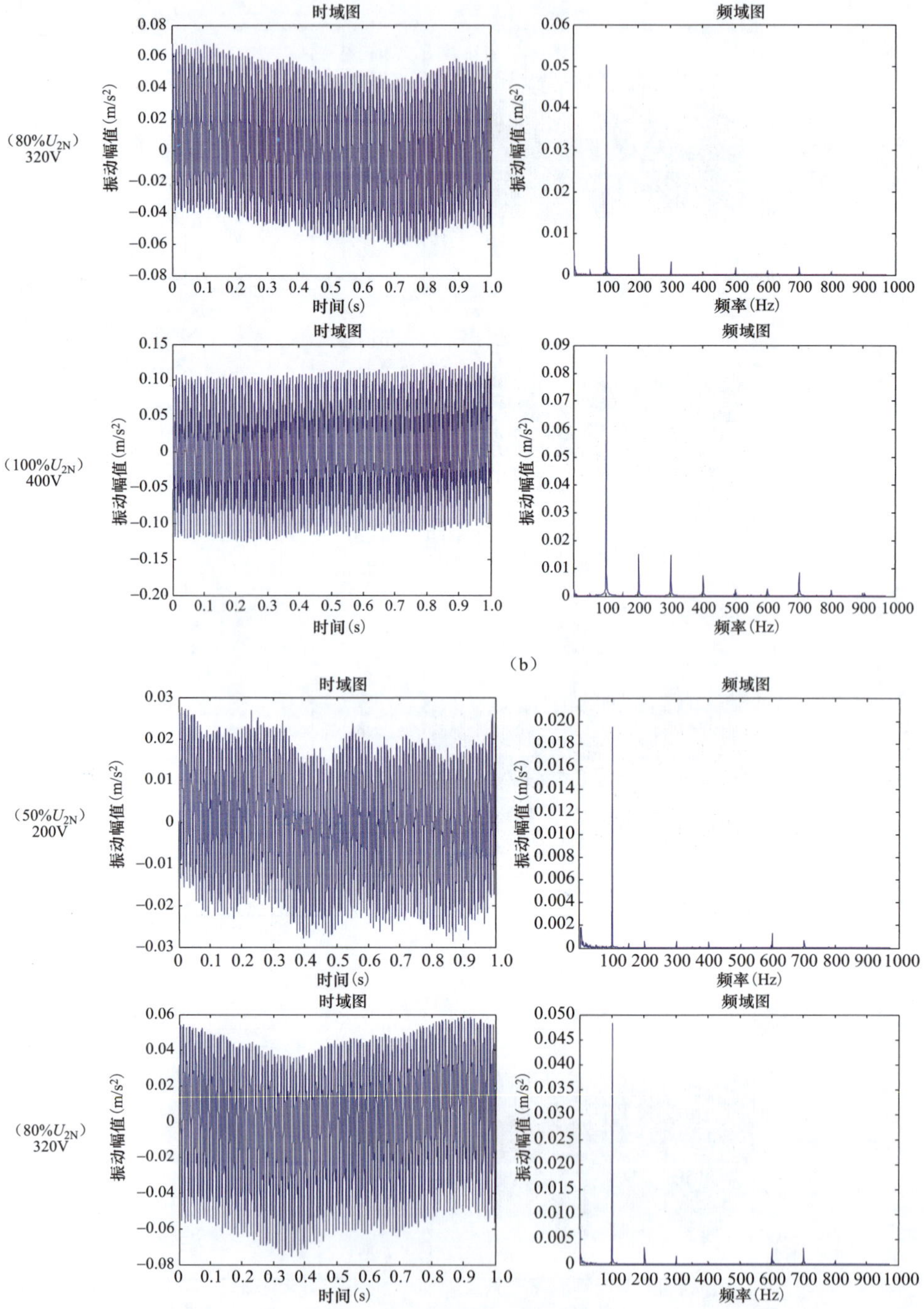

图 3-71　A 相绕组故障时不同电压下各相侧壁距地面 1/6 测点振动信号（二）

（b）B 相；（c）C 相

(100%U_{2N})
400V

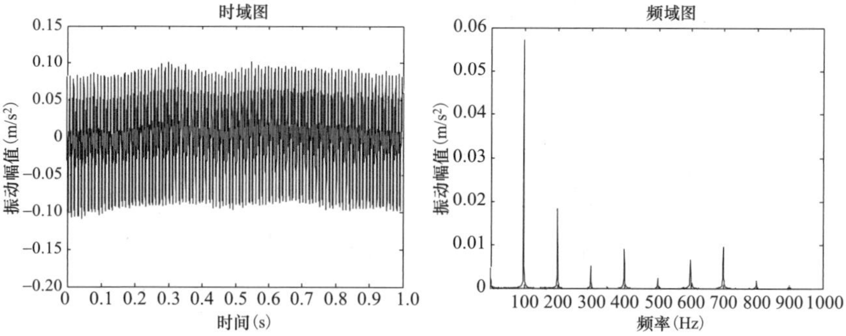

(c)

图 3－71　A 相绕组故障时不同电压下各相侧壁距地面 1/6 测点振动信号（三）

（c）C 相

表 3－40　A 相绕组故障时不同电压下地面 1/6 测点基频振动幅值　（m/s^2）

电压等级	A 相	B 相	C 相
(50%U_{2N}) 200V	0.01831	0.01729	0.01955
(80%U_{2N}) 320V	0.04272	0.05044	0.04828
(100%U_{2N}) 400V	0.05869	0.0867	0.05743

由表 3－40 可见，绕组在故障情况下铁芯的振动幅值仍然（基频）与空载电压的平方成正比，在 A 相绕组故障的情况下，各相铁芯振动幅值（基频）与电压的平方之间成线性关系，与绕组正常时各相铁芯振动幅值（基频）与电压之间的相似。在同一空载电压下，由于 B 相振动信号受到 A、C 两相振动信号的影响以及铁芯窗口内磁感应强度大等原因，故 B 相的振动信号幅值要比 A、C 两相的大。A 相绕组故障时，A、C 两相铁芯振动信号相似，说明 A 相绕组故障对铁芯振动（基频）基本无影响，故在变压器运行情况的诊断过程中可忽略绕组故障对铁芯振动的影响，但需要时刻将振动幅值（基频）与电压有效值进行匹配。

通过比较正常及故障绕组下变压器空载试验振动信号分析得出：

1）通过分析绕组故障时不同测点下振动信号的特点，可知铁芯振动信号仍然主要集中在 100～200Hz，且含有高次谐波，900Hz 以上基本衰减为零。对比 1/6 位置绕组故障前后铁芯振动幅值，说明绕组故障对铁芯振动影响很小，可以忽略。

2）通过获取额定电压下绕组故障时（人为设计）油箱侧壁距地 1/6 测点铁芯振动信号，时域下 A、B、C 三相铁芯振动幅值最大值分别为

0.1478、0.1107、0.1355m/s²。频域下 B 相基频振动信号大于 A、C 两相，同时 A、C 两相铁芯振动特点仍然相似，A 相故障下铁芯振动特征并未发生变化。

3）随着电压等级的增加，铁芯振动幅值呈增长趋势，而且变压器振动幅值（基频）与空载电压的平方成线性增长的关系。

3.5.2.2 负载试验振动信号分析

（1）A 相低压辐向压缩及高压辐向拉伸故障振动特性。

1）试验内容及方案。研究 A 相绕组故障时其他绕组正常情况下的变压器振动信号的特性，测试不同测点的振动信号以及不同负载电流下绕组的振动信号。针对型号为 S11－M－500/35，联结组别为 Yyn0 的变压器做负载试验，低压侧短路，在高压侧施加三相电压，一次侧电压从零逐渐增大，直到一次侧负载电流达到额定电流 I_N（8.25A）。负载电流分为一次侧额定电流的 30%、50%、80%、100%（即 2.475、4.125、6.6、8.25A），其试验原理图及试验现场接线图见图 3－72。

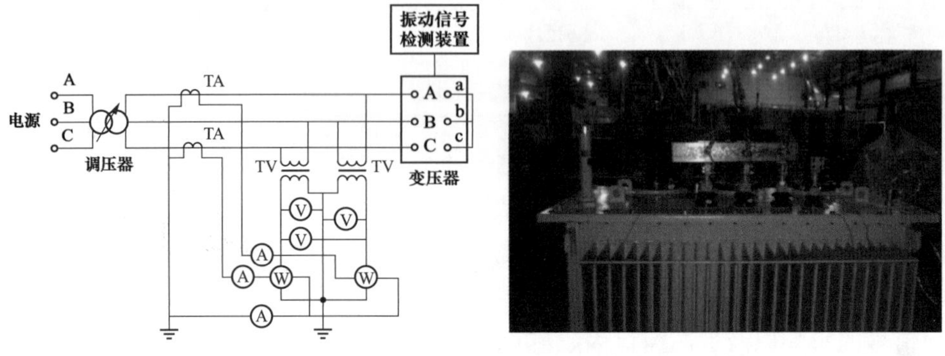

图 3－72 变压器负载试验原理图及现场接线图

（a）负载试验原理图；（b）负载试验现场接线图

2）试验目的。

a. 分析额定负载电流下油箱侧壁不同测点的振动信号特性，获取不同测点变压器的振动特点，对比绕组故障时与绕组正常时变压器油箱侧壁绕组的振动特性，为选取变压器固定振动测点提供理论及试验依据。

b. 获取额定负载电流下 A、B、C 三相振动信号，分析不同相别下时频域振动图谱。对比 A 相绕组故障与正常时绕组振动信号的区别，为诊断变压器绕组运行情况提供理论及试验依据，同时提出诊断绕组的方法。

c. 通过获取不同负载电流下变压器油箱侧壁固定一测点的振动信号，总结变压器振动幅值与电流之间的规律，从而确定电力变压器在不同运行工况下所对应的振动幅值范围。

3）试验结果分析。

a. 额定负载电流时不同测点的振动特性。设定变压器油箱侧壁距地面1/6、1/3、1/2 测点，当一次侧电流达到额定时，测试并分析此时变压器本体的振动信号。以 A 相为例，其振动信号时域及频域图如图 3－73 所示，振动幅值如表 3－41 所示。

表 3－41　A 相绕组故障时额定电流下 A 相油箱侧壁不同测点振动幅值 (m/s^2)

测点	100Hz	200Hz	300Hz	400Hz	500Hz
1/6	0.031	0.003518	0.001501	0.000963	0.000888
1/3	0.01147	0.002934	0.0004604	0.0006471	0.0004133
1/2	0.01263	0.004367	0.0009154	0.0001301	0.0008906

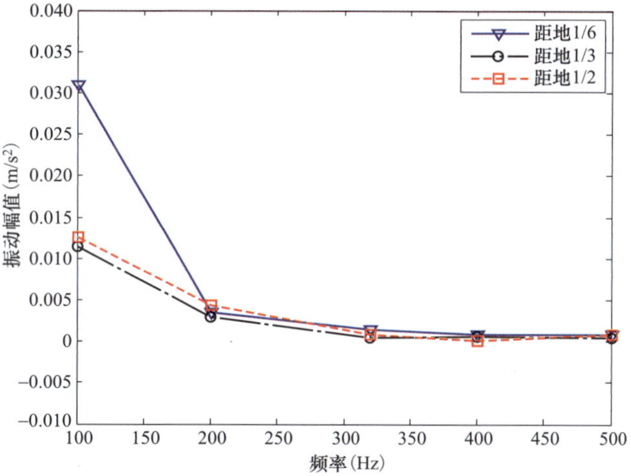

图 3－73　A 相绕组故障时额定电流下 A 相油箱侧壁不同测点处振动信号频域对比图

由图 3－73 可知，A 相侧壁不同测点振动信号是不同的。时域图中，1/6、1/3、1/2 测点振动幅值最大值为 0.03782、0.02033、0.02072m/s^2。频域图中不同测点绕组的振动信号集中在 100Hz，200～500Hz 振动信号较小，600Hz 以上基本衰减为零。基频处 1/6 测点振动幅值明显大于其他两测点，说明 A 相绕组故障使其基频振动有明显的变化。在变压器振动信号监测时，为了获取可靠并具有可对比性的试验数据，需要测试固定点的振动信号。分析上述测点振动信号的变化量，并选取测点，同时确定传感器安装位置偏差范围。A相绕组故障与正常时不同测点振动信号的变化量如表3-42所示和图3-74所示。

表3-42　　额定负载电流下不同测点A相绕组故障与正常各频域振动幅值差　　(m/s^2)

测点	100Hz	200Hz	300Hz	400Hz	500Hz
1/6	0.01257	0.001868	−0.00248	0.003232	0.0002277
1/3	−0.00344	0.000917	−0.0015916	0.0000224	−0.00009
1/2	−0.00136	0.001725	0.0002796	−0.0012179	0.0005395

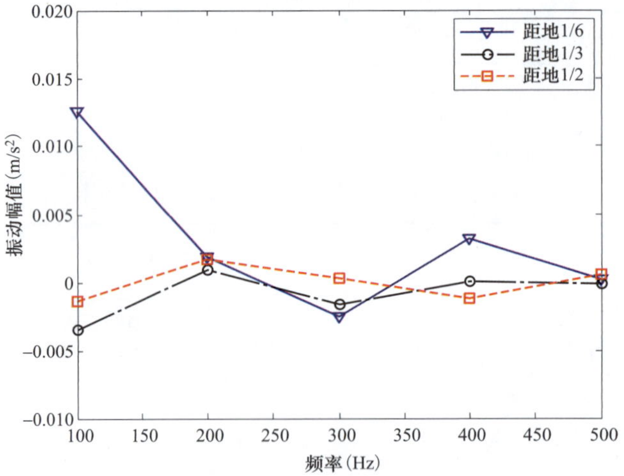

图3-74　A相不同测试位置下正常与故障绕组各频率点振动幅值差值

图3-74为A相不同测试位置下各频率点振动加速度差值比较（差值为绕组正常和绕组故障的振动信号只差），当绕组出现故障时，1/3和1/2测点振动信号变化量较小，因此这两个测点的振动信号不能够很好地反映绕组的运行情况。

额定负载电流时，A相绕组故障与正常时不同测点的振动信号变化量为A相侧壁距地面1/6位置最大，绕组的振动频率主要集中在100Hz，因此以基频变化量为依据，选定油箱侧壁距地面1/6位置为负载试验时的固定测点。绕组故障的情况下又在1/6位置上下多次测量变压器振动信号，得出传感器安装位置偏差也不宜超过2cm。

b. 额定负载电流下各相绕组的振动特性。额定负载电流时，分析油箱侧壁距地面1/6测点A、B、C三相的振动特性，总结绕组故障时，变压器各相绕组振动的变化特性，并提出诊断绕组运行情况的方法。油箱侧壁距地面1/6

测点变压器绕组振动信号如图 3－75 所示。

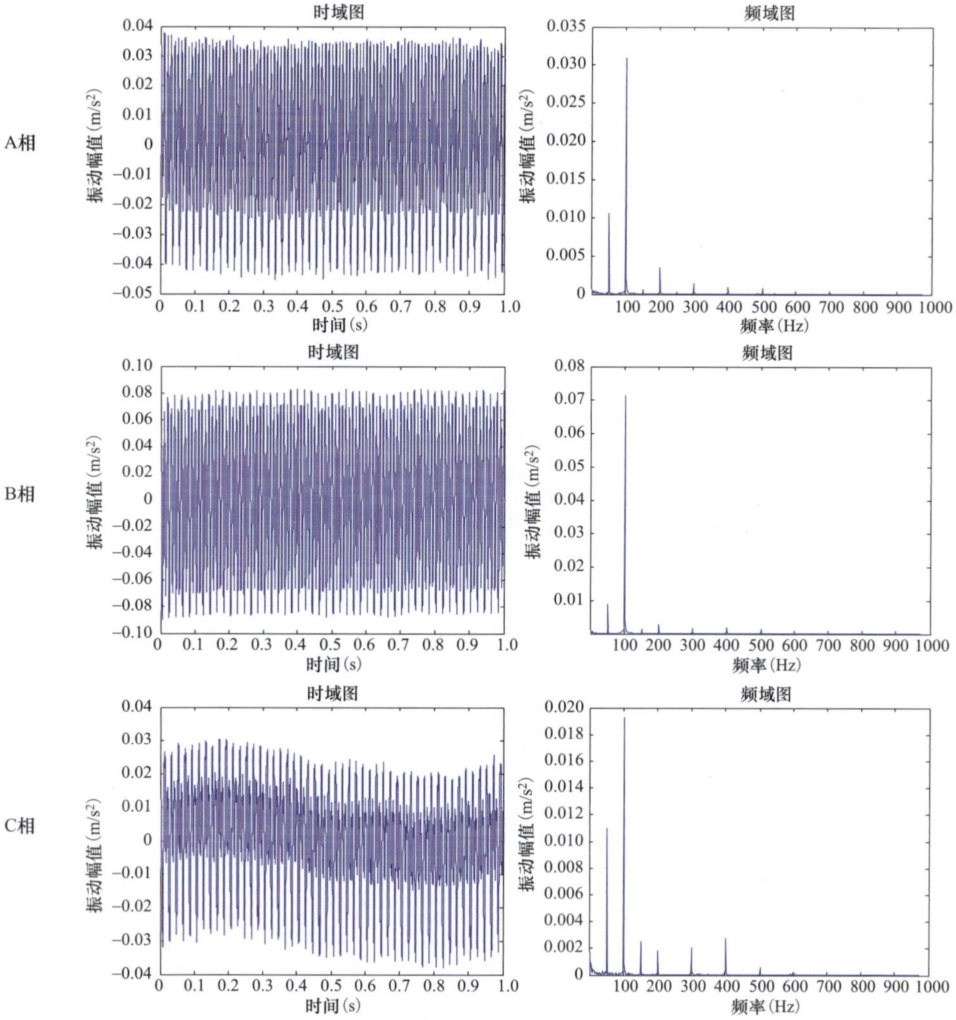

图 3－75 各相侧壁距地面 1/6 测点振动信号

由图 3－75 可知，变压器本体油箱侧壁距地面 1/6 测点处，时域图中 A、B、C 三相振动幅值最大值分别为 0.03782、0.08256、0.02742m/s^2，频域图显示变压器 B 相绕组振动信号大于 A、C 两相，这是由于 B 相位于变压器中间、铁芯窗口内的磁场大以及受 A、C 两相绕组振动信号等的影响。

c. 不同负载电流与各相绕组的振动信号之间的关系。研究变压器绕组故障时，其振动信号与负载电流之间的关系。故测试不同负载电流下变压器绕组的振动信号，分析两者之间的关系。以变压器本油箱侧壁各相距地面 1/6 测点为例，不同负载电流等级下 A、B、C 三相时域及频域振动信号如图 3－76所示，各相基频处振动幅值如表 3－43 所示。

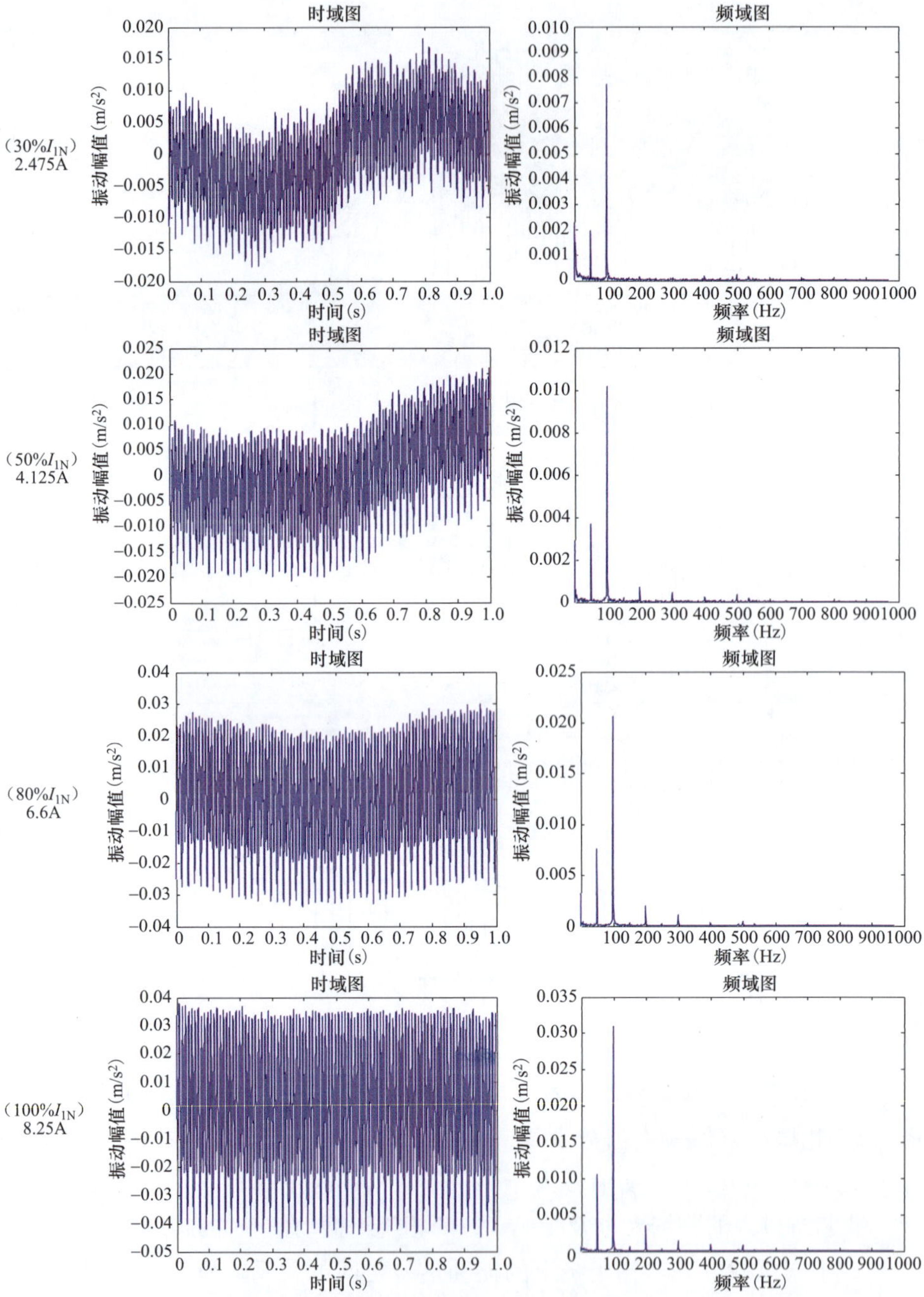

（a）

图 3-76　不同负载电流下各相侧壁距地面 1/6 测点振动信号（一）

（a）A 相

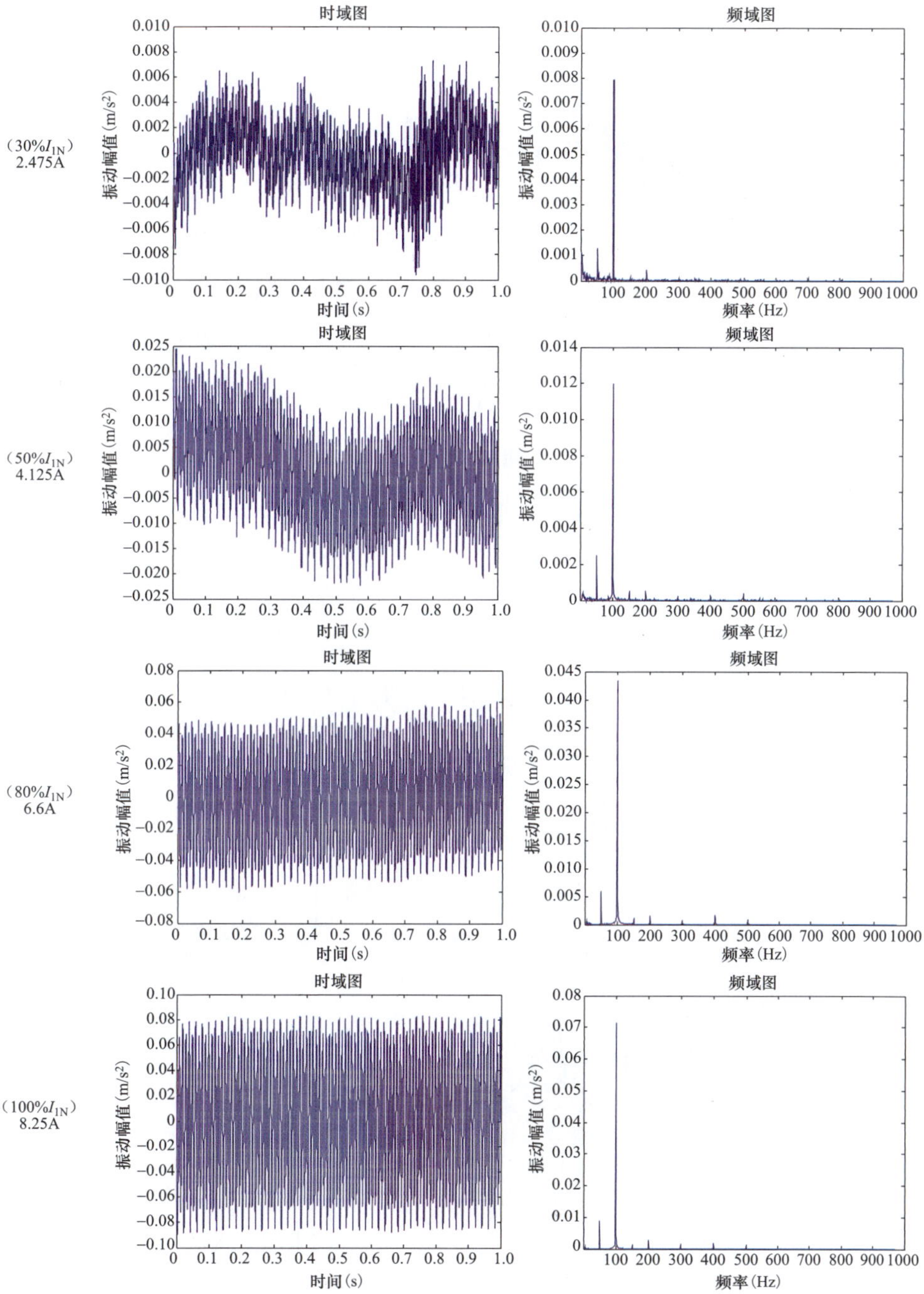

(b)

图 3-76　不同负载电流下各相侧壁距地面 1/6 测点振动信号（二）

(b) B相

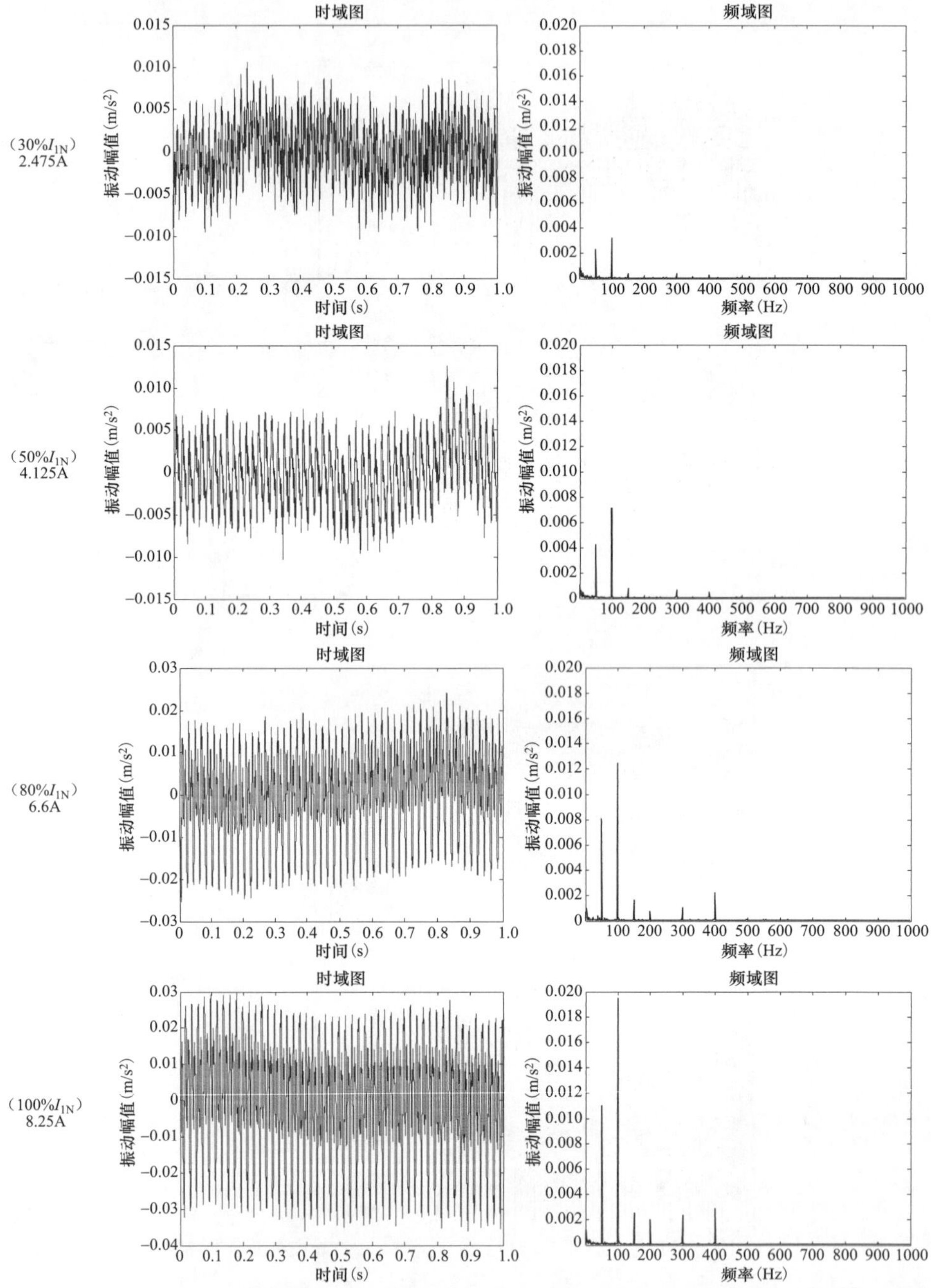

（c）

图 3 - 76　不同负载电流下各相侧壁距地面 1/6 测点振动信号（三）

（c）C 相

表 3-43　不同负载电流下各相侧壁距地 1/6 测点基频振动幅值　(m/s^2)

负载电流	A 相	B 相	C 相
2.475A ($30\%I_{1N}$)	0.007725	0.007935	0.003166
4.125A ($50\%I_{1N}$)	0.01018	0.01202	0.0007117
6.6A ($80\%I_{1N}$)	0.02065	0.04347	0.01241
8.25A ($100\%I_{1N}$)	0.031	0.07149	0.01943

由表 3-43 可见，绕组的振动幅值（基频）与负载电流的平方成正比。在同一负载电流下，A 相振动幅值（基频）大于 C 相，这是由于 A 相为故障绕组所导致的。而 B 相振动幅值要分别比 A，C 两相高，因为 B 相绕组位于变压器中部，铁芯窗口磁场大，以及其油箱表面测得的振动信号会同时受到 A，C 两相的影响。因此在分析变压器绕组运行情况时必须考虑相邻相的位置。

在不同负载电流下，三相绕组振动信号均不相同，而 A、C 两相振动原理相同，同时受到 B 相振动的影响，故两者振动信号相似，但 A 相振动幅值稍大于 C 相振动幅值，这是由于 A 相为故障绕组的使得 A 相绕组基频的振动信号增大。随着负载电流的增大，三相绕组振动信号均增大，即绕组的振动信号与负载电流的平方成线性增大的关系，故绕组故障时并不改变其振动信号（基频）与负载电流之间的关系。

通过 A 相正常与故障下的负载电流与基频幅值关系可以得出，绕组故障前后基频振动的幅值均与负载电流的平方成正比，而故障下的绕组基频振动幅值均高于正常绕组下的幅值，因此不论负载电流是否处于额定状态下均可通过基频振动幅值判定绕组的状态。

（2）B 相低压绕组轴向延伸高压绕组正常时绕组振动特性。研究 B 相绕组为低压轴向拉伸故障时，其他相绕组正常情况下变压器各相对应振动信号的特性，测试不同测点的振动信号以及不同负载电流下绕组的振动信号。负载试验时，在高压侧施加三相电压，逐步升压直至一次侧电流达到额定（8.25A）为止，测试变压器 B 相油箱侧壁距地面 1/6 位置的振动信号，如图 3-77 所示。

变压器振动测量位置设定在油箱侧壁 1/6 位置，B 相低压绕组轴向松动时，其油箱表面的振动特性显示绕组振动信号频率集中在 100Hz，其他高次谐波振动信号很小，主要集中在 500Hz 以下，600Hz 以上几乎为零。

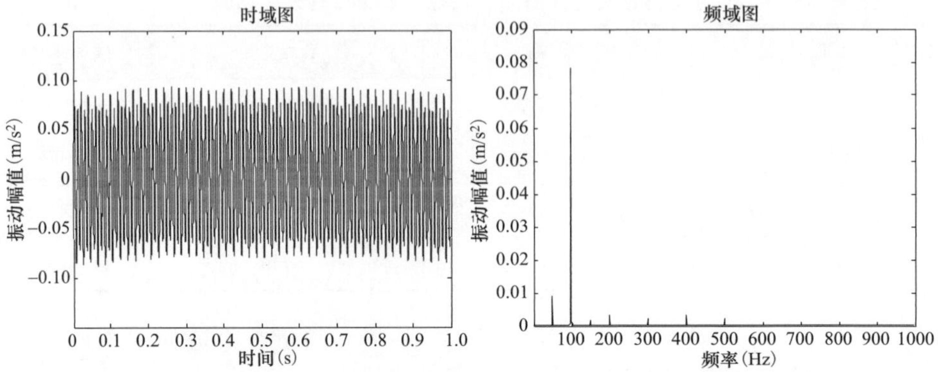

图 3－77　B 相故障绕组在侧壁距地面 1/6 位置振动信号

(3) C 相低压绕组正常高压绕组上下端部叠套时绕组振动特性。研究 C 相绕组为高压叠套故障时其他绕组正常情况下变压器各相振动信号的特性，测试不同测点的振动信号以及不同负载电流下绕组的振动信号。负载试验时，在高压侧施加三相电压，逐步升压直至一次侧电流达到额定（8.25A）为止，测试变压器 C 相油箱侧壁距地面 1/6 位置的振动信号，如图 3－78 所示。

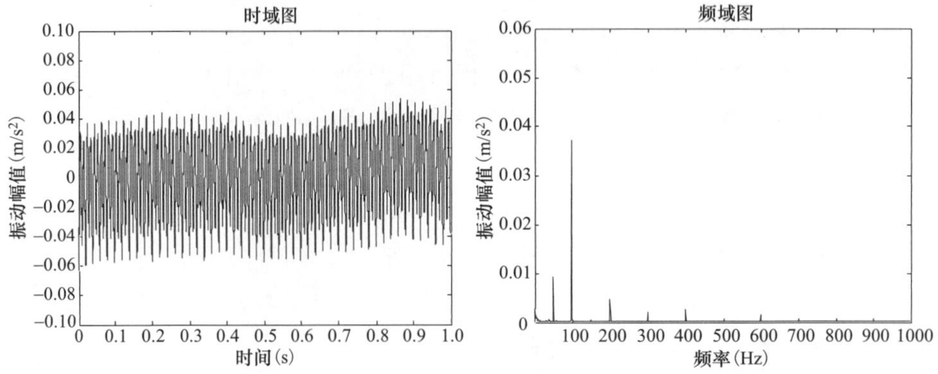

图 3－78　C 相高压绕组上下端部叠套故障时侧壁距地面 1/6 位置的振动信号

图 3－78 显示 C 相绕组故障时，其在固定测点的振动信号集中在 100Hz，并含有很小的高次谐波分量且集中在 200～500Hz，600Hz 以上衰减为零。

通过对正常与故障绕组负载试验数据比较分析可以得出如下结论：

(1) 通过理论分析及实际测量型号为 S11－M－500/35，联接组别为 Yyn0 的变压器故障模拟装置油箱表面振动信号，对比绕组故障与正常时不同测点下的振动信号，经过多次测量确定传感器安装位置不宜超过固定点上下 2cm。通过对比分析绕组故障与正常时不同测点的振动信号变化量，确定变压器油箱侧壁下端部振动变化明显，本章试验选定变压器油箱侧壁距地 1/6 位置为固定测点。

（2）绕组故障前后均有 100Hz 振动幅值与负载电流的平方成线性关系，且不同相 100Hz 振动幅值与负载电流平方之间线性关系的斜率不同，绕组发生变形以后，原有的 100Hz 振动幅值与负载电流平方之间的线性关系应当不会改变，改变的应该是其拟合直线的斜率。100Hz 振动幅值与负载电流平方百分比之间的线性关系的斜率可以反映绕组的机械结构特性。

（3）不管绕组为何种故障类型，绕组故障时其振动幅值（基频）与电流之间的线性增大的关系并不改变，但故障绕组基频振动幅值大于正常绕组基频振动幅值。

（4）由于绕组故障改变其周围的漏磁场分布，进而绕组受力改变。分析 A 相绕组故障时变压器各相绕组侧壁距地 1/6 位置振动信号可知，时域下 A、B、C 三相绕组振动信号最大值分别为 0.03782、0.09286、0.0536m/s^2 均比正常时各相绕组振动信号大。频域下对比故障绕组与正常绕组振动信号可知不同故障均引起绕组基频振动信号增大；而不同故障下高次谐波振动均有不同的变化特点，但并无明显的规律可循，故后期诊断绕组故障类型时需要通过提取相应频域段内的变化作为振动特征参量来对变压器绕组进行诊断。

4 电力变压器绕组机械状态特征提取技术

通过第 3 章的分析可以得出，在电力变压器绕组振动过程中，检测到的振动信号并非完全集中在 100Hz 处，其他频率范围仍含有振动信息，而且电力变压器绕组故障时会引起其他频率分量的变化；因此，仅仅通过检测振动信号 100Hz 处的变化无法实现电力变压器绕组变形故障诊断的目的，需要考虑振动信号各频域特征分布情况。本章分别研究傅里叶变换、经验模态—能量熵变换法和小波能量变换的常见振动信号时频分析方法，根据第 3 章获取正常绕组、松动绕组和三种变形故障绕组变压器样机对应的绕组机械状态数据库，进行特征提取与分析，对比不同方法的振动信号特征提取结果，总结三种特征提取方法的特点和适用性。

变压器振动信号中包含着丰富的工作状态信息和故障特征信息，该信号信息可采用特征提取方法进行分析，典型的特征提取方法有短时傅里叶分解、经验模态分解和小波分解等。当变压器绕组机械状态出现异常时，变压器振动信息将会发生明显的改变，其主要表现在振动信号内部不同频率段信息发生不同衰减或增强现象，而信号特征提取的结果在极大程度上影响到评估方法和诊断模型的设计与性能，对不同类别提取的特征差别很大，就比较容易设计出性能较好的分类器，相反，如果不同类别的特征差别不大，分类器的训练和学习时间将会很长，设计的精度也难以得到保证。因此，需要对特征值性能进行分析，选择最优的特征提取方法，为下一步的故障诊断和状态评估提供特征数据与判据。

4.1 傅里叶变换法

4.1.1 傅里叶变换原理

一般来说，实际测量的振动信号都是时域信号，但时域信号所能传递出的信息量是有限的，这个时候就需要将时域信号转换到频域进行分析。频域分析的优点在于不仅能得到时间与信号的关系，还能得到幅值、频率与相位之间的关系。除此之外，对于确定性信号，在频域中可以看到原始信号的频率分量与每种频率信号的幅度信息；对于非确定性信号，可以得到不同频率信号的能量分布的情况。目前用途比较广泛的频谱分析方法就是傅里叶（Fourier）变换。

傅里叶变换是分析信号的基础方法，它能够分析信号的成分，也能够通过这些成分来合成信号。很多波形都可作为信号的成分，如方波、正弦波、锯齿波等。傅里叶变换是时频域之间相互转换的桥梁。傅里叶变换的内在含义就是把一个复杂信号等效为多个不同频率正弦信号的叠加，因此就可以将原信号的研究转变为研究它分解后得到的各正弦信号的权系数，且从傅里叶变换后的结果可以看出这些正弦波各自的具体频率，故傅里叶变换在频域内是能够局部化的。假设一个函数的周期为 T，且在时域［－T/2，T/2］范围内满足 Dirichlet 条件，即函数连续或只有有限个第一类间断点并且极值点个数有限，则函数在时域［－T/2，T/2］范围内可展开为傅里叶级数，即可以采用傅里叶方法进行变换。目前常用到的傅里叶变换有离散傅里叶变换、快速傅里叶变换和短时傅里叶变换等。

在实际应用中，信号采样获得的数据均是离散且有限长的。因此，若要利用傅里叶变换对振动信号进行分析时，需要将连续傅里叶变换离散化处理。由于计算机只能处理离散信号，所以必须对信号进行采样。同时傅里叶变换难以针对连续无限长的信号进行采样分析，为解决这个问题，只能对采样后的信号进行延拓。为保证信号的全部信息被完整保留，在采样时应进行整周期采样。对整周期采样后信号的延拓有两种方式：一种方式为补零，另一种是将信号整体复制。补零延拓将得到非周期的信号，非周期信号需用无限多个正弦函数表示，这对于计算机来说同样不可实现。所以只能选择周期延拓后的信号，针对此种信号，连续傅里叶变换已经不再适用，离散傅里叶变换应运而生。

快速傅里叶变换是离散傅里叶变换快速计算方式的统称。快速傅里叶变换于 1965 年提出。采用快速傅里叶变换算可以在很大程度上降低计算机计算离散傅里叶变换时所需要的运算次数，尤其是当被变换的抽样点数 N 越大时，快速傅里叶变换算法在计算量方面的节省就越多。快速傅里叶变换的基本思想是将原始的 N 点序列分解成一系列的短序列来计算。在计算的过程中利用离散傅里叶变换计算式中指数因子的对称性质和周期性质，进而求出这些短序列相应的离散傅里叶变换并进行适当组合，这样就能够删除重复的计算并且减少乘法运算以及简化结构。

对于含有谐波的非平稳信号，一般采用短时傅里叶变换进行分析。短时傅里叶变换原理是对非平稳信号加一时间窗，近似认为时间窗内小段信号是平稳的。这样就可以利用 Fourier 变换对较短的非稳态时域信号进行处理了。在实际应用中需要将 Fourier 变换离散化。信号的离散短时 Fourier 变换定义为

$$STFT(n,\omega)=\sum_{m=-\infty}^{\infty}z(m+n)r(m)e^{-j\omega m} \tag{4-1}$$

式中：$r(m)$ 为窗函数；$z(m+n)$ 为时间序列。

在离散短时 Fourier 变换中，m 的取值应满足：$r(m)\neq 0\ (0\leqslant m\leqslant L-1)$，在 $[0,L-1]$ 以外 $r(m)=0$ 。这样可表示为

$$STFT(n,\omega)=\sum_{m=0}^{l-1}z(m+n)r(m)e^{-j\omega m} \tag{4-2}$$

如果对 $STFT(n,\omega)$ 在 N 个等间隔的频率 $\omega=2f\pi/N$ 处采样，且 $N\geqslant L$，那么由采样后的短时 Fourier 变换可表示为

$$STFT(n,\omega)=STFT(n,2\pi f/N)=\sum_{m=0}^{l-1}z(m+n)r(m)e^{-jm2\pi f/N} \tag{4-3}$$

式中：$0\leqslant f\leqslant N-1$；$0\leqslant m\leqslant L-1$；$STFT(n,f)$ 为加窗序列 $z(m+n)r(m)$ 的离散 Fourier 变换。

利用离散 Fourier 逆变换有

$$Z(m+n)=\frac{1}{Nr(m)}\sum_{f=0}^{N-1}STFT(n,f)e^{j(2\pi f/n)fm} \tag{4-4}$$

式中：$0\leqslant m\leqslant L-1$；从 n 到（$n+L-1$）的区间内恢复时间序列值。

由于 $r(m)\neq 0\ (0\leqslant m\leqslant L-1)$，式（4-4）相当于把式（4-2）对 f 进行了采样。若将 $STFT(n,f)$ 对时间 n 采样，则可以在 $-\infty< n <+\infty$ 内重构 $Z(n)$ 。具体地讲，利用式（4-4）可以由 $STFT(n_0,f)$ 在区间 $n_0\leqslant n\leqslant n_0+L-1$ 重构该段信号，也可以由 $STFT(n_0+L,f)$ 在区间 $n_0+L\leqslant n\leqslant n_0+2L-1$ 上重构该信号等。这样，由频率维和时间维采样的短时 Fourier 变换完全可以重构 $Z(n)$ 。对于窗函数 $r(m)\neq 0\ (0\leqslant n\leqslant L-1)$，采用如下定义，可以表示更清楚，则

$$STFT(rR,f)=STFT(rR,2\pi f/N)=\sum_{m=0}^{l-1}z(m+rR)r(m)e^{-j2\pi f/N} \tag{4-5}$$

式中：r 和 f 均为整数，$-\infty< r <+\infty$，$0\leqslant f\leqslant N-1$。

涉及如下整数型参数：窗的长度 L 、在频率维中样本数 N 以及时间维中的采样区间 R 。并不是任意选择这些参数都能完全重构信号。选择 $L \leqslant N$ 保证可以由块变换 $STFT(n,f)$ 来重构加窗信号段。若 $R<L$，则信号段有重叠；但若 $R>L$，则信号的一些样本用不上。这样不能由 $STFT(n,f)$ 重构原信号。通常在离散短时 Fourier 变换中，采样的 3 个参数满足关系式 $N \geqslant L \geqslant R$。

因此，无论获取的信号是平稳信号和非平稳信号，可以用短时傅里叶变换来实现，所以在故障诊断中，常采用信号的频率谱来诊断。频率谱上的每一个峰值都反映了相应频率上的能量大小。如频率谱上的全部或某些峰值发生了变化，就可断定变压器运行状态发生了变化。当变压器运行状态出现故障后，其与故障相关的频率分量上诊断参数的能量必将产生变化，这样便可根据频率谱上峰值点的变化进行故障的判断。

4.1.2　振动信号特征提取分析

由前文研究可知，在负载试验状况下，变压器的振动主要是由绕组的电动力引起的，绕组振动基频为 100Hz。而且每一相绕组的压紧力发生改变后，其振动特性也相应地产生变化。最明显的特点就是随着轴向压紧力减弱导致振动的幅值增大。从信号来看，变压器在负载试验状况下的振动主要是以 100Hz 为主，200、300、400、500Hz 都比较微弱，500Hz 以上谐振频率的振动接近为零。所以振动的主要能量都是集中在低频部分，特别是 100Hz。这一特性并未随着短路冲击次数的增加而改变。

为了研究傅里叶变换法的有效性，本节针对第 3 章中短路冲击试验后松动绕组以及变形故障绕组的振动数据进行分析与特征提取研究。首先对短路冲击前后绕组的振动与实验条件分析可知，短路冲击过程中 A 相绕组短路冲击次数最多，基频振动幅值变化也最大；B 相绕组短路冲击次数次之，基频振动幅值变化较 A 相小；C 相未进行短路冲击，基频振动幅值变化最小。但随着短路冲击次数的增加，每一相绕组除基频外的其他频率振动幅值变化非常微弱。图 4 - 1 中给出了短路冲击前后绕组各次负载试验时振动信号的各频段幅值。

A 相每个分接开关档位下均进行了 2 次冲击，共 6 次冲击；B 相每个分接开关档位下均进行了 1 次冲击，共 3 次冲击；C 相未进行冲击。随着短路冲击次数多，变压器绕组因受非常大的瞬间电动力作用，绕组会产生变形及位移，导致绕组的压紧力减小。前文分析指出基频振动幅值与绕组压紧力息息相关，随着绕组压紧力减小，基频幅值增大。因此，A 相绕组冲击前后 100Hz 处的

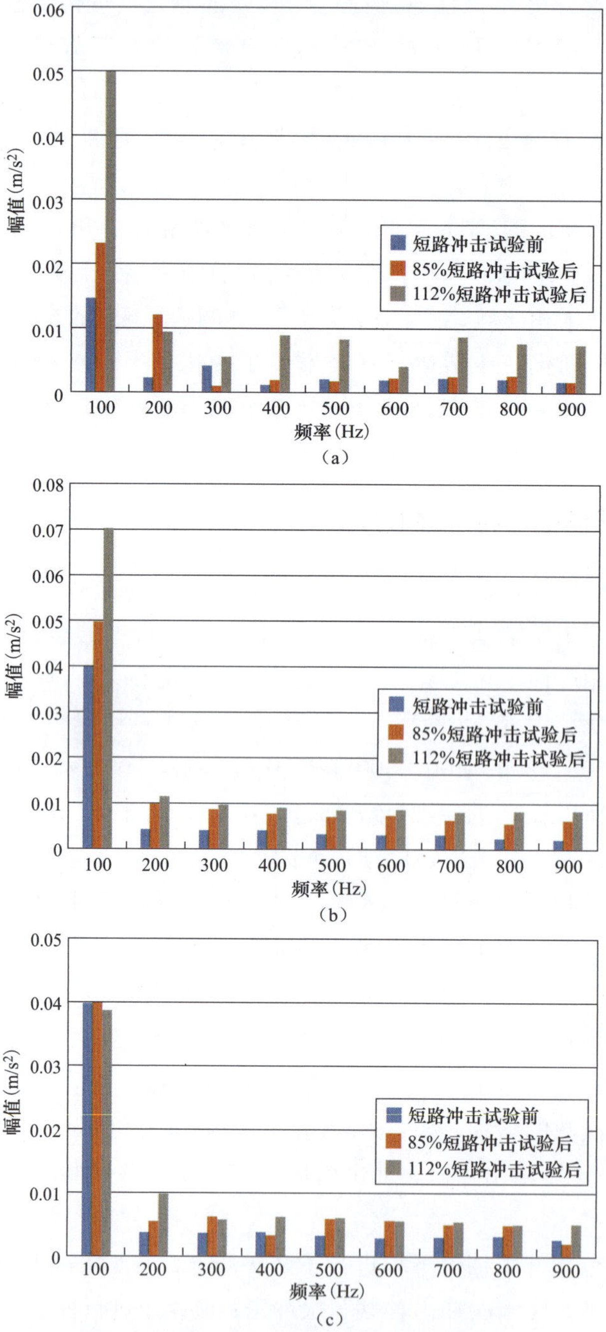

图 4-1　A、B、C 相各频率振动幅值

(a) A 相各频率振动幅值；(b) B 相各频率振动幅值；(c) C 相各频率振动幅值

振动幅值变化最为明显，B相绕组次之，C相绕组最小。其原因可能是该变压器在短路冲击试验过程中，A相绕组冲击次数最多，B相次之，C相最少。绕组压紧力随着冲击次数的增加而减少，因此A相绕组的振动基频幅值变化最明显。这一点在变压器最终返厂检查过程中也得到了验证，发现A相绕组压杆的压紧力明显比B相和C相绕组小很多。

为了进一步研究绕组故障时与正常时振动特性的变化，以A相为例，分析A相故障前后，油箱侧壁1/6测点振动信号的变化，该点振动幅值对比如表4-1和图4-2所示。

(1) A相低压绕组辐向压缩、高压绕组辐向拉伸时振动特性。

表4-1 负载电流下A相故障前后油箱测壁1/6测点各频率下振动幅值 (m/s^2)

状态	100Hz	200Hz	300Hz	400Hz	500Hz
A相正常	0.01843	0.00165	0.003981	0.0006398	0.0006603
A相故障	0.031	0.003518	0.001501	0.000963	0.000888

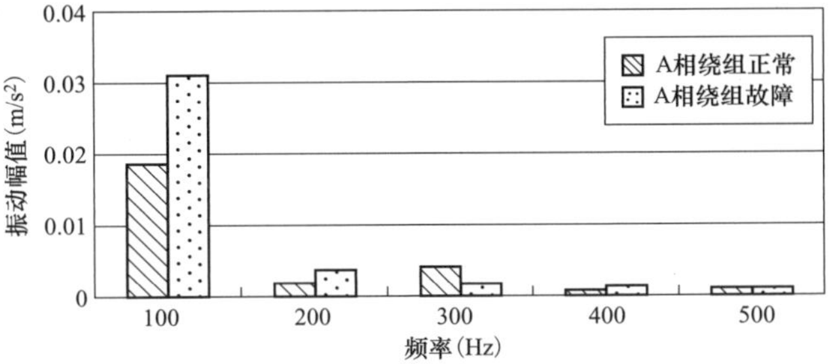

图4-2 额定负载电流下A相故障前后油箱侧壁1/6测点绕组振动幅值对比图

由图4-2对比结果显示，由于A相绕组中间位置低压辐向压缩及高压辐向拉伸故障，导致漏磁场改变，绕组受力发生变化。使得固定测点处100～200Hz故障绕组振动信号明显大于正常绕组时的振动信号，而300Hz处正常绕组振动信号大于故障绕组振动信号，400～500Hz之间故障绕组振动信号稍大于正常绕组振动信号。

(2) B相低压绕组轴向延伸高压绕组正常时振动特性。

研究B相绕组为低压轴向拉伸故障时，其他相绕组正常情况下变压器各相对应振动信号的特性，测试不同测点的振动信号以及不同负载电流下绕组的振动信号。负载试验时，在高压侧施加三相电压，逐步升压直至一次侧电流达到额定（8.25A）为止，测试变压器B相油箱侧壁距地面1/6测点的振动信号。

表 4-2　　B 相绕组前后油箱侧壁距地面 1/6 测点各频率下振动幅值对比　　(m/s^2)

状态	100Hz	200Hz	300Hz	400Hz	500Hz
B 相正常	0.04154	0.001926	0.002248	0.003537	0.0011
B 相故障	0.07827	0.003249	0.002367	0.003273	0.002192

由于 B 相低压绕组轴向延伸故障，改变了绕组周围漏磁场的分布，进而改变了绕组的受力情况。由图 4-3 和表 4-2 可知，B 相低压绕组轴向松动高压绕组正常时，时域下该点振动幅值最大值为 0.09286m/s^2；频域下振动信号集中在 100Hz 处，并含有 200～500Hz 谐波分量且幅值很小，600Hz 以上基本衰减为零。图 4-3 显示 B 相绕组故障前后在 100Hz 处有明显的增大现象，而 200～500Hz 之间振动幅值变化很小，400～500Hz 之间绕组振动信号与故障绕组振动信号接近。

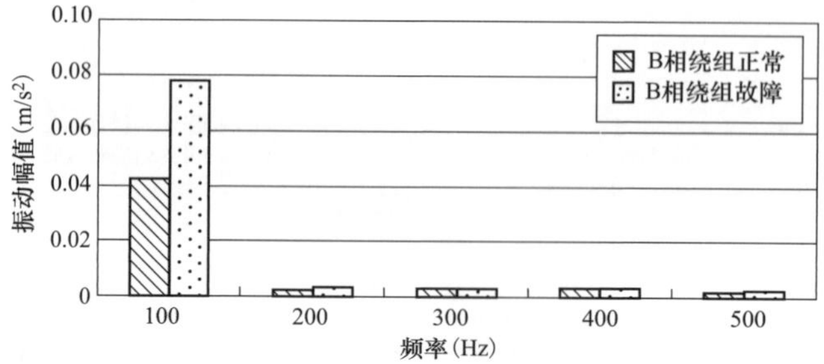

图 4-3　B 相绕组故障前后油箱侧壁距地面 1/6 测点振动信号对比图

(3) C 相低压绕组正常高压绕组上下端部叠套时振动特性。由图 4-4 和表 4-3 可知，C 相端部叠套故障改变了绕组端部磁场，因此改变了绕组受力情况。时域下 C 相油箱侧壁距地 1/6 测点振动信号最大值为 0.0536m/s^2。C 相绕组故障前后在 100Hz 和 200Hz 处振动明显增大，300～500Hz 之间故障绕组振动信号与正常绕组振动信号接近。

表 4-3　　C 相绕组故障前后油箱侧壁距地面 1/6 测点各频率下振动幅值对比　　(m/s^2)

状态	100Hz	200Hz	300Hz	400Hz	500Hz
C 相正常	0.01934	0.001824	0.002105	0.00275	0.0005904
C 相故障	0.03703	0.004579	0.002	0.002475	0.0003075

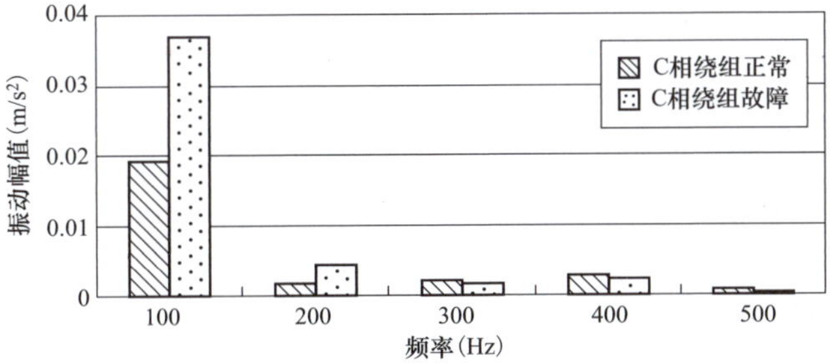

图 4-4　C 相绕组故障前后油箱侧壁距地面 1/6 测点振动信号频域对比图

变压器经历多次短路电流冲击后，随着绕组松动程度的加剧，频域分布中基频振动显著增大；绕组变形故障发生后，与正常绕组相比，绕组变形后振动信号基频振动幅值显著增加，绕组振动信号的基频幅值在一定程度上可以反映变压器绕组的状况。在负载电流相同情况下，通过对振动信号进行傅里叶分解，分析振动信号频域的变化能够反映绕组压紧力减小和严重变形故障。然而，由于绕组振动还受到负载电流等因素影响，傅里叶变换方法只能在相同负载电流的条件下对同一台变压器绕组机械状态进行分析。

4.2　经验模态-能量熵变换法

变压器出现绕组变形或绕组压紧松动等机械故障时，均会导致变压器器身固有频率等模态参数发生变化，具体表现之一是不同频段内振动的增强或衰减现象，与健康的变压器箱体振动信号相比，反映在部分频段内振动能量的差异。基于振动信号的变压器故障诊断，就是依据故障前后箱体振动不同这一特点进行诊断。通过对振动信号进行有效和充分处理和分析，就能获得反映故障信息的特征量，归纳为"频段—能量—故障"变压器绕组机械状态分析法。时频分析方法和瞬态分析方法已广泛应用于信号处理和故障诊断，这些方法描述了信号在时域和频域的重要特征。振动信号"频段—能量—故障"的变化特征同样可以用来理解和描述故障特征。局域波方法是一种基于经验模态分解（Empirical Mode Decomposition，EMD）的信号处理方法，是基于瞬时时频序列的本质模式函数，用来分析非线性、非静态信号，它起源于瞬态频率，用来描述时域中的非线性、非静态信号的局部特征，它能自适应地将复杂的信号分解成若干阶本征模态函数（Intrinsic Mode Function，IMF）通过 EMD 变换以实现小波变换的功能，并能够解决波内频率调制的问题，而这是小波变换所不能解决的问题。

然而，由于采集到的振动信号往往受到干扰，虽然EMD法比小波法有更好的消噪处理能力。但EMD方法在分析过程中会产生严重的模态混叠现象，从而影响消噪结果，也为后续分析带来难以预计的影响。本节研究通过加噪声进行辅助分析的算法，即总体经验模态分解（Ensemble Empirical Mode Decomposition，EEMD）方法，并对EEMD方法进行改进。采用改进后的EEMD方法对信号进行去噪处理，并进一步分析分解。总体经验模态分解的核心思想是将高斯白噪声添加到原始信号中，该信号经过经验模态分解后得到的信号进行总平均，这种方法解决了EMD的模态混叠问题。但是它同时引入了残余噪声和带噪信号不同导致的重构信号可能产生不同的本征模态函数（Intrinsic Mode Function，IMF），IMF总和并没有完美的重构原始信号。基于以上问题，2011年Torres提出了一种EEMD改进算法，即CEEMD算法，该算法可以在分解的每一段添加一个特定的噪声，并计算唯一一个残差得到每个模态。

4.2.1 经验模态分解方法原理

由于任何复杂的信号均由简单振荡模态信号组成，因此EMD以信号的极值点为基础，首先扫描信号，求出信号所有的极大值点和极小值点，然后利用插值法连接这些点组成上下包络线，求取其中值形成平均包络线，并用原始信号减去平均包络线得到第一个分量。重复上述步骤直至得到的分量满足IMF信号的定义，每一个IMF在每一个时刻都只有一个单一的频率成分。

EEMD的本质是人为地添加强度相同但序列不同的白噪声来补充信号中缺失的尺度，并对得到的信号进行分解。向整个时频空间中加入均匀的白噪声，滤波器组就会将这个时频空间分割成不同的尺度成分；当均匀的噪声作为信号的背景加入其中后，不同尺度的信号区域将自动映射到与背景白噪声相应的尺度上去。在这个过程中，每个独立的测试都可能会产生非常嘈杂的结果，因为加入噪声后的信号不仅包括了有用的信号部分，还有附加在其上的白噪声。由于每个独立的测试中噪声是不相关的，因此，当添加的次数足够多时，噪声将会被消除，而全体的均值就成为真正的结果。对每次添加白噪声之后分解得到的每一层IMF取总体平均，即为EEMD的IMF。

对信号进行EMD分解之后得到的每层IMF分量的中心频率均严格地保持为前一层IMF中心频率的一半，对EEMD的分解也是如此，因此，可以通过选取适当频率范围的 IMF 以获得不同的滤波效果。白噪声经过 EEMD 分解以后的各个分量中，第一个分量的能量最大，并且通常最先分解出来的几层 IMF 分量是仅仅由噪声产生的，可以直接滤除。随着分解层数的增加，IMF 分量既包含噪声分量又包含有用信号分量，这几层的 IMF 分量需要进行闭值处理，而最后分解得到的 IMF 分量是仅由有用信号产生的，可以直接保留。因此可以得到重构后的信号。

经验模态分解方法是一种基于数据的自适应分解方法，将多分量信号分解为有限的几个单分量信号，每个单分量信号是调频和调幅的本征模态函数，分解过程为：

首先，得到信号 $x(t)$ 的所有局部极值点，用局部极大值点拟合信号上包络线 u_1，用局部极小值点拟合信号下包络线 l_1。由得到的上下包络线来定义均值包络线 m_1

$$m_1 = (u_1 + l_1)/2 \tag{4-6}$$

将信号 $x(t)$ 中减去 m_1，得到 h_1，即

$$h_1 = x(t) - m_1 \tag{4-7}$$

把 h_1 作为新的信号，重复上边步骤 k 次，两次连续筛选结果的标准差定义为

$$SD = \sum_{t=0}^{T} \left\{ \frac{[\mid h_{1(k-1)}(t) - h_{1k}(t) \mid]^2}{h_{1(k-1)}^2(t)} \right\} \tag{4-8}$$

当 SD 小于某一预设值时获得第一个本征模态函数 c_1，记 $c_1 = h_{1k}$。

令 $x(t) - c_1 = r_1$，作为新的信号，再次重复以上步骤，则得到第 2、3 直到第 n 个本征模态函数。于是，信号可用本征模态函数表示为

$$x(t) = \sum_{i=1}^{n} c_i + r_n \tag{4-9}$$

式中：r_n 为趋势分量，是单调函数或均值函数，代表信号的平稳趋势；c_1、c_2、…、c_n 为所得到的各个 IMF 分量，包含了信号由高频段到低频段的不同成分。

对于非平稳信号的 EMD 分解过程，还需要进一步将由 EMD 分解得到的每一个 IMF 进行希尔伯特（Hilbert）变换，变换过程如下：

对式（4-9）中每个本征模态函数 $c_i(t)$ 作 Hilbert 变换得对使用 EMD 方法得到的 IMF 进行变换可得

$$H[c_i(t)] = -\frac{1}{\pi} \int_{-\infty}^{\infty} \frac{c_i(t')}{t - t'} \mathrm{d}t \tag{4-10}$$

令 $\bar{c}_i(t) = H[c_i(t)]$ 可以构造本征模态函数 $c_i(t)$ 的解析信号 $Z_i(t)$

$$Z_i(t) = c_i(t) + j\bar{c}_i(t) = a_i(t)\mathrm{e}^{j\theta_i(t)} \tag{4-11}$$

可得到瞬时幅值函数

$$a_i(t)=[c_i^2(t)+\bar{c}_i^{2}(t)]^{\frac{1}{2}} \tag{4-12}$$

瞬时相位函数

$$\theta_i(t)=\arctan\frac{\bar{c}_i(t)}{c_i(t)} \tag{4-13}$$

在此基础上得到的瞬时频率为

$$\omega_i(t)=\frac{\mathrm{d}\theta_i(t)}{\mathrm{d}t} \tag{4-14}$$

则

$$X(t)=\mathrm{Re}\sum_{j=1}^{n}a_j(t)\exp\left(i\int\omega_i(t)\mathrm{d}t\right) \tag{4-15}$$

此处忽略了残余分量 r_n ，式（4－15）的展开式称为希尔伯特谱（Hilbert 谱），即

$$H(\omega,t)=\mathrm{Re}\sum_{j=1}^{n}a_j(t)\exp\left(i\int\omega_i(t)\mathrm{d}t\right) \tag{4-16}$$

$H(\omega,t)$ 反映了信号的幅值、时间和瞬时频率之间的关系。定义 Hilbert 边际谱为

$$h(\omega)=\int_{-\infty}^{\infty}H(\omega,t)\mathrm{d}t \tag{4-17}$$

$h(\omega)$ 反映了信号的幅值和瞬时频率之间的关系，可以进一步定义 Hilbert（边际）能量谱为

$$E(\omega)=\int_{-\infty}^{\infty}H(\omega,t)^2\mathrm{d}t \tag{4-18}$$

$E(\omega)$ 精确描述了信号的能量随瞬时频率的规律分布情况。

由于变压器绕组振动属于周期性的振动信号，在经验模态分解时主要考虑式（4－6）～式（4－9）的分解过程。CEEMD 方法是在 EEMD 的基础上加入一对幅值相同、相位角相差 180°的辅助噪声，消除重构信号中的残余辅助噪声，同时可以减少添加的噪声集合次数，降低计算成本。它不仅可以压制非平稳随机信号的噪声，而且能够减少有效信号的损失，保持原信号特性，具体的分解步骤和原理如下：

（1）对原始信号 $x[n]$ 添加 I 次白噪声 $\omega_i[n](i=1,\cdots,I)$ ，白噪声以正负对形式加入，得到 $2I$ 个信号。即

$$\begin{bmatrix}x_+\\x_-\end{bmatrix}=\begin{bmatrix}1&1\\1&-1\end{bmatrix}\begin{bmatrix}x\\\omega_i\end{bmatrix} \tag{4-19}$$

（2）分别对集合中每个信号 $x^i[n](i=1,\cdots,2I)$ 做 EMD 分解，得到一个 $IMF_n^i[n]$ ，这里计算 1 个固有函数

$$IMF_1[n] = \frac{1}{2I}\sum_{i=1}^{2I} IMF_n^i[n] \tag{4-20}$$

第1个余量为

$$r_1[n] = x[n] - IMF_1[n] \tag{4-21}$$

(3) 对于 $k=2,\cdots,K$，计算 k 个余量：$r_k[n] = r_{(k-1)}[n] - IMF_k[n]$，之后分解的函数变为 $r_k[n] + \varepsilon_k E_k(\omega_i[n])$，则有 $IMF_{(k+1)}[n] = \frac{1}{2I}\sum_{i=1}^{2I} E_1[r_k + \varepsilon_k E_k \omega_1[n]]$，重复步骤（3）直到筛选终止，得到

$$x[n] = \sum_{k=1}^{k} IMF_1\ [n]_k + R[n] \tag{4-22}$$

式中：系数 ε_k 为信噪比，这里取常数；$E_j[\cdot]$ 为 EMD 分解的 j 个函数。

经过系列运算后，得到一组 *IMF* 函数。该方法能够根据分解层的频谱分布提取有用信号，有效的消除高频产生的随机噪声，CEEMD 方法是一种完备的分解方法。

4.2.2 CEEMD 能量熵原理

熵指平均信息量，最早是用定量地方式来阐述热力学第二定律不可逆的过程；后来被应用于表现物质系统的状态，反映出现某一状态的可能性，即状态在空间上的能量分布状况，分布越不均衡，熵值越小。当变压器绕组运行状态发生改变或者出现不同故障时，通过 CEEMD 分解后所得的各个 *IMF* 分量的能量便会发生变化，也就是说绕组振动信号在各个频段内的能量分布会发生相应的改变。因此，采用 CEEMD 分解与熵理论相结合，通过计算绕组振动信号经 CEEMD 分解后所得的各个 *IMF* 分量的能量分布及其能量熵来作为变压器绕组的故障特征信息。

变压器绕组原始振动信号 $x(t)$ 经过 CEEMD 分解后可以得到 n 个 *IMF* 分量 c_1、c_2、c_3、…、c_n 和一个剩余分量 r_n，计算出 n 个 *IMF* 分量的能量分别为 E_1、E_2、…、E_n。在忽略剩余分量的能量情况下，由于 CEEMD 分解具有正交性，n 个 *IMF* 的能量之和应该等于原始振动信号的总能量。每个 *IMF* 分量 c_1、c_2、c_3、…、c_n 包含不同的频率成分，且具有不同的能量，从而 $E = \{E_1、E_2、\cdots、E_n\}$ 形成了变压器绕组振动信号能量在频率域的一种划分，由此可将 CEEMD 能量熵值定义为

$$H_{\mathrm{EN}} = -\sum_{i=1}^{n} p_i \log p_i \tag{4-23}$$

式中：$p_i = \frac{E_i}{E}$ 为第 i 个 *IMF* 分量的能量在整个信号能量($E = \sum_{i=1}^{n} E_i$)中的比重。

4.2.3 振动信号特征提取分析

在分析故障绕组振动信号之前，先对 35kV 变压器短路冲击试验前后的绕组振动信号进行分析。从理论分析上来看，在短路电动力累积效应作用下，变压器绕组状态会产生一定的变化。对每次负载试验时的变压器振动信号进行 CEEMD 分解，经 CEEMD 分解后得到 *IMF* 分量和残余分量（白噪声标准差取为振动信号标准差的 0.2 倍，N 取 300）。对每个 *IMF* 分量进行幅值谱分析，图 4-5 和图 4-6 分别为变压器短路冲击前的负载试验时 A 相振动信号和短路冲击后的负载试验时 A 相振动信号经 CEEMD 分解 *IMF* 后的频域图。

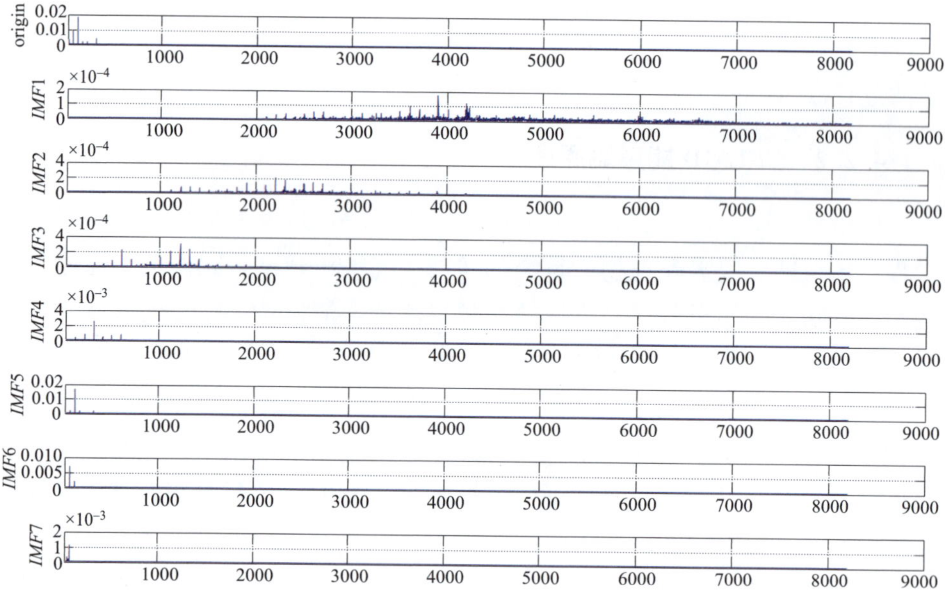

图 4-5 短路冲击前变压器 A 相绕组 *IMF* 幅频图

由图 4-5 与图 4-6 可以明显看出，A 相绕组短路冲击前后，*IMF*2～*IMF*4 的频谱范围发生改变，短路冲击后的 A 相绕组的 *IMF*2 和 *IMF*3 中的高频成分明显增多，而 *IMF*4 中频率成分却减少，也就是说经过多次短路试验后，变压器 A 相绕组状态已发生了改变。从以上结果可以得出，CEEMD 分解方法可以用于变压器绕组的状态检测与故障诊断。

振动信号的能量分布会随着变压器绕组的运行状态、故障类型及严重程度发生相应的改变，故熵值的范围可用来判断变压器绕组的运行状态和故障类型。按上述 CEEMD 能量熵方法计算不同状况下变压器负载试验振动加速

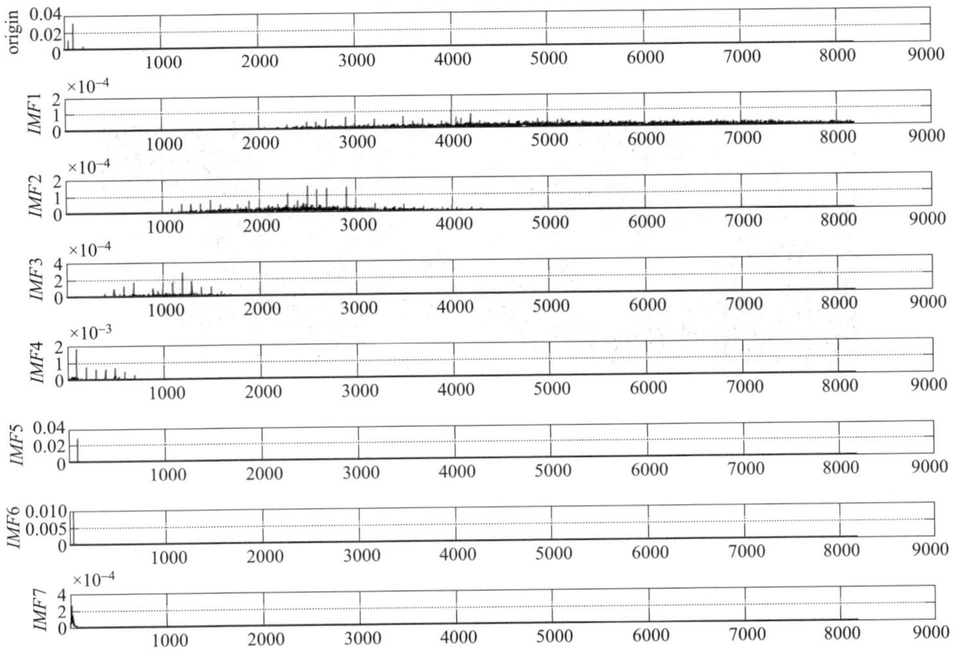

图 4-6　短路冲击后变压器 A 相绕组 IMF 幅频图

度信号的能量熵值，结果如表 4-4 所示。

表 4-4　　　　变压器绕组 4 种状态下的 CEEMD 能量熵

试　　验	CEEMD 能量熵 H		
	A 相	B 相	C 相
短路冲击前	0.4807	0.4758	0.4470
85%I_N冲击后	0.3870	0.4407	0.4477
112%I_N冲击后	0.3103	0.4391	0.4246

表 4-4 中结果表明当变压器绕组正常状态时，A 相绕组的 CEEMD 能量熵值为 0.4807，B 相绕组的 CEEMD 能量熵值为 0.4758，C 相绕组的 CEEMD 能量熵值为 0.4470；而随着短路冲击次数的增加，各相绕组的 CEEMD 能量熵值均逐渐减小。当 100% I_N 冲击后，A 相绕组的 CEEMD 能量熵值变为 0.3103，B 相绕组的 CEEMD 能量熵值变为 0.4391，C 相绕组的 CEEMD 能量熵值则为 0.4246。明显看出多次短路试验后，A 相绕组的 CEEMD 熵值变化最为明显，说明绕组状态已发生改变，而 C 相绕组的 CEEMD 熵值变化非常微弱，则处于正常状态。通过变

压器厂家对短路冲击后变压器的解体检查（见图 4－7），发现 A 相绕组的压紧螺杆明显松动，诊断结果与绕组实际状态相符从而验证了本文所提方法的准确性。

图 4－7　返厂解体检修现场

短路冲击试验后，将 A 相绕组更换为人为制造的故障绕组，对变压器进行了电流为 100％I_N的负载试验并采集了各相绕组的振动信号。对三相绕组的振动信号均进行 CEEMD 分解并计算能量熵。

表 4－5　　A 相故障绕组振动信号的能量熵及能量比

试验		E_4/E	E_5/E	H
第一次	A 相	0.0248	0.9312	0.1490
	B 相	0.0232	0.8943	0.4471
	C 相	0.0264	0.8930	0.4419
第二次	A 相	0.0238	0.9270	0.1537
	B 相	0.0456	0.8953	0.4422
	C 相	0.0298	0.8852	0.4573

而相同负载电流下变压器绕组正常状态下的熵值如表 4－6 所示。

表 4－6　　正常绕组振动信号的能量熵及能量比

试验		E_4/E	E_5/E	H
第一次	A 相	0.0238	0.7526	0.4807
	B 相	0.0165	0.7849	0.4758
	C 相	0.0238	0.8006	0.4770
第二次	A 相	0.0210	0.7718	0.4711
	B 相	0.0171	0.7649	0.4833
	C 相	0.0266	0.7967	0.4522

由表 4－5 和表 4－6 可以明显看出：试验过程中，均采集了两组数据，计

算结果显示 CEEMD 能量熵具有较好的重复性。三相绕组处于正常状态时，100Hz 基频信号能量占总量的比值 E_5/E 均在 0.7～0.8 之间，熵值 H 在 0.45～0.50 区间内。而当 A 相绕组发生故障时，其 100Hz 基频信号能量占总量的比值 E_5/E 达到 0.9 以上，熵值 H 则减小到 0.2 区间以下。结果表明，熵值 H 的大小可以作为变压器绕组故障的判断依据。

在变压器实际运行过程中，绕组中的电流随着负荷的变化而变化。通过以上的分析可知，变压器绕组的振动幅值与绕组中的电流关系密切，因此需要故障诊断方法能够去除电流变化带来的干扰。本文对不同电流下的绕组振动信号进行了 CEEMD 分解并计算能量熵值，如表 4-7 所示。

表 4-7　　不同电流下正常绕组振动信号的能量熵及能量比

试验		E_4/E	E_5/E	H
$50\%I_N$	A 相	0.0144	0.6873	0.4805
	B 相	0.0107	0.6800	0.4967
	C 相	0.0173	0.6262	0.4469
$80\%I_N$	A 相	0.0199	0.7827	0.4746
	B 相	0.0166	0.8917	0.4830
	C 相	0.0309	0.6268	0.4295
$100\%I_N$	A 相	0.0238	0.7726	0.4657
	B 相	0.0165	0.8849	0.4580
	C 相	0.0238	0.6506	0.4070

由表 4-7 可以看出，在变压器型号、容量、电压等级和绕制方式等参数均相同的前提下，绕组负载电流和振动时域加速度幅值的变化并未导致 CEEMD 能量熵值以及各个频率段能量比的变化，因此在利用 CEEMD 能量熵诊断故障的过程中，同类型变压器的负载电流和时域加速度对诊断结果影响较小。

多次短路试验后，A 相绕组的 CEEMD 能量熵值变化最为明显，说明绕组状态已发生改变，而 C 相绕组的 CEEMD 熵值变化非常微弱，则处于正常状态。当变压器绕组处于正常状态时，其振动信号在各个频段内 CEEMD 能量熵值较大。当变压器绕组经过多次短路冲击后，绕组结构产生变化，导致 CEEMD 能量熵值减小。由于随着短路冲击次数的增加，绕组结构变化程度加剧，变压绕组的 CEEMD 能量熵越来越小。而在试验中，A 相绕组短路冲击次数最多且流过的短路电流最大，最终 CEEMD 熵值也最小。由于经验模态—能量熵值不受负载电流的影响，该特征提取方法可以应用到运行变压器绕组的在线监测与状态评估中。研究结果表明 CEEMD 可以很好地从变压器绕组振动信号中提取出能够反映其运行状态的特征信息。与传统的电抗法相比较，本节所提出的

CEEMD绕组机械状态诊断方法能够有效地弥补电抗法针对绕组松动及微小形变无法检测的不足，为变压器绕组机械状态诊断提供了更为有效的方法。

4.3 小波能量变换法

4.3.1 小波能量变换原理

小波变换是一种多分辨率分析方法，被广泛应用于各种信号的特征提取研究中。小波包是在小波变换理论的基础上进一步提出来的，它建立在小波变换的基础上，是对小波分解的扩展，并且从数学的角度做了严密的推导，不仅继承了小波变换所有的时间一尺度局部化优点，而且可以实现更为精细的分析，拓展了小波变换的分析性能，对于非平稳信号的特征提取具有优势。小波分析可以对信号进行有效的时频分解，但由于其尺度是二进制变化的，所以小波变换在小尺度（高频频段）的频率分辨率较差，而在大尺度（低频频段）的时间分辨率较低。与小波分析不同的是，小波包分析对高频部分也实施类似于对低频部分的处理，即将高频空间也进行逐渐细化的分割。

小波分析法首先将信号 S 分解成低频分量 A1 和高频分量 D1，而在小波分解的过程中，低频分量中丢失的信息通过高频分量进行捕获。在对信号的第二层分解中，将上一层中的低频分量 A1 进行同样的分解，分解成低频分量 A2 和高频分量 D2。如此下去，对信号进行多层次的分解。相比于小波分解，小波包分解不但对信号的低频分量进行上述分解，而高频分量部分也进行同样的分解，正因如此，相对于小波分解而言，小波包分解可以对信号进行更为精细的分解。

下面以三层小波包分解为例进行说明，图 4-8 为三层小波包分解树结构。图 4-8 中，低频分量以 A 来表示，高频分量以 D 来表示，末尾的数字代表小波包分解的层数，将信号分解到不同的频段内。因此原信号 S 可以表示为

$$S=AAA3+DAA3+ADA3+DDA3=AAD3+DAD3+ADD3+DDD3$$

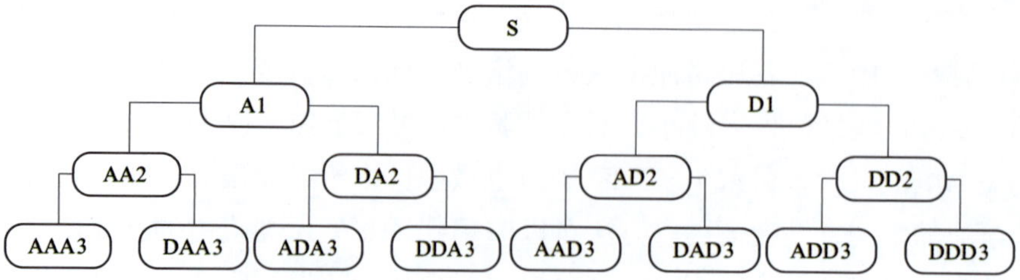

图 4-8 三层小波包的分解树

在多分辨率分析中，$L^2(R)=\bigoplus W_j\ j\in Z$ 反映出了 $Hilbert$ 空间 $L^2(R)$ 分解至所有子空间 $W_j(j\in Z)$ 的正交和，是通过不同的尺度因子 j 完成的。而小波函数 $\psi(t)$ 的小波空间为 W_j 。

为提高频率频率的分解精细度，以二进制分式的形式再对小波子空间 W_j 进行进一步频率细分。

另外将小波子空间 W_j 和尺度子空间 V_j 用一个新的子空间 U_j^m 进行统一，令

$$\left.\begin{aligned}U_j^0&=V_j\\U_j^1&=W_j\end{aligned}\quad j\in Z\right\}\tag{4-24}$$

则 $Hilbert$ 空间的正交分解 $V_j=V_{j+1}\bigoplus W_{j+1}$ 可以用 U_j^m 的分解统一为

$$V_j=V_{j+1}\bigoplus W_{j+1}\ j\in Z\tag{4-25}$$

再定义子空间 U_j^m 为函数 $u_n(t)$ 的小波空间，那么 U_j^{2n} 就是函数 $u_{2n}(t)$ 的小波空间，令 $u_n(t)$ 满足以下的双尺度方程

$$\begin{cases}u_{2n}(t)=\sqrt{2}\sum\limits_k h_k u_n(2t-k)\\u_{2n+1}(t)=\sqrt{2}\sum\limits_k g_k u_n(2t-k)\end{cases}\tag{4-26}$$

式中：h_k 为高通滤波器组；g_k 为低通滤波器组，并且 $g_k=(-1)^k h_{1-k}$ ，即这两系数是正交的。

在 $n=0$ 时，根据以上两式可以得到

$$\begin{cases}u_0(t)=\sqrt{2}\sum\limits_{k\in Z} h_k u_0(2t-k)\\u_t(t)=\sqrt{2}\sum\limits_{k\in Z} g_k u_0(2t-k)\end{cases}\tag{4-27}$$

在多分辨率分析中，$\varphi(t)$ 和 $\psi(t)$ 满足尺度方程

$$\begin{cases}\varphi(t)=\sqrt{2}\sum\limits_{k\in Z} h_k\varphi(2t-k),\{h_k\}_{k\in Z}\in l^2\\\psi(t)=\sqrt{2}\sum\limits_{k\in Z} g_k\varphi(2t-k),\{g_k\}_{k\in Z}\in l^2\end{cases}\tag{4-28}$$

根据对比可以知道，小波基函数 $\psi(t)$ 和尺度函数 $\varphi(t)$ 由 $u_0(t)$ 和 $u_t(t)$ 退化而成。式（4-25）可等价表示为式（4-27）。并把这种等价形式推广到非负整数 $n\in Z_+$ 的情况，从而得到式（4-26）的等价表达式

$$U_{j-1}^n=U_j^n\bigoplus U_j^{2n+1}\ j\in Z;n\in Z_+\tag{4-29}$$

并将由式（4-26）构造的序列 $\{u_n(t)\}$ 称为由基函数 $u_0(t)=\phi(t)$ 确定的正交小波包。而式（4-27）是当 $n=0$ 时的特殊情况。并由于 $\phi(t)$ 通过 h_k 唯

一确定，所以又称 $\{u_n(t)\}$ 为关于序列 $\{h_k\}$ 的正交小波包。

由于系统中某一部分发生故障时，其传递函数会随之发生改变，不同频段的幅频特性和相频特性将会有不同程度的改变。主要表现在故障前后，不同频段内能量会发生变化，有些频段内能量会得到增强，而另一些则会受到抑制。因此，在各频率成分信号的能量中，包含着丰富的故障信息，基于这一点，可以应用“能量—故障”的故障诊断模式对变压器的绕组故障进行诊断，该方法具有不需要建立系统模型的优点，而是直接利用绕组发生变形前后各频率成分能量的变化来诊断故障。利用这一特征就可以建立能量变化到绕组变形故障的映射关系，得到表征绕组变形故障的特征向量，从而对其进行诊断，具体诊断过程如下：

(1) 首先对采集到的振动数据进行小波包分解（以 3 层分解为例），分别对第三层的各频率成分进行特征提取，分解结构如图 4-9 所示。图 4-9 中，(i,j) 表示第 i 层第 j 个节点（$i=0,1,2,3$；$j=0,1,2,\cdots,7$），每个节点代表一定的信号特征。其中待分析信号 S 用节点 (0,0) 来进行表示，经小波包分解后的第一层低频部分 $X10$ 用节点 (1,0) 表示，第一层分解的高频部分 $X11$ 用节点 (1,1) 表示，其他节点代表的意义以此类推。

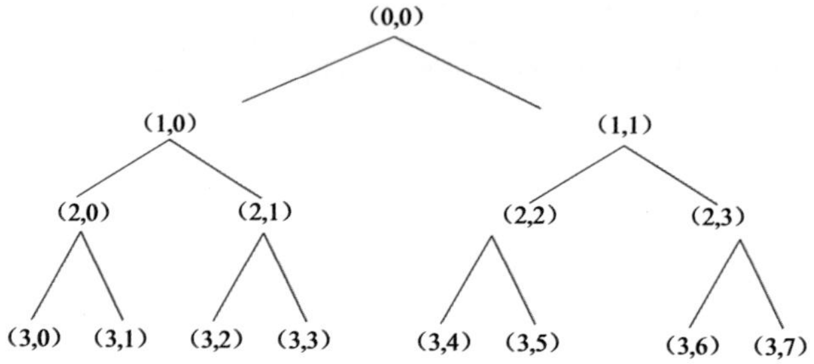

图 4-9　小波包 3 层分解树结构

(2) 对小波包分解后得到的系数进行小波重构，并对重构后的各频段内的信号进行特征提取。经三层分解后，$X30$ 的重构信号以 $S30$ 表示，$X31$ 的重构信号以 $S31$ 表示，其他节点依次类推。则待分析信号 S 可以表示为

$$S = S30 + S31 + S32 + S33 + S34 + S35 + S36 + S37 \tag{4-30}$$

(3) 求取各频带信号的总能量。设 $S3j$（$j=0,1,\cdots,7$）所对应的频带能量为 $E3j$（$j=0,1,\cdots,7$），则有

$$E_{3j} = \int |S_{3j}(t)|^2 \mathrm{d}t = \sum_{k=1}^{n} |x_{jk}|^2 \tag{4-31}$$

式中：x_{jk}（$j=0,1,\cdots,7$；$k=0,1,\cdots,7$）表示重构信号 $S3j$ 各个离散点的幅值。

(4) 构造特征向量。当变压器绕组发生故障时，各频带内的能量会发生较

大变化，因此，可以以能量为元素构造一个特征向量。特征向量 T 构造如下

$$T=[E_{30},E_{31},E_{32},E_{33},E_{34},E_{35},E_{36},E_{37}] \quad (4-32)$$

当能量幅值较大时，$E3j$ $(j=0,1,\cdots,7)$ 的数值会相对较大，为了方便数据处理，可以对特征向量 T 进行归一化处理，令

$$E=\left(\sum_{j=0}^{7}|E_{3j}|^{2}\right)^{1/2} \quad (4-33)$$

$$T'=[E_{30}/E,E_{31}/E,E_{32}/E,E_{33}/E,E_{34}/E,E_{35}/E,E_{36}/E,E_{37}/E] \quad (4-34)$$

向量 T' 即为归一化处理后的特征向量。

4.3.2 振动信号特征提取分析

本书提出基于相对小波包能量变换的变压器绕组机械状态振动信号特征提取方法。首先利用小波包变换对机械振动信号进行 N 层小波分解，得到表示其细节部分的小波系数，表示其近似部分的小波系数，这些小波系数各自对应着不同频带的机械振动信号；然后利用获得的细节部分和近似部分的小波系数计算该振动信号的相对小波包能量作为表征绕组机械状态的特征向量；最后分析不同绕组振动信号的小波能量分布特征，可以评估绕组对应的机械状态。

由于负载试验中获取的振动信号为绕组振动信息，因此对绕组不同状态负载试验获取的振动信号进行处理，并通过小波能量变换方法进行振动特征值提取分析。在第 3 章中已介绍 S11-M-500/35 变压器绕组故障样机，将绕组人为设计成低压辐向压缩高压辐向拉伸、低压轴向拉伸高压正常、低压正常高压轴向叠套以及低压高压正常四种状态，对四种状态的变压器负载试验振动信号特征进行提取。针对本节研究的 35kV、500kVA 变压器样机，基于小波包能量变换方法的绕组特征值提取主要的步骤如下：

（1）对经过降噪处理的振动稳信号采用 db10 小波进行单尺度分解，得到信号的低频系数向量和高频系数向量。

（2）分别对低频系数向量和高频系数向量进行信号重构，得到非平稳信号的低频近似信号和高频细节信号。

（3）分别对低频近似系数和高频细节系数归一化并计算其各自能量，最后以能量谱为元素构造非平稳信号的特征向量。

小波基函数的选取会影响到最后信号的分析精度，小波包分解的层数与振动信号的时频分析精度直接有关。选择的分解层数少，则分析速度快，这对于高频带信号尤其明显，但频带分辨率低；选择的分解层数多，则分析速度慢，但频带分辨率高。针对之前对绕组不同状态下频域变化分析，变化频

段主要集中在 100～500Hz 之间，因此为了能够更准确的提取绕组状态特征，在这里选用了 Daubechies 小波系列的 db10 小波进行 3 层小波变换，选取 100～500Hz 频段的 5 个小波包能谱作为元素，组成能量分布特征向量 $\boldsymbol{T}$，则有 $T=[H_1,H_2,H_3,H_4,H_5]$。特征向量 $\boldsymbol{T}$ 的提取结果见表 4-8。变压器绕组在正常及故障下的小波包能量见图 4-10。

表 4-8　不同故障下振动特征值

绕组故障类型	特征向量				
	H_1	H_2	H_3	H_4	H_5
绕组正常状态	0.4760	0.1510	0.0451	0.0714	0.0287
	0.5315	0.1677	0.0463	0.0791	0.0249
低压辐向压缩、高压辐向拉伸	0.7052	0.1529	0.0338	0.0214	0.0174
	0.7066	0.1491	0.0325	0.0223	0.0175
低压轴向拉伸高压正常	0.7110	0.2053	0.0335	0.0523	0.0102
	0.7134	0.2016	0.0338	0.0515	0.0109
高压绕组叠套低压正常	0.7521	0.0928	0.0279	0.0344	0.0115
	0.7491	0.0895	0.0271	0.0330	0.0121

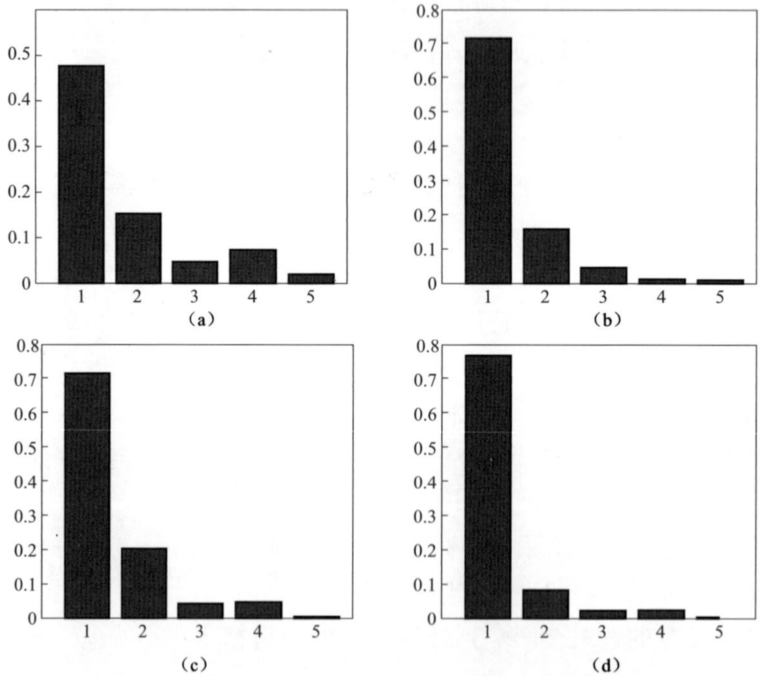

图 4-10　变压器绕组正常及故障下小波包能量

(a) 高低压绕组正常状态；(b) 低压辐向压缩、高压辐向拉伸；(c) 低压绕组轴向拉伸；(d) 高压绕组套叠通过表 4－8 和图 4－10 可以看出，第一频段能量最大，这也证明绕组振动主要集中在低频近似信号中，其他高频细节信号能量较小。无论正常状态还是故障状态，虽然每种状态所获得的信号数据各不相同，但通过小波包分解后获得的能量谱向量在每个频段的值都在一定的域内，即同一状态下每个节点特征熵参数在时域和频域内反映振动信号的变化是相似的。

绕组机械振动信号属于周期性时变信号，信号中除基频振动信息外还包含其他丰富的频域信息，绕组的工作状态及故障类型信息均能够通过绕组综合振动信息体现。从表 4－8 中可以看出，当绕组发生机械故障时，对应振动信号内部不同频域段下的小波包能量谱较正常状态下的特征值分布均会变化，不同故障下能量谱的变化各不相同，均有其自身的变化规律。

变压器在实际运行过程中，由于长时间运行会导致绕组内部发生低压辐向压缩/高压辐向拉伸、低压绕组轴向拉伸及高压绕组套叠故障，与正常状态下绕组振动信号小波包能量谱比较可以得出，绕组变形故障发生后，第一频段小波能量谱特征值 H_1 明显增加，第二至第四频段小波能量谱特征值 H_2～H_5 明显减小。而且低压辐向压缩/高压辐向拉伸、低压绕组轴向拉伸及高压绕组套叠三种故障振动信号对应的小波能量谱特征值分布各不相同。通过分析可以得出，当绕组发生不同类型机械故障时振动信号的小波包能量组成的特征向量会发生相应的改变，因此在诊断绕组机械状态时，可以提取 H_1～H_5 频域段内的振动信号能量分布变化作为振动特征参量来对变压器绕组对应状态及故障类型进行训练，采用一种有效地模式识别分类方法对绕组不同故障类型下特征值进行分类诊断。由于小波能量变换方法可以得到变压器绕组各个不同频段中的归一化能量分布特征值，该特征提取方法可以应用于模式识别的智能分类评估中，而且具有较好的泛化性。

5

电力变压器绕组机械状态多信息融合评估

电力变压器状态评估是状态检修的基础。对运行中的电力变压器健康状态进行有效地评估是当今国内外研究的热点问题之一，评估的关键是根据不同状态下特征数据的测试得到指标判据集，建立合理的状态评估模型，从而判断变压器绕组的运行状态。虽然国内外都积极开展了状态评估技术的研究，然而目前的变压器绕组机械状态评估方法多集中在定性评估和离线诊断，没有更细致地进行在线的定量评价，不利于状态检修工作的实施。

根据第 1～4 章的分析内容可知，当绕组机械状态发生改变时对应的振动及短路电抗均会发生相应变化。绕组不同机械状态下对两种特征量的影响度各不相同，当绕组发生压紧力松动故障时，对应的振动信号的振动分布特征变化较明显，而短路电抗几乎没有变化；当绕组发生严重变形故障时，短路电抗会显著变化；因此，本章在第 2～4 章研究的基础上，分别研究基于短路电抗参数辨识、盲源分离—CEEMD 能量熵值和支持向量机模式识别的绕组机械状态评估方法；研发变压器绕组机械状态在线诊断系统软件，并开展基于短路电抗参数辨识的 35kV 电力变压器绕组机械状态评估，基于小波能量变换—支持向量机模式识别的 35kV 电力变压器绕组变形故障类型分类障诊断，以及基于盲源分离—CEEMD 能量熵值的 220kV 电力变压器绕组松动和变形状态的在线评估与诊断验证。

5.1 电力变压器绕组机械状态评估方法基础

由前文的分析可知，短路电抗是反映绕组变形的重要指标，经多年的推广使用已形成了完善的定量标准，然而短路电抗无法反映绕组松动的潜伏性故障。振动信号可以反映绕组松动和变形的故障，但振动信号对松动和变形的状态变化过于敏感，容易受到噪声等因素影响，而且振动分析在电力变压器绕组机械状态诊断的应用中也需要电抗的定量辅助判据。因此，本书提出了电力变压器绕组机械状态多信息融合评估方法，多信息融合评估方法包括基于电抗在线参数辨识的绕组机械状态评估方法模块、基于盲源分离的绕组机械状态评估方法和基于支持向量机的绕组机械状态评估方法。在基于电抗在线参数辨识的绕组机械状态评估方法模块中，对电力变压器绕组的短路电抗进行在线参数辨识，计算短路电抗值，根据变压器型号、容量、电压等级参数与标准判据进行比对，如果短路电抗超过标准判据，则诊断为绕组变形故障；在基于盲源分离的绕组机械状态评估方法模块中，调取运行变压器的在线监测振动信号，进行盲源分离，得到绕组振动信号，采用第 4 章提出的经验模态变换方法提取振动信号的能量熵值，与变压器的历史数据库进行比对分析，分析结果可以诊断运行变压器是否发生绕组松动的状态；在基于支持向量机的绕组机械状态评估方法模块中，对于处于严重变形故障的变压器绕组，分离调取变压器绕组振动信号，采用小波能量变换提取归一化的振动信号能量分布特征向量，建立支持向量机分类器模型，根据历史数据构建的训练集进行分类器训练，再将归一化的振动信号小波能量分布特征向量输入训练好的支持向量机分类器模型中进行故障编码和模式识别，根据支持向量机分类器模型的输出结果可以诊断出绕组变形的故障类型。

5.1.1 基于电抗在线参数辨识的绕组机械状态评估方法

当变压器的线圈发生位移或短路时，漏磁场会发生严重变化，而漏磁场的变化是影响绕组漏感变化的直接因素，因此变压器的短路电抗将会发生变化。据此，便可以依据在变压器绕组发生故障前后短路电抗会发生变化的特性在线诊断绕组的故障。

变压器内部的电磁关系可以用变压器的等效电路进行反映，对于三相变压器，只需在每一相单独应用第 2 章提出的方法即可，首先以 Yy 连接的变压器为例，如图 5 - 1 所示。

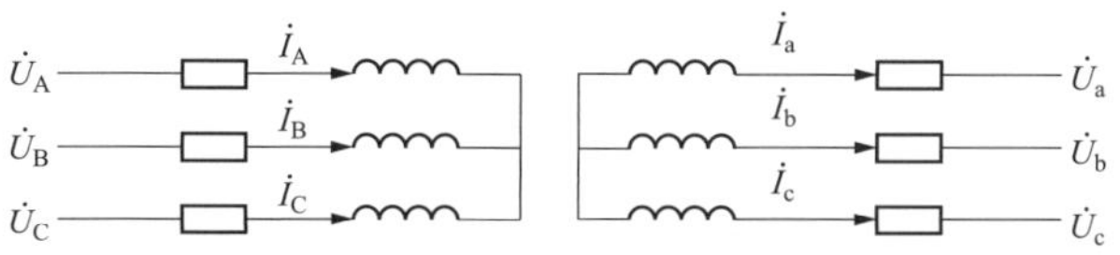

图 5 - 1 Yy 变压器接线图

在不同负载下，获取一、二次绕组侧的电压 $\dot{U}_{Ai}$、$\dot{U}_{Bi}$、$\dot{U}_{Ci}$、$\dot{U}_{ai}$、$\dot{U}_{bi}$、$\dot{U}_{ci}$ $(i=1,2)$ 以及一、二次绕组侧的电流 $\dot{I}_{Ai}$、$\dot{I}_{Bi}$、$\dot{I}_{Ci}$、$\dot{I}_{ai}$、$\dot{I}_{bi}$、$\dot{I}_{ci}$ $(i=1,2)$。

$$\frac{\dot{U}_{Ai}-k\dot{U}_{ai}}{\dot{I}_{Ai}}=m_{Ai}+jn_{Ai}\quad \frac{\dot{I}_{ai}}{k\dot{I}_{Ai}}=a_{Ai}+jb_{Ai}$$
$$\frac{\dot{U}_{Bi}-k\dot{U}_{bi}}{\dot{I}_{Bi}}=m_{Bi}+jn_{Bi}\quad \frac{\dot{I}_{bi}}{k\dot{I}_{Bi}}=a_{Bi}+jb_{Bi} \tag{5-1}$$
$$\frac{\dot{U}_{Ci}-k\dot{U}_{ci}}{\dot{I}_{Ci}}=m_{Ci}+jn_{Ci}\quad \frac{\dot{I}_{ci}}{k\dot{I}_{Ci}}=a_{Ci}+jb_{Ci}$$

由式（5－1）解出 m_{Ai}，n_{Ai}，a_{Ai}，b_{Ai}，m_{Bi}，n_{Bi}，a_{Bi}，b_{Bi}（$i=1,2$）和 m_{Ci}，n_{Ci}，a_{Ci}，b_{Ci}。则有

$$\begin{pmatrix}1 & 0 & a_{A1} & -b_{A1}\\ 0 & 1 & b_{A1} & a_{A1}\\ 1 & 0 & a_{A2} & -b_{A2}\\ 0 & 1 & b_{A2} & a_{A2}\end{pmatrix}\begin{pmatrix}R_A\\ X_A\\ R'_a\\ X'_a\end{pmatrix}=\begin{pmatrix}m_{A1}\\ n_{A1}\\ m_{A2}\\ n_{A2}\end{pmatrix}$$
$$\begin{pmatrix}1 & 0 & a_{B1} & -b_{B1}\\ 0 & 1 & b_{B1} & a_{B1}\\ 1 & 0 & a_{B2} & -b_{B2}\\ 0 & 1 & b_{B2} & a_{B2}\end{pmatrix}\begin{pmatrix}R_B\\ X_B\\ R'_b\\ X'_b\end{pmatrix}=\begin{pmatrix}m_{B1}\\ n_{B1}\\ m_{B2}\\ n_{B2}\end{pmatrix} \tag{5-2}$$
$$\begin{pmatrix}1 & 0 & a_{C1} & -b_{C1}\\ 0 & 1 & b_{C1} & a_{C1}\\ 1 & 0 & a_{C2} & -b_{C2}\\ 0 & 1 & b_{C2} & a_{C2}\end{pmatrix}\begin{pmatrix}R_C\\ X_C\\ R'_c\\ X'_c\end{pmatrix}=\begin{pmatrix}m_{C1}\\ n_{C1}\\ m_{C2}\\ n_{C2}\end{pmatrix}$$

其中，$R_A+jX_A=Z_A$ 为 A 相一次侧绕组阻抗；$R'_a+jX'_a=Z'_a$ 为 A 相二次侧绕组阻抗在一次侧的归算值。同理，$R_B+jX_B=Z_B$，$R'_b+jX'_b=Z'_b$ 为 B 相一、二次侧绕组阻抗值；$R_C+jX_C=Z_C$，$R'_c+jX'_c=Z'_c$ 为 C 相一、二次侧绕组阻抗值。

根据式（5－2）可唯一的解出，R_A、X_A、R'_a、X'_a，R_B、X_B、R'_b、X'_b 及 R_C、X_C、R'_c、X'_c。进而求得各相绕组的短路电抗

$$\begin{cases}\text{A 相}:X_{Ak}=X_A+X'_a\\ \text{B 相}:X_{Bk}=X_B+X'_b\\ \text{C 相}:X_{Ak}=X_C+X'_c\end{cases} \tag{5-3}$$

而对于星三角连接形式的变压器，由于变压器三角形连接侧的相电流不可以对其进行直接测量，因此需要进行相电流和线电流的转化，如式（5－4）。再运用上述算法，即可求出每相绕组的短路电抗。以 Dyn11 连接形式的变压器为例进行说明，如图 5－2 所示。

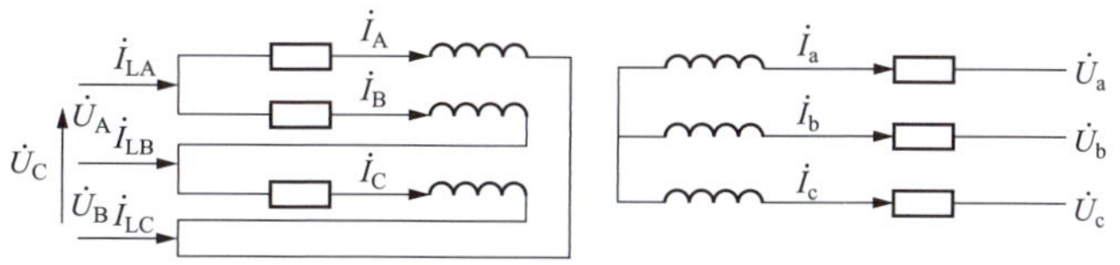

图 5－2　Dyn11 变压器接线图

图 5－2 中 $\dot{I}_{LA}$ 、$\dot{I}_{LB}$ 、$\dot{I}_{LC}$ 为线电流，相电流可通过式（5－4）计算

$$\begin{cases} \dot{I}_A = \dfrac{\dot{I}_{LA}}{\sqrt{3}} \angle 30^\circ \\ \dot{I}_B = \dfrac{\dot{I}_{LB}}{\sqrt{3}} \angle 30^\circ \\ \dot{I}_C = \dfrac{\dot{I}_{LC}}{\sqrt{3}} \angle 30^\circ \end{cases} \tag{5-4}$$

5.1.2　基于盲源分离的绕组机械状态评估方法

由第 4 章的分析可知，如果可以获取单独的绕组振动信号即可对其进行绕组变形的振动法检测。然而，运行变压器监测到的振动信号是铁芯和绕组振动的叠加信号，而且变压器绕组振动信号与铁芯振动信号的叠加是非线性的同频振动的叠加，物理过程复杂。使用传统的信号滤波方法不能有效分离铁芯与绕组的振动信号。因此本文引入盲源分离算法对变压器振动信号进行分离与分析，并通过仿真与试验数据进行了分离结果的验证。

独立分量分析（ICA）盲源分离算法的目的是：假设源信号在相互统计独立的前提下，从若干的混合线性组成的观测信号，通过线性变换将源信号分离出来。假设源信号为 $\boldsymbol{S}(t)$ ，观测到的混合信号 $\boldsymbol{X}(t)$ ，则

$$\boldsymbol{X}(t) = \boldsymbol{AS}(t) \tag{5-5}$$

$$\boldsymbol{S}'(t) = \boldsymbol{WX}(t) = \boldsymbol{GS}(t) \tag{5-6}$$

式中：$\boldsymbol{W}$ 为分离矩阵；$\boldsymbol{G}$ 为全局矩阵，$\boldsymbol{G} = \boldsymbol{WA}$ ；$\boldsymbol{S}'(t)$ 为最终的分离信号，具有源信号 $\boldsymbol{S}(t)$ 相等的广义形式。

目前常见的盲源分离方法为快速独立分量分析（fastICA）算法，步骤如下：

（1）使用预白化处理混合信号 $\boldsymbol{X}$，使其达到

$$E(\boldsymbol{XX}^{\mathrm{T}}) = \boldsymbol{I} \tag{5-7}$$

（2）设定分离矩阵第 p 行，即 w_p 的初始估计 $w_p(\boldsymbol{I})$ ，使其满足

$$\| w_p(1) \| = 1 \tag{5-8}$$

（3）通过递推公式对 w_p 进行进一步估计，递推公式为

$$w_i(k+1)=w_i(k)E\{Xg'[w_i(k)^{\mathrm{T}}X]\}-E\{Xg[w_i(k)^{\mathrm{T}}X]\} \tag{5-9}$$

式中：g 为一个二阶以上函数；g' 为 g 的一次导数。

g 通常为

$$g(u)=u^3 \tag{5-10}$$

（4）递推所得到的 $w_p(k+1)$ 进行正交化、归一化处理

$$w_i(k+1)=w_i(k)-\sum_{i=1}^{p}[w_i(k+1)^Tw_i(k)]w_i(k) \tag{5-11}$$

$$w_i(k+1)=\frac{w_i(k+1)}{[\|w_i(k+1)\|]} \tag{5-12}$$

（5）比较 $w_i(k+1)$ 和 $w_i(k)$，若其两者相等，则停止计算，$w_i(k+1)$ 是最终所求的 $w_i(k)$。若其两者不相等，重复（3）和（4）步骤。

本文所研究的挂网运行变压器绕组和铁芯振动信号特征，在基频 100Hz 处和基频整数倍的高频处不是统计独立的，并不能够满足 ICA 算法的前提假设，因此 fastICA 算法的分离效果并不能让人十分满意。对于这个问题，近些年学者提出了各种分离相关信号的各种方法，其中包括子空间独立分量分析（SDICA）算法。

SDICA 算法是基于源信号 $\boldsymbol{S}(t)$ 由多个子空间 $\boldsymbol{S}_i(t)$ 构成 $(i=1,2,3,\cdots,L)$，即

$$\boldsymbol{S}(t)=\sum_{i=1}^{L}\boldsymbol{S}_i(t) \tag{5-13}$$

若 $\boldsymbol{S}_i(t)$ 各源信号之间大部分是相互统计独立的假设源信号 $\boldsymbol{S}(t)$ 存在的独立子空间为 $\boldsymbol{S}_n(t)$（$1\leqslant n\leqslant L$），根据 ICA 算法

$$\boldsymbol{X}_n(t)=\boldsymbol{AS}_n(t) \tag{5-14}$$

式中：$\boldsymbol{X}_n(t)$ 为源信号中的独立子空间。如此，如果找到 $\boldsymbol{X}_n(t)$，通过

$$\boldsymbol{S}'_n(t)=\boldsymbol{WX}_n(t) \tag{5-15}$$

式中：$\boldsymbol{S}'_n(t)$ 为分离结果中的独立子空间。$\boldsymbol{W}$ 为分离矩阵。

为了找到 $\boldsymbol{X}_n(t)$，引入线性函数 $\boldsymbol{T}_n$

$$\boldsymbol{S}_n(t)=\boldsymbol{T}_n[\boldsymbol{S}_n(t)] \tag{5-16}$$

$$\boldsymbol{X}_n(t)=\boldsymbol{T}_n[\boldsymbol{X}_n(t)]=\boldsymbol{T}_n[\boldsymbol{AS}(t)]=\boldsymbol{AT}_n[\boldsymbol{S}(t)]=\boldsymbol{A}[\boldsymbol{S}_n(t)] \tag{5-17}$$

式中：$\boldsymbol{T}_n$ 为线性算子，即对 $\boldsymbol{X}_n(t)$ 进行线性变换。

由式（5-17）可知，$\boldsymbol{X}_n(t)$ 就是要得到经过混合信号混合后的独立子空间。由此，可以通过先求 $\boldsymbol{X}_n(t)$，再对其进行 fastICA 计算，最终求得分离矩阵 $\boldsymbol{W}$。

由于求取独立子空间分离方法众多，如一种基于相互信息的自适应滤波器，但是计算过程比较繁琐；也有更加独立的基于信号先验知识判断信号高

频部分的高通滤波器，但并不能对所有信号都适用。由于小波包分解法具有计算简便、应用较为广泛的优点，因此本文选取该方法作为独立子空间分离方法。

互信息（mutual information，MI）是用来度量随机变量之间独立的基本准则，本文选取互信息作为选取独立子空间的标准，其定义如下

$$
\begin{aligned}
MI_{(y_1,y_2,y_3,\cdots,y_N)} \approx & \frac{1}{4}\sum_{1\leqslant i\leqslant j\leqslant N} cum^2(y_i,y_j)+ \\
& \frac{1}{12}\sum_{1\leqslant i\leqslant j\leqslant N}[cum^2(y_i,y_i,y_j)+cum^2(y_i,y_j,y_j)]+ \\
& \frac{1}{48}\sum_{1\leqslant i\leqslant j\leqslant N}[cum^2(y_i,y_i,y_j,y_j)+cum^2(y_i,y_i,y_j,y_j)+ \\
& cum^2(y_i,y_j,y_j,y_j)]
\end{aligned}
\tag{5-18}
$$

式中：$cum()$ 表示信号的高阶统计量。

由于本文只选取两路混合信号进行分离，因此信号的高阶统计量为二阶统计量。由于源信号的未知性，对其进行盲源分离都会使分离结果出现幅值大小和信号源顺序的混乱，由于本文所述的盲源分离方法是为了应用于变压器振动信号，根据前文分析绕组和铁芯的振动信号特性，因此可以直接识别出绕组和铁芯信号。

本文所采用的 SDICA 盲源分离算法分为以下几个步骤：

（1）小波包分解法对信号进行分解，将信号分成多个频段。

（2）计算小波包分解后的信号各个频段子空间，求取 MI 值。选出 MI 值最小的一个或者几个子空间，即为统计独立的子空间，并这几个频段子空间重构。

（3）运用 fastICA 算法将重构的信号分解并且计算得到分离矩阵 W。

（4）分离所得的源信号 $S'(t)$ 为混合信号 $S(t)$ 左边乘 fastICA 分解计算得到的分离矩阵 W。

为了验证 SDICA 算法的有效性，选取变压器绕组和铁芯的振动特性为仿真信号，并将各组仿真信号进行随机混合，以此为研究对象，采用 SDICA 算法对各组混合后的仿真信号进行分离。由于源信号和混合参数都是已知的，故本文中选取波形相似系数来检验估计信号与源信号的相似程度，作为信号分析效果检验标准。

两列长度为 M 的信号波形相似系数定义为

$$
\lambda_{ij}=\lambda(y_i,s_j)=\frac{\sum_{t=1}^{M}|y_i(t)s_j(t)|}{\sqrt{\sum_{t=1}^{M}y_i^2(t)\sum_{t=1}^{K}s_j^2(t)}}
\tag{5-19}
$$

式中：y_i 为分离信号；s_j 为源信号；λ_{ij} 表示信号 y_i 与 s_j 之间的相似关系，其中 $0 \leqslant \lambda \leqslant 1$。

当通过算法分离后的信号与源信号接近时，λ 接近于 1，当通过算法分离后的信号与源信号相互独立时，λ 接近于 0。可以通过 λ 的值来判断两个信号之间的相似性。

将 λ_{ij} 组成相似系数矩阵 $\boldsymbol{M}$

$$\boldsymbol{M} = [\lambda_{ij}] \tag{5-20}$$

根据变压器空、负载试验数据分析变压器绕组和铁芯的振动特性，建立绕组和铁芯振动的数学模型，如式（5-21）和式（5-22）所示。式（5-22）考虑到硅钢片磁致伸缩效应等非线性因素，包含基频 100Hz 整数倍的高次谐波分量。

$$a_w = \left[\sum_h i_h \cos(2\pi hft + \varphi_{wh})\right]^2 \tag{5-21}$$

$$a_c = \left[\sum_h u_h \cos(2\pi hft + \varphi_{ch})\right]^2 + \sum_l u_l \cos(2\pi hft + \theta_l) \tag{5-22}$$

式中：a_w 为绕组的振动加速度；a_c 为铁芯的振动加速度；i_h 为 h 次谐波的电流有效值；u_h 、u_l 分别为 h 、l 次谐波的电压有效值；φ 和 θ 为初始相角。变压器绕组和铁芯模拟信号如图 5-3 所示。

模拟信号波形 s2 和 s1 均与 220kV 试验变压器空、负载振动信号时域频域振动波形类似。随机的设定 4 组混合矩阵，将源信号进行混合得到混合信号。以 A_3 为例，混合后的信号波形如图 5-4 所示。

$$A_1 = \begin{pmatrix} 2 & 5 \\ 1 & 4 \end{pmatrix} \quad A_2 = \begin{pmatrix} 7 & 8 \\ 5 & 6 \end{pmatrix} \quad A_3 = \begin{pmatrix} 5 & 6 \\ 3 & 2 \end{pmatrix} \quad A_4 = \begin{pmatrix} 7 & 2 \\ -8 & 5 \end{pmatrix}$$

由图 5-4 可以看到，第 1 路振动信号和第 2 路信号振动号不仅时域波形相似，频域分布也十分相似，仅仅幅值大小不同。如果变压器油箱表面振动信号为此类信号，将无法分析铁芯和绕组的具体运行状态。

针对上述情况，本文采用传统的 fastICA 算法对混合信号进行分离，分离后结果如图 5-5 所示。

可以看出，采用 fastICA 算法一定程度上恢复了原始信号波形，且 fastICA 分离后的 2 路信号与源信号的幅值有较大差别，这是由盲源分离的不确定性造成的，也是以后需要进行改进的地方，为直观观察波形，计算波形系数得到系数矩阵 $\boldsymbol{M}$。

$$\boldsymbol{M} = \begin{pmatrix} 0.7852 & 0.7443 \\ 0.5964 & 0.8306 \end{pmatrix}$$

由结果可以看出，相似系数抵消了分离后的结果在幅值尺度上存在的差

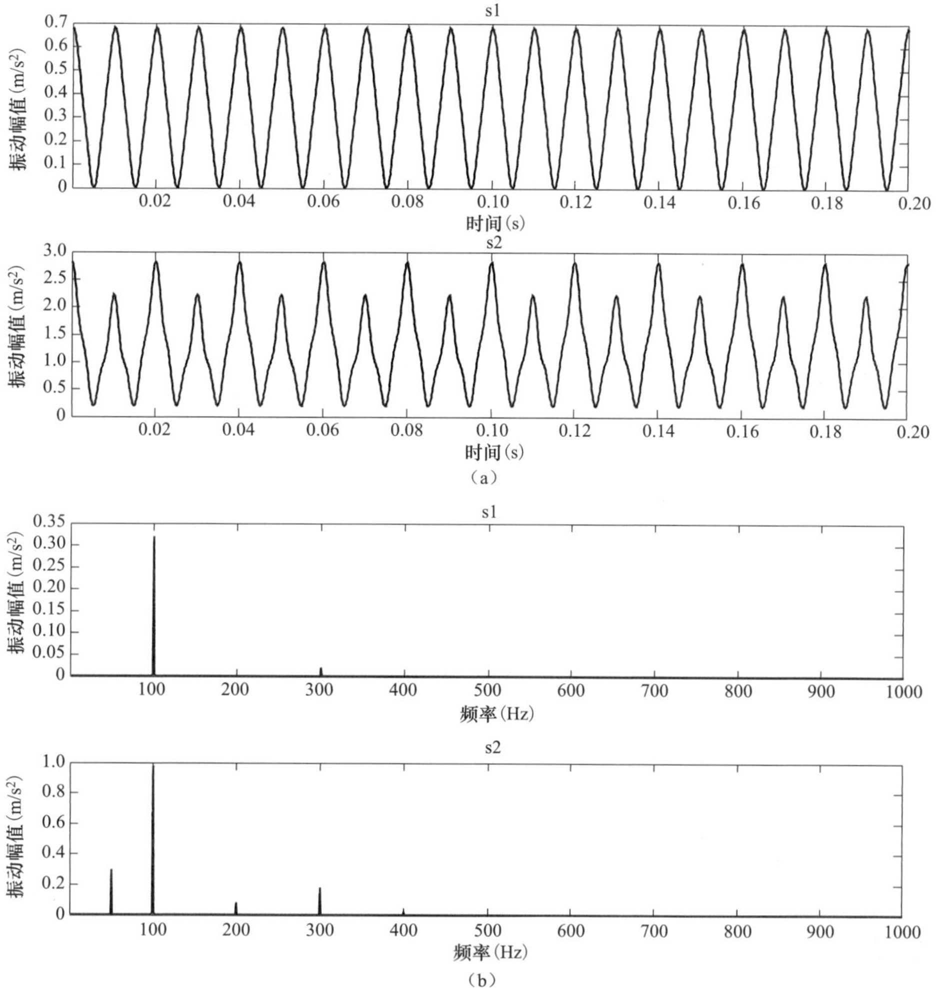

图 5-3　模拟信号（s1 为绕组振动信号，s2 为铁芯振动信号）

(a) 时域图；(b) 频域图

异，避免了幅值尺度不同造成的影响。y1 和 s1 相似系数为 0.7852，y2 和 s2 的相似系数为 0.8306，结果表明算法在一定程度上恢复了源信号，但是如果将算法应于挂网运行变压器铁芯和绕组振动信号分离，必然会造成较大的误差，对在线监测变压器绕组状态以及绕组故障诊断造成误判。因此为了消除误差，采用 SDICA 算法进行混合信号分离，具体步骤如下：

选取 db10 作为小波基，对混合信号进行小波包分解，得到各个频段子空间计算互信息最小 *MI* 值如图 5-6 所示。

对图 5-6 中的数据进行倒数计算，*MI* 值最大的子空间就是统计独立的子空间。如下

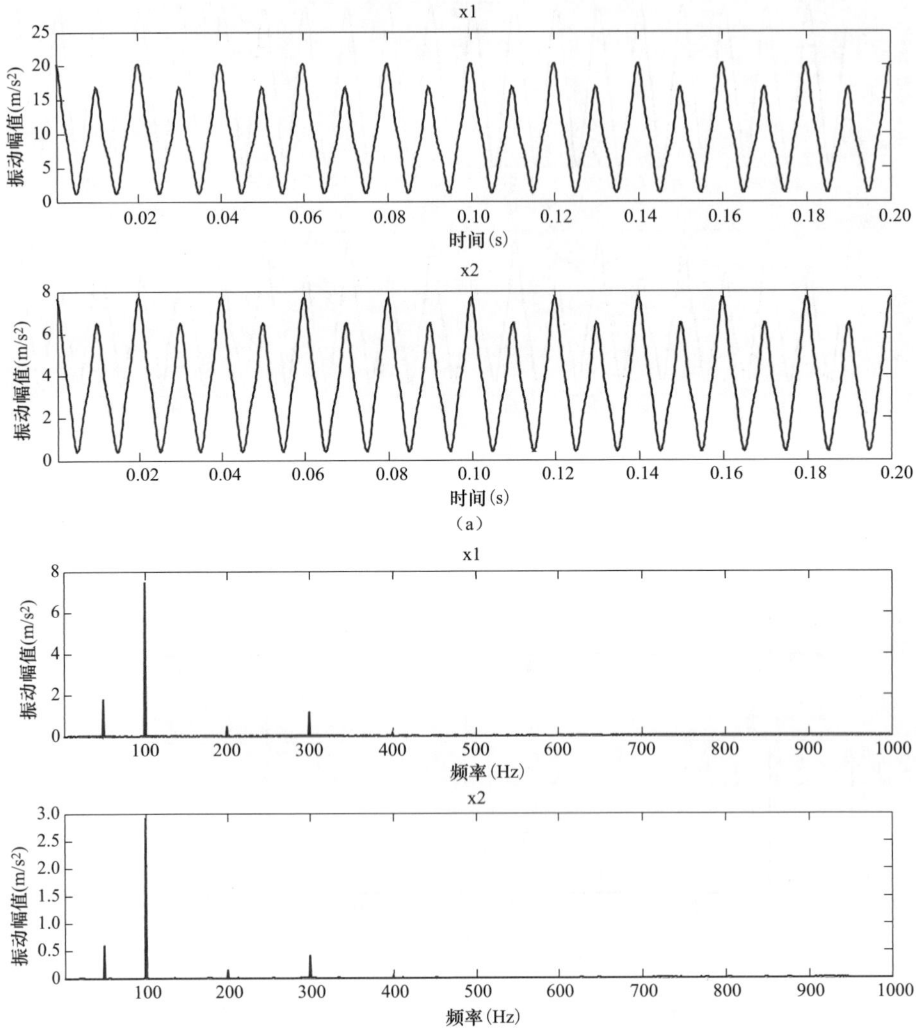

图 5－4　混合信号（x1 为第 1 路振动信号，x2 为第 2 路振动信号）

（a）时域图；（b）频域图

$$MI' = \frac{1}{MI} \tag{5-23}$$

因此选取第 2、6、9 这三个频段子空间作为统计独立子空间进行重构，将重构信号进行 fastICA 进行分离，计算所得分离矩阵 $\boldsymbol{W}=\begin{pmatrix} 0.053 & -0.1461 \\ -0.061 & 0.3125 \end{pmatrix}$，左乘混合信号 $X(t)$ 得到分离后的结果如图 5－7 和图5－8所示。

从图 5－7 和图 5－8 可以看出，SDICA 分离后的恢复信号时域图和频域

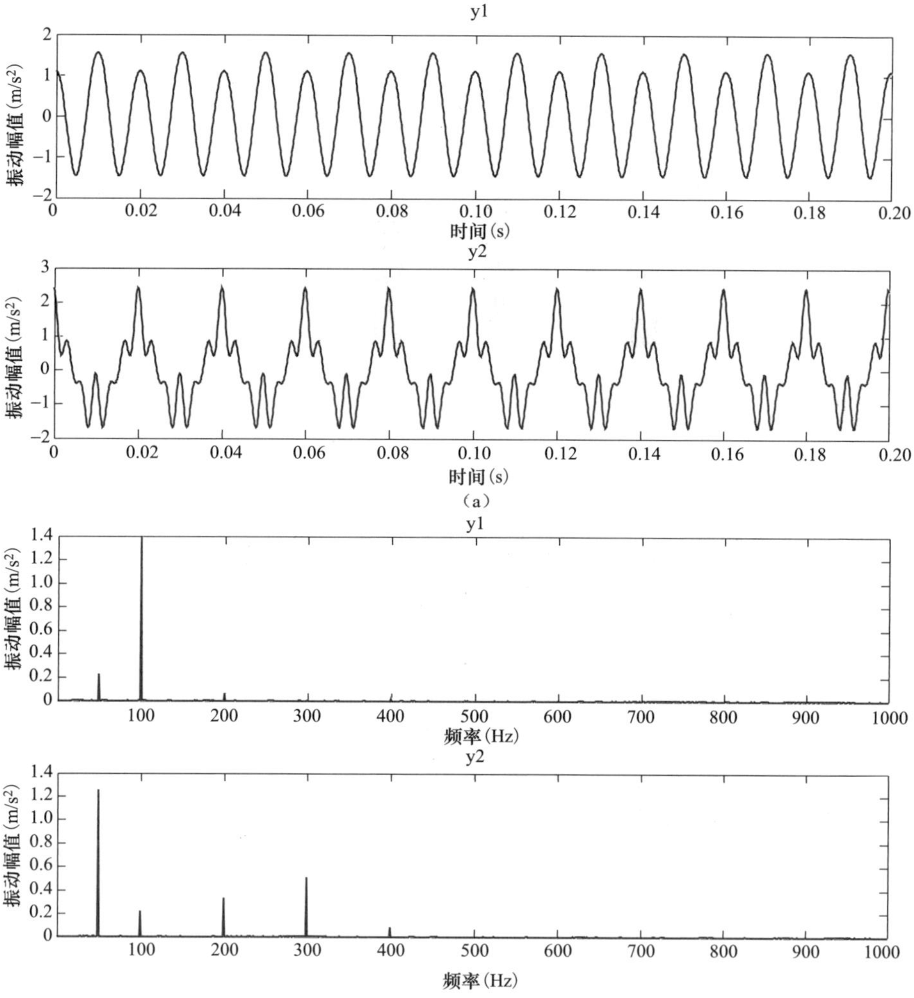

图 5－5　fastICA 分离结果（y1 为分离后的绕组振动信号，y2 为分离后的铁芯振动信号）

(a) 时域信号；(b) 频域信号

图均与模拟信号相似，计算波形相似系数得到系数矩阵 $\boldsymbol{M}$

$$\boldsymbol{M}=\begin{pmatrix}0.9981 & 0.6831\\0.6964 & 0.9986\end{pmatrix}$$

y1 和 s1 的相似系数为 0.9981，y2 和 s2 的相似系数 0.9986，结果说明 SDICA 算法分离效果理想，有效地将源信号从混合信号中分离出来。另外，y1 和 s2，y2 和 s1 的相似系数分别为 0.6964 和 0.6831。说明了本算法针对变压器绕组和铁芯模拟振动信号的分离结果具有较好的可靠性和可重复性。在盲源分离的基础上，通过采用第 4 章提到的振动特征提取方法，可以实现对

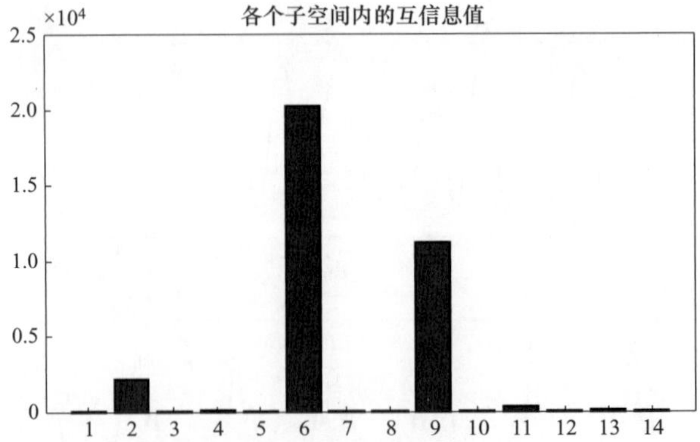

图 5-6　混合信号各频段子空间的 MI' 值

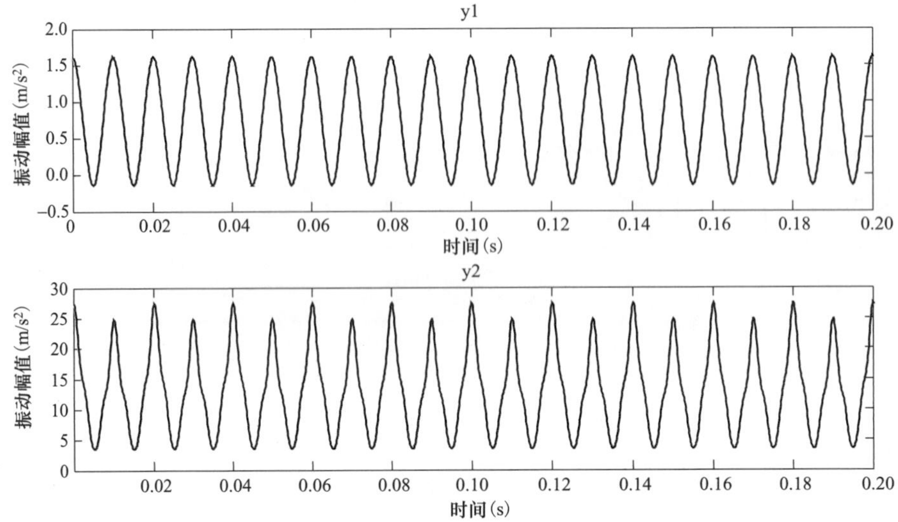

图 5-7　SDICA 分离结果恢复信号时域图（y1 为分离后的绕组振动信号，y2 为分离后的铁芯振动信号）

运行变压器绕组振动信号特征值的分离提取与状态评估。

本小节针对运行变压器油箱壁的振动信号，研究独立分量分析的盲源分离方法分离铁芯和绕组振动信号。通过对振动信号源的仿真分离可知，由于挂网运行变压器绕组和铁芯振动信号特征，在基频 100Hz 处和基频整数倍的高频处不是统计独立的，并不能够满足 ICA 算法的前提假设，fastICA 独立分量盲源分离算法的分离效果并不能让人十分满意。研究了子空间独立分量分析（SDICA）方法，对理论得到的仿真信号进行验证，然后，运用 SDICA 算法对实际运行变压器振动信号进行分解，成功分离绕组和铁芯信号，提出子空间独立分量分析算法并进行仿真验证与试验。试验结果表明基于子空间

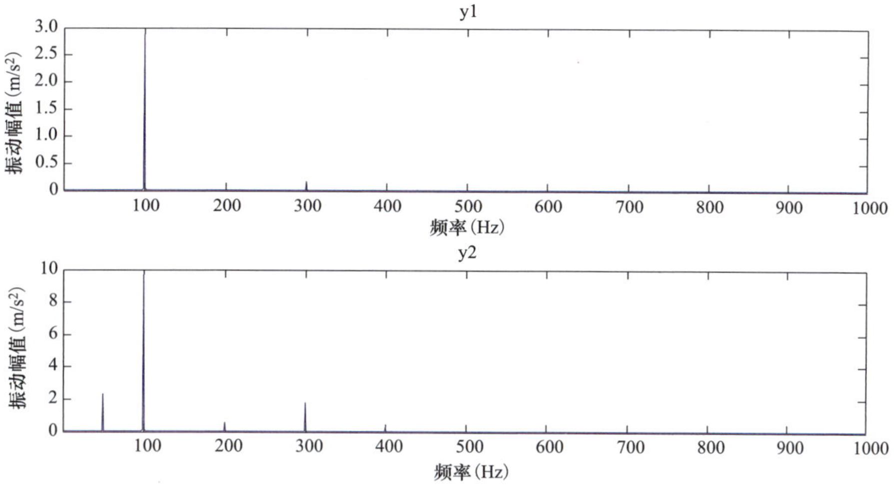

图 5-8　SDICA 分离结果恢复信号频域图（y1 为分离后的绕组振动信号，y2 为分离后的铁芯振动信号）

独立分量分析（SDICA）的独立分量信源分离算法可以高度还原源信号的振动特征，并且其分离结果具有可重复性和唯一性。

5.1.3　基于支持向量机的绕组机械状态评估方法

（1）支持向量机原理。支持向量机（ Support Vector Machine，SVM）是 Cortes 和 Vapnik 于 1995 年首先提出的，是一种用于模式识别的方法，也是数据挖掘中的一种新方法、新技术，借助于最优化方法解决机器学习问题的新工具，能成功地处理回归问题（时间序列分析）和模式识别（分类问题、判别分析）等诸多问题。支持向量机是建立在统计学习理论的 VC 维理论和结构风险最小原理基础上的，根据有限的样本信息在模型的复杂性（即对特定训练样本的学习精度，Accuracy）和学习能力之间寻求最佳折中，以期获得最好的推广能力。因此，它在解决小样本、非线性及高维模式识别中表现出许多特有的优势，并能够推广应用到函数拟合等其他机器学习问题中。

SVM 以结构风险最小化为原则，有效地解决了“维数灾难”“过学习”“欠学习”等问题，在小样本、非线性以及高维模式等领域中表现出极强的优势。随着国内外大批专家学者对 SVM 进行深入的研究，其应用领域不断延伸，在密度估计、回归预测等方面显现的重要性越来越明显。支持向量机预测模型对预测的未来样本有较好的泛化能力，其泛化能力要优于传统神经网络模型和模糊算法模型。

目前，SVM 应用于实际问题也存在着一些困难和障碍，如：

1）输入特征无法准确选择。输入特征选择太少，则无法全面表征问题，得不到良好的训练效果；如果输入特征选择太多，相当于引入了与稳定无关的噪声，也得不到好的学习性能。因此，如何找到能表征问题的最少特征量是需要解决的实际问题之一。

2）SVM 的核函数及其参数选择至今无通用方法，所以对于特定的问题，如何选择合适的核函数及参数也需要研究。

3）SVM 的物理意义尚不明确，因此在实际应用中如何加入先验知识成为一个难题。

支持向量机是在线性分类器的基础上，通过引入结构风险最小化原则、最优化理论和核函数演化而成的。其分类原理可概括为：寻找一个分类超平面，使得训练样本中的两类样本点能被分开，并且距离该平面尽可能地远；而对线性不可分的问题，通过核函数将低维输入空间的数据映射到高维空间，从而将原低维空间的线性不可分问题转化为高维空间上的线性可分问题。原始的 SVM 的分类理论主要用来处理两类分类问题，而多分类问题最终都可以归结为两类别的分类问题。这个问题的目标就是从已知样本中推出一个函数，对两类对象进行分类。

支持向量机分类基本思想就是要找到一条最优分类线，要求分类线不但能将两类样本正确分开（训练错误率为 0），而且使分类间隔最大，如图 5-9 所示，图 5-9 中圆点和叉点分别表示两类训练样本，H 为将两类样本完全无误分开的分类线，H_1、H_2分别为通过样本中离分类线最近的样本且平行于分类线的直线，它们之间的间隔为分类间隔，上面的样本点就是支持向量。

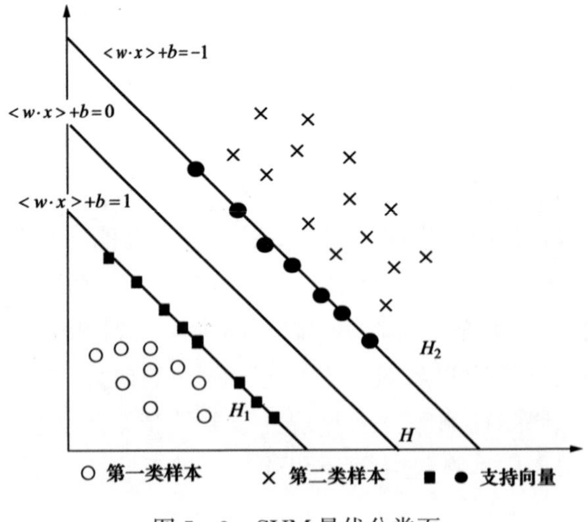

图 5-9　SVM 最优分类面

其中分类面为 H：$g(x) = \langle w \cdot x \rangle + b = 0$；$H_1$：$g(x) = \langle w \cdot x \rangle + b = -1$；$H_2$：$g(x) = \langle w \cdot x \rangle + b = 1$，$w$ 为分类面的法向量；b 为阈值。H_1、H_2 到 H 的距离为 $\delta = \frac{1}{\| w \|} | g(x) |$，此时分类间隔为 $\frac{2}{\| w \|} | g(x) |$，所求的最优分类线即为寻找 $\| w \|$ 的最小值，等价于寻找 $\| w \|^2$ 的最小值，所以满足 $g(x) = \langle w \cdot x \rangle + b \geqslant 0$ 且 $\frac{1}{2} \| w \|^2$ 最小的分类面就叫作最优分类面。利用拉格朗日优化法可以把上述最优分类面问题转化成其对偶问题，即在约束条件 $\sum_{i=1}^{n} y_i \alpha_i = 0$ 和 $\alpha_i \geqslant 0 (i = 1, \cdots, n)$，对 α 求解下列函数的最大值

$$Q(\alpha) = \sum_{i=1}^{n} \alpha_i - \frac{1}{2} \sum_{i,j=1}^{n} \alpha_i \alpha_j y_i y_j (x_i x_j) \tag{5-24}$$

α 为每个样本对应的拉格朗日乘子，求解对应的样本就是支持向量，从而得到分类函数

$$f(x) = \operatorname{sgn}\{(\omega^* \cdot x) + b^*\} = \operatorname{sgn}\left\{\sum_{i=1}^{n} \alpha_i{}^* y_i (x_i \cdot x) + b^*\right\} \tag{5-25}$$

（2）核函数选取及分类器模型。SVM 性能的优劣主要取决于模型选择，在模型选择中主要涉及核函数的选取。不同的核函数以及参数会对 SVM 回归的性能有着重要的影响。核函数的定义根据泛函的有关理论，只要一种函数满足 Mercer 条件，它就对应某一变换空间的内积。

Mercer 定理：如果函数 K 是 $Rn \times Rn \rightarrow R$ 上的映射（也就是从两个 n 维向量映射到实数域），那么 K 是一个有效核函数（也称为 *Mercer* 核函数）当且仅当对于训练样例 $\{X_1, X_2, \cdots, X_N\}$，其相应的核函数矩阵是对称半正定的。

常用的核函数有：

1）线性核函数 $K(x_i, x_j) = (x_i \cdot x_j)$。

2）齐次多项式核函数 $K(x_i, x_j) = [(x_i \cdot x_j)]^{\mathrm{d}}$。

非齐次多项式核函数 $K(x_i, x_j) = [(x_i \cdot x_j) + c]^{\mathrm{d}}$。

3）高斯径向核函数 $K(x_i, x_j) = \exp(-\| x_i - x_j \|^2 / 2\sigma^2)$，其中 s 为宽度参数。

4）指数径向基核函数 $K(x_i, x_j) = \exp(-\| x_i - x_j \| / 2\sigma^2)$，其中 s 为宽度参数。

5）*sigmoid* 核函数 $K(x_i, x_j) = \tanh(b \langle x_i - x_j \rangle \theta)$，其中参数 b 为比例因子；q 为偏移因子。

6）样条核函数 $K(x_i,x_j)=1+<x_i\cdot x_j>+\frac{1}{2}<x_i\cdot x_j>\min(x_i,x_j)-\frac{1}{6}\min(x_i,x_j)^3$ 。

另外还有 *Fourier* 序列核函数、*B* 样条核函数等。在这些核函数中，多项式核函数、高斯径向基核函数和 *sigmoid* 核函数应用的最多。

核函数及其相关参数的选取目前主要是基于数据独立的选取方法和基于数据依赖的选取方法。基于数据独立的选取方法是利用问题的先验信息而不考虑统计信息来进行选取，而基于数据依赖的方法则是利用先验数据，在SVM 训练之前首先优化核及其相关参数。数据独立选取方法带有一定的经验性与随机性，目前利用先验数据进行核函数参数选取是一个主要的发展方向，也是科研工作者所关注的焦点。基于先验数据的核函数参数优化方法还没有形成统一的模式，每一种参数优化方法都会随着样本信息的不同而具有自己的使用范围与局限性。

在选取核函数解决实际问题时，通常采用的方法有：一是利用专家的先验知识预先选定核函数；二是采用 Cross - Validation 方法，即在进行核函数选取时，分别试用不同的核函数，归纳误差最小的核函数就是最好的核函数，同时核函数的参数也用同样的方法进行选定；三是采用由 Smits 等人提出的混合核函数方法，该方法较之前两者是目前选取核函数的主流方法，也是关于如何构造核函数的又一开创性的工作。将不同的核函数结合起来后会有更好的特性，这是混合核函数方法的基本思想。SVM 的参数选择问题，其实质就是一个优化问题。

在确定了核函数的类型后，需要进一步确定模型中的参数。SVM 最佳参数选择目前没有十分好的方法，一般可通过交叉试验进行求解，但这种方法相当费时。在实践中也可以采用网格搜索的方法来确定参数，即分别给定参数的最大值和最小值，采用一定的步长得到参数的对应序列或者直接给出参数的取值数列，然后交叉组合各序列中的参数进行分类器的训练，并用一定的测试样本对得到的分类器进行验证，将分类效果最好的分类器对应的一组参数作为最后的参数。

对于非线性分类问题，引入核函数 $K(x,y)$ ，将原来的输入空间中的非线性划分问题转变成高维特征空间中的线性划分问题。则最优分类面转化为

$$Q(\alpha)=\sum_{i=1}^{n}\alpha_i-\frac{1}{2}\sum_{i,j=1}^{n}\alpha_i\alpha_j y_i y_j K(x_i,x_j) \tag{5-26}$$

而最优分类函数则变为

$$f(x)=\operatorname{sgn}\{(\omega^{*}\cdot x)+b^{*}\}=\operatorname{sgn}\left\{\sum_{i=1}^{n}\alpha_i{}^{*}y_iK(x_i,x)+b^{*}\right\} \tag{5-27}$$

基于多分类支持向量机的诊断是将各单个诊断模型对某一训练样本的诊断结果及原始数据作为 SVM 的输入样本，而将该训练样本的实际故障类型作为该条样本的输出值，也就是 SVM 应得到的输出值。通过对大量样本的学习，训练 SVM 的相关参数，达到正确诊断的目的。研究表明，对于那些事先不知道关于数据任何背景的问题来说，RBF 核函数的优势明显，因此，本文选择 RBF 核函数作为相应的核函数，使用网格搜索或交叉验证等方法来获得对应的参数。对于 RBF 核函数，本文主要对惩罚因子 c 和 RBF 核函数参数进行交叉验证方法寻优。

RBF 核函数为

$$K(x_i,x_j)=\exp(-\|x_i-x_j\|^2/2\sigma^2)K(x_i,x_j)=\exp(-\|x_i-x_j\|^2/2\sigma^2) \tag{5-28}$$

设 $\gamma\frac{1}{2\sigma^2}$，那么最优化问题就转换为最小化问题

$$\min_{a_i}\frac{1}{2}\sum_{i=1}^{n}\sum_{j=1}^{n}y_iy_ja_ia_j\exp(-\gamma\|x_i-x_j\|)^2-\sum_{i=1}^{n}a_i$$

$$\min_{a_i}\frac{1}{2}\sum_{i=1}^{n}\sum_{j=1}^{n}y_iy_ja_ia_j\exp(-\gamma\|X_i-X_j\|)^2-\sum_{i=1}^{n}a_i \tag{5-29}$$

其中

$$s.t.\ \sum_{i=1}^{n}y_ia_i=0,0\leqslant a_i\leqslant C$$
$$s.t.\ \sum_{i=1}^{n}y_ia_i=0,0\leqslant a_i\leqslant C \tag{5-30}$$

根据以上函数，采用一对多的多类支持向量机方法即将分类对象所有可能的类别按照一定顺序排列在表单中。其主要思想是联合若干两类分类器组成一个多类分类器。对于 N 类分类问题，该方法需要构造 N 个两类分类的子分类器 SVM。其中，第 i 个子分类器把第 i 个类别的所有样本标记为一类，其他所有类别的样本标记为另一类。N 个 SVM 分类器中输出值最大对应的那个类别判断为待识别样本所属的类别。分类时，每次对表单中的首尾两个类别进行比较，并排除掉分类对象最不可能属于的类别，从而使表单中的类别数减少 1，依次类推那么当经过 $N-1$ 次排除之后表单中唯一剩下的一类就是该分类对象所属的类别。图 5-10 为基于 SVM 的一对多分类变压器绕组故障诊断模型。

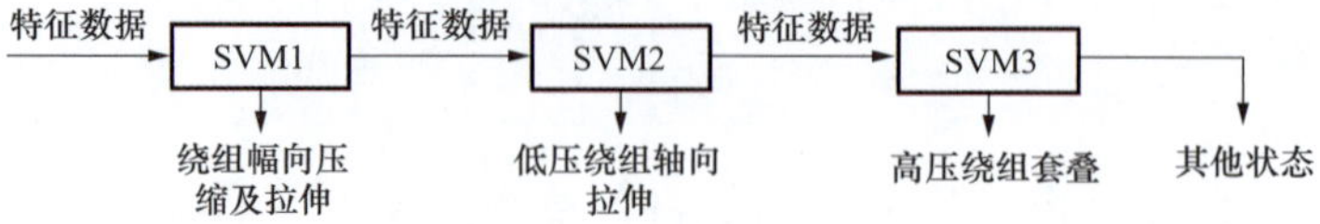

图 5－10　基于 SVM 的变压器绕组故障诊断模型

5.2　电力变压器绕组机械状态在线诊断系统

电力变压器绕组机械状态在线诊断系统功能模型如图 5－11 所示。电力变压器绕组机械状态在线诊断系统从功能上可以分为两级模块实现多信息融合评估的功能：第一级模块是设备级和数据级融合，主要进行设备校准、数据存储、判据关联、设备信息与数据关联等。通过第一级对数据的调取、存储和处理，建立设备运行数据库，结合设备参数数据库，将监测数据与运行设备对应的判据和经验数据进行关联，再将储存的监测数据输入到第二级模块中。第二级模块为特征级和评估级融合，进行绕组振动信号盲源分离、电抗和绕组振动特征值提取、短路电抗参数辨识评估、盲源分离—经验模态能量熵评估、小波能量—支持向量机故障分类、融合决策等，根据第二级模块的输出结果可以得到电力变压器绕组的机械状态。

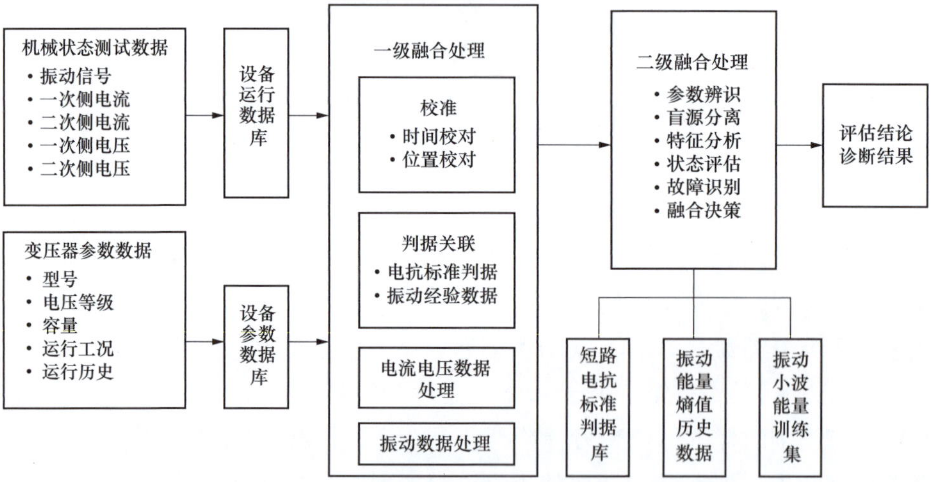

图 5－11　电力变压器绕组机械状态在线诊断系统功能模型

电力变压器绕组机械状态在线诊断系统从结构上分，主要包括电力变压器绕组数据采集系统和电力变压器绕组故障诊断系统，基于电力变压器绕组的振动及电抗信息，从信号采集、数据存储、数据分析、故障诊断角度出发，实现变压器绕组故障情况、相别的准确判断。电力变压器绕组故障诊断系统的研发有效地弥补当前变压器绕组故障诊断上诊断信号离线化，无法实现在线诊断的不足，保证电力变压器在线故障诊断的准确性及实时性。

5.2.1 电力变压器绕组数据采集系统

（1）采集系统研发及其功能。本套系统软件的设计基于 VC++及 Microsoft SQL Server 2000 数据库管理系统。MFC（Microsoft Foundation Classes）是微软基础类库的简称，是微软公司实现的一个 C++类库，主要封装了大部分的 Windows API 函数，VC++是微软公司开发的 c/c++的集成开发环境，利用它可以编辑、编译、调试，灵活性较大。Microsoft SQL Server 2000 是美国微软公司推出的使用相当广泛的数据库管理系统，包含一套图形工具，如服务器管理（用于启动和关闭数据库服务）、企业管理器（用于创建和修改数据库及备份数据库等）和查询分析器（用于交互执行 Transact－SQL 语句和过程并提供图形查询分析功能）等。通过利用 Microsoft SQL Server 2000 Analysis Service 多维数据集的数据压缩、支持处理过程中的部分聚合以及分区等功能，提供了一个高效的数据操作机制。由于对数据的组织形式和业务视角密切联系，这样在回答分析问题的时候，对数据的查询，分类，汇总是直接进行的，提供了其他方式所无法比拟的查询效率。本软件使用 SQL2000 来管理采集平台采集的数据，利用 VC++编译程序去调用数据库中的数据来分析处理并显示出来。方便使用者直观的管理及处理数据信息。

图 5－12（a）为软件数据采集信息监测显示主界面，在本界面软件实时显示采集到的各种数据，包括变压器高压侧电压、变压器低压侧电压、变压器高压侧电流、变压器低压侧电流、振动信号、感抗曲线及感抗变化率，每个图形每隔 18s 刷新一次。把鼠标移至任何一条曲线上，即可获得相应的参数值，如图 5－12（b）。软件提供图像显示放大、缩小、三相曲线分离显示等功能。

软件可实现故障自动报警功能，根据采集到的变压器电参量信息，通过计算得到短路电抗变化率。当某一相变化率大于设定阈值时，会发出自动报警信号，提示工作人员及时检修，阈值设置可以通过设置界面设置，如图 5－13所示。

（2）采集系统组成及实现。电力变压器绕组数据采集系统通过调用振动和电抗平台采集分析数据，完成数据的采集和存储。电力变压器绕组数据采集系统软件在 Windows2000（XP）操作系统下，应用关系型数据库 Microsoft

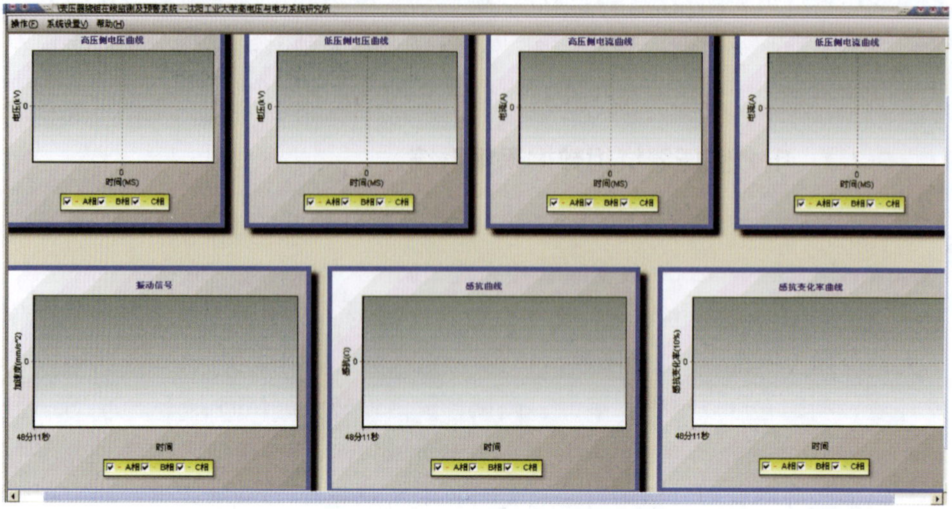

（a）

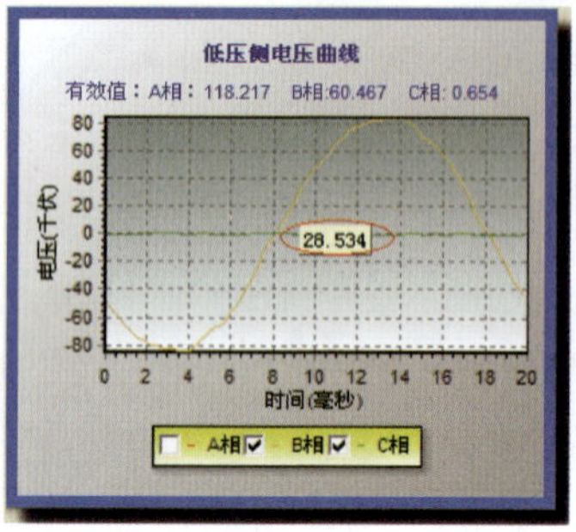

（b）

图 5－12　软件数据采集信息监测显示

（a）软件信息显示主界面；（b）数值显示

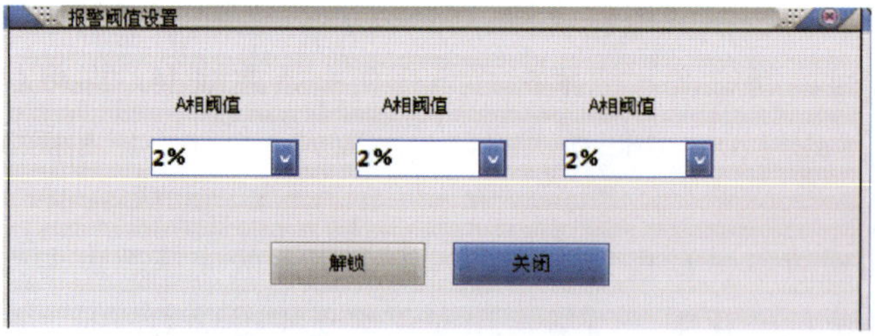

图 5－13　报警阈值设置

SQL Server 及 VC＋＋语言进行编程，建立友好的人机监控界面。在编程时选用对象是代码和数据的组合，利用既包含数据又包含对数据进行操作的函数类（Classes）来实现面向对象的特性；SQL Server2000 负责对当前实时数据、历史数据、采集过程中产生的中间变量值、计算值进行存取。系统主要功能包括：数据显示、管理、设置、操作和帮助，可实现对振动和电抗的数据采集，图 5-14 为软件系统功能模块图。

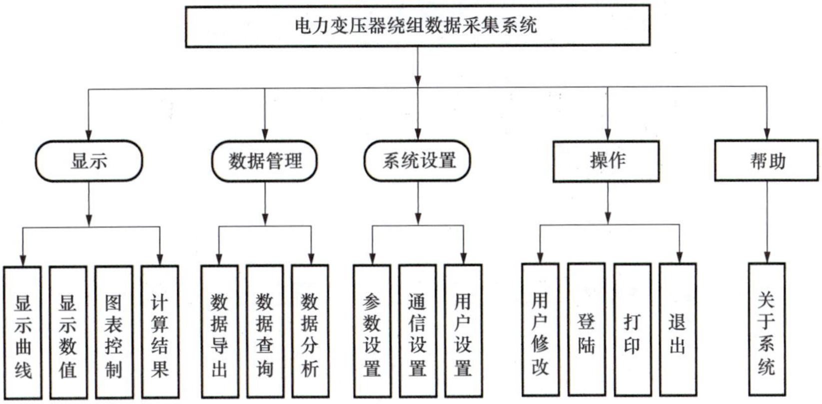

图 5-14　软件系统功能图

系统设置模块主要包括变压器基本参数设置、通信协议设置及用户设置，其中，变压器基本参数设置包括变压器型号、容量、负载损耗、电压等级、变比等变压器出厂的基本电气参数；显示模块包括曲线显示、数值显示、图标显示等，其中曲线显示实时振动数据；数据管理包括数据的导出、历史查询、当前与历史数据比较分析；帮助模块负责介绍本系统的相关信息；操作模块负责用户账号修改、登录、打印。

上位机软件系统与下位机数据采集系统采用请求问答的通信方式，首先从上位机唤醒串口检测程序并向数据采集处理系统发送数据上传召唤命令，数据采集下位机以中断方式接收指令，向上位机传送监测数据，检测程序判断串口上传的数据为多路数据中的哪一路数据，将数据存储到数据库对应的数组中，计算模块根据采集的振动信号，生成振动特征图谱并写入数据库对应表中，软件系统调用数据库对应数据并实时显示。

当用户需要调用以往监测的数据的时候，点击【历史查询】，弹出历史数据查询对话框。首先输入开始时间和截止时间，日期范围可以手动修改也可以通过日历来选择开始日期与截止日期，如图 5-15 所示。

5.2.2　电力变压器绕组故障诊断系统

（1）故障诊断系统部分的设计及运行。电力变压器绕组故障诊断系统软件设置了系统管理员密码登录程序，登录界面如图 5-16（a）所示。工作人员需要输入正确的密码才能进入软件监测及操作界面，避免信息泄露，保证诊断系统的安全性。电力变压器绕组故障诊断系统软件的运行界面如图 5-16（b）

图 5 - 15　选择历史数据时间查询范围

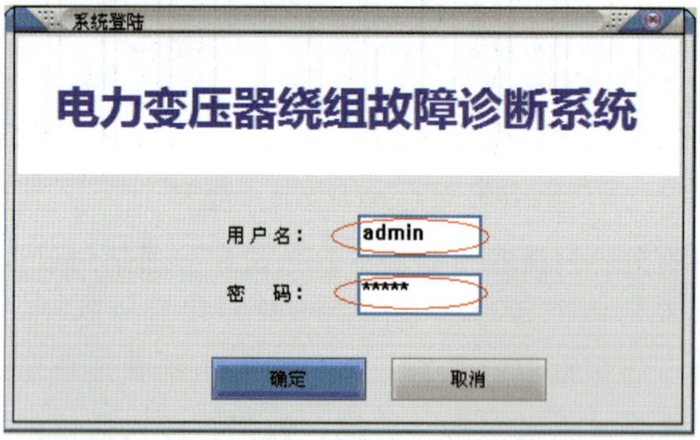

(a)

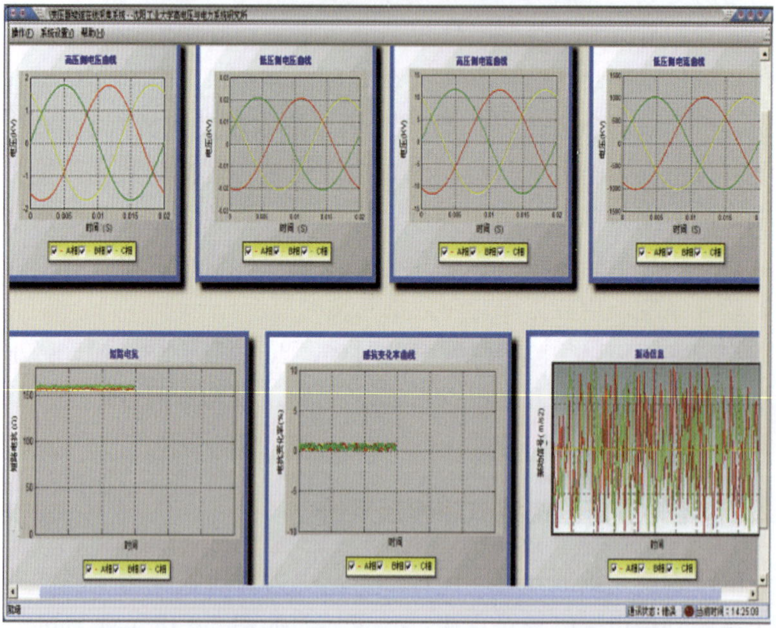

(b)

图 5 - 16　电力变压器绕组故障诊断系统软件登录界面及运行界面

(a) 系统软件登录界面；(b) 系统软件运行界面

所示。由于每台测试变压器的运行工况不同，根据测试的电力变压器实际信息，在系统中可以设置电力变压器的具体参数信息，参数设置界面如图 5－17 所示，操作人员可以设定被监测变压器的详细参数，如连接组别、变压器相数、变比、容量等。系统软件通过在上位机中设置通信信息，可以完成通信串口的查看和连接。点击【通信设置】，会弹出通信设置对话框，内设两个串口分别为串口 1 和串口 2，如图 5－18 所示。

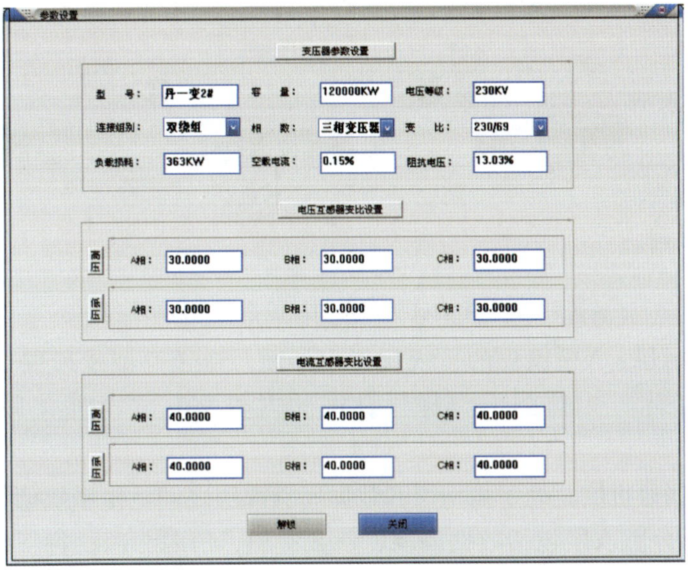

图 5－17　系统软件参数设置界面

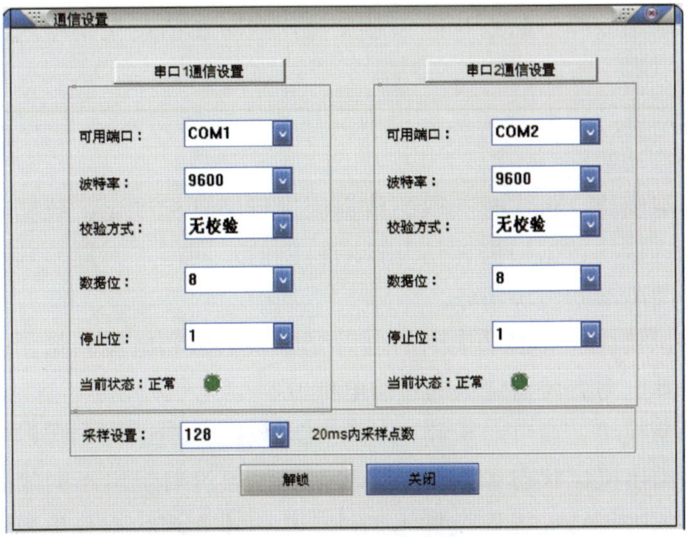

图 5－18　系统软件通信设置

故障诊断系统模型采用三层体系架构，包括显示层、数据分析层及数据库资源层。变压器绕组振动信号故障诊断系统的结构如图 5－19 所示。

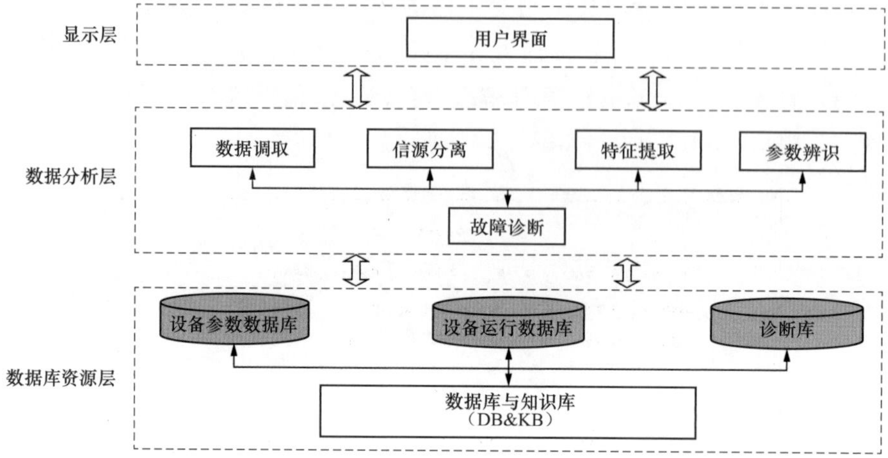

图 5－19　电力变压器绕组故障诊断系统结构图

1）显示层：VC 编程的可视化用户界面，位于模型最顶层。应用角色化及图表技术，为监测人员提供良好的人机交互式个性化服务界面及接口。

2）数据分析层：处于显示层和数据库资源层之间，是系统架构中体现核心价值的部分。该层包括数据调取、参数辨识、信源分离、特征提取、故障诊断等多个模块。

数据调取模块：负责协调、控制各模块电力变压器绕组数据采集系统和电力变压器绕组故障诊断系统间信息交流，同时在信息交换中起到承上启下的作用。

信源分离模块：对采集到的电力变压器绕组振动数据进行信号源分离，得到绕组的振动数据。

特征提取模块：将实时获取的数据流进行信息标准化、数据降维等预处理处理，处理后的数据根据评估及诊断模型的不同需求，提取其对应特征向量，从而为故障诊断模块服务。

参数辨识模块：根据采集到的电力变压器电压和电流向量，进行参数辨识，在线计算电力变压器绕组的短路电抗值。

故障诊断模块：通过对短路电抗和振动数据分别进行参数辨识、信源分离与分析，给出机械状态诊断结果。诊断前先通过对绕组不同故障状态下的振动信号数据进行特征提取及样本训练，从而建立多状态分类模型；将实时采集到的振动信号输入训练好的网络模型中进行故障诊断分类，得到诊断结果。

3）数据库资源层：软件系统的数据库资源管理界面如图 5－20 所示。数据库资源层是存放信息资源的实体层，负责定义、写入、读取并修改数据，同时管理和满足中间层的数据请求，并对获得的诊断结果进行统一收集。数据库及知识库整合了设备原始参数记录、设备运行数据、诊断结果等信息资源。

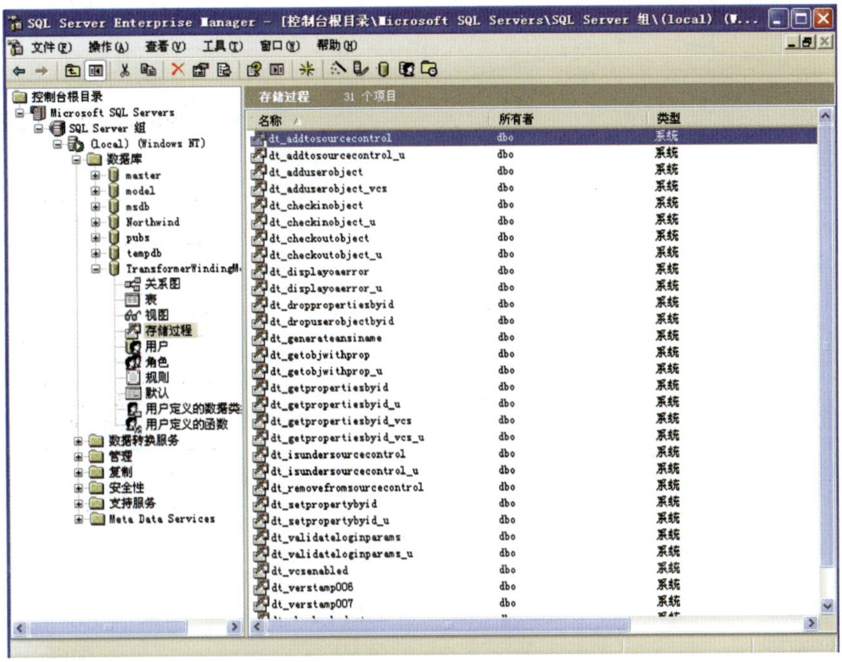

图 5－20　数据库资源管理界面图

（2）故障诊断系统部分的诊断过程。变压器绕组振动故障诊断系统采用面向对象的程序设计理念，从而提高程序的可读性及重用性，分析系统程序流程如图 5－21 所示。首先对数据分析系统环境进行初始化，运行主程序并调取动态连接数据库获取综合采集系统各参量数据；然后进入函数调用主模块对当前变压器绕组状态进行诊断，将各方法予以实现得出状态诊断结果；最后将诊断结果存入数据库同时结合诊断策略显示至用户界面，完成对变压器各相绕组变形故障诊断。

（3）故障诊断系统部分的实现。

1）软件测试及采集现场。为检测软件系统的实用性和稳定性，委托专业测评认证中心对所开发的软件著作权进行测评，相应的功能用例全部通过验收。

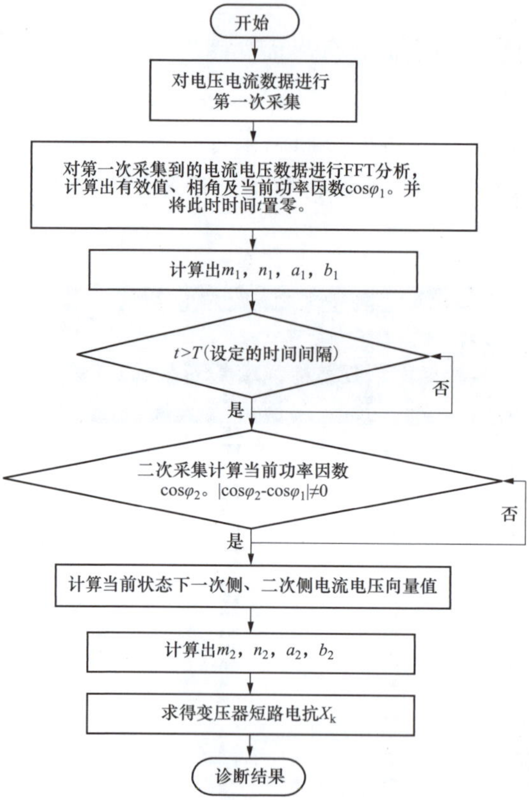

（a）

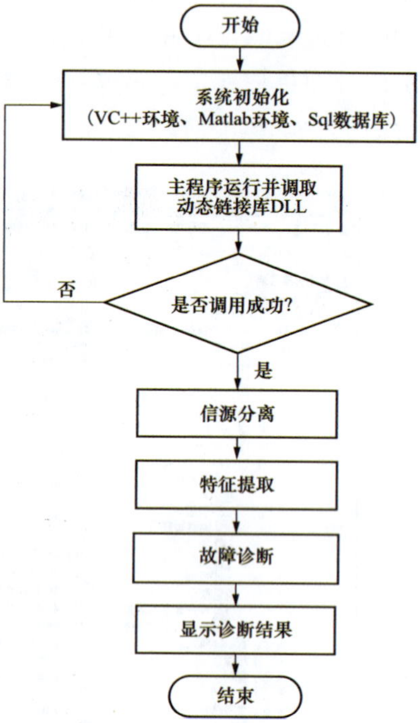

（b）

图 5－21　绕组故障诊断系统流程图

（a）基于短路电抗的变压器绕组故障诊断流程；（b）基于振动信号的变压器绕组故障诊断流程

在实验基地搭建变压器模拟运行平台来测试变压器绕组故障诊断系统软件的有效性，如图 5－22 所示。通过现场测试证明变压器绕组机械状态振动信号采集系统能够准确有效的实时监测电力变压器绕组的电抗和振动信号，并对测试数据进行存储和分析，从而为状态诊断提供了数据保障。

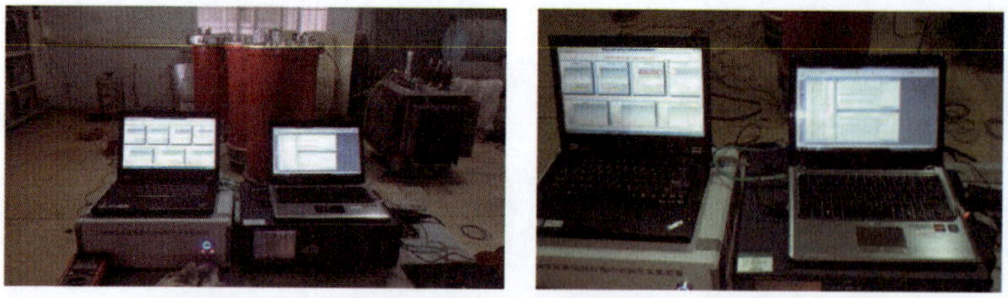

图 5－22　软件现场测试

2）软件功能验证。为了验证软件对变压器绕组机械状态在线评估的有效性，使用软件对装有模拟故障绕组的运行变压器进行在线监测，检验软件的有效性，变压器型号为 S11－M－500/35。模拟绕组故障设定为 A 相绕组施加低压绕组辐向压缩、高压绕组辐向拉伸，模拟故障绕组如图 5－23 所示。

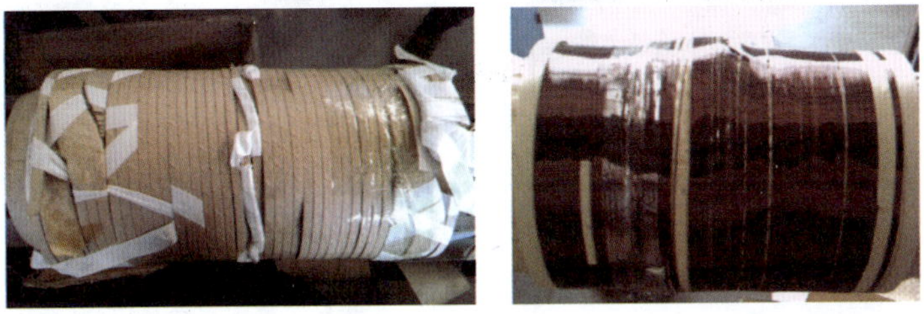

图 5－23　低压绕组辐向压缩（左）及高压绕组辐向拉伸（右）

图 5－24（a）为验证试验的报警显示界面，从界面中可以清晰地看到故障时间、故障相、故障参数等，通过鼠标双击故障条目可以更为详细的了解故障信息，方便工作人员及时分析处理，如图 5－24（b）。软件验证实验结果表明本软件可以有效地用于变压器绕组状态的在线监测及诊断。

（a）

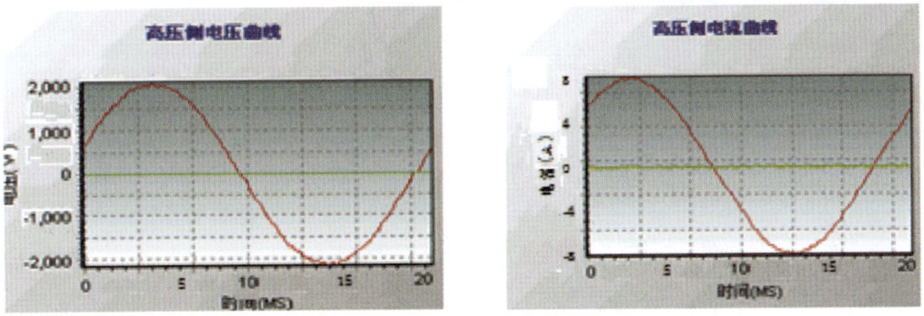

（b）

图 5－24　变压器绕组机械状态在线诊断软件界面

（a）报警界面；（b）报警高压侧电压、电流显示

依据 GB/T 25000.51 及 GB/T 16260.2 标准对软件进行采集、显示、操作等 13 个功能模块进行测试，用例全部通过测评验收。图 5－25 为软件开发

测试报告。

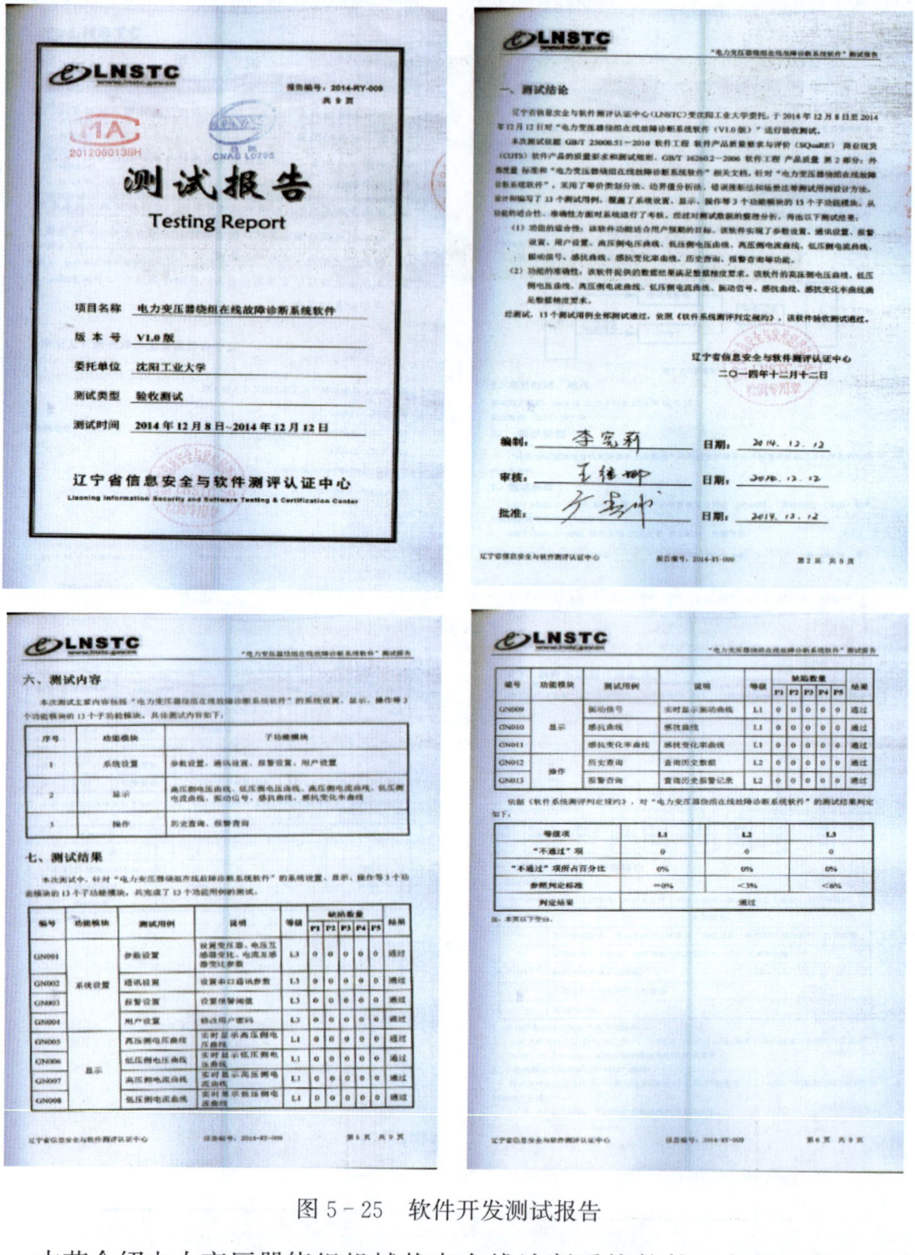

![LNSTC logo] www.lnstc.gov.cn

报告编号：2014-RY-009
共 9 页

MA 2012060138H
CNAS L0795

测试报告
Testing Report

项目名称 电力变压器绕组在线故障诊断系统软件
版 本 号 V1.0 版
委托单位 沈阳工业大学
测试类型 验收测试
测试时间 2014 年 12 月 8 日~2014 年 12 月 12 日

辽宁省信息安全与软件测评认证中心
Liaoning Information Security and Software Testing & Certification Center

---

LNSTC www.lnstc.gov.cn　　“电力变压器绕组在线故障诊断系统软件”测试报告

一、测试结论

辽宁省信息安全与软件测评认证中心（LNSTC）受沈阳工业大学委托，于 2014 年 12 月 8 日至 2014 年 12 月 12 日对“电力变压器绕组在线故障诊断系统软件（V1.0 版）”进行验收测试。

本次测试依据 GB/T 25000.51—2010 软件工程 软件产品质量要求与评价（SQuaRE） 商业现货（COTS）软件产品的质量要求和测试细则、GB/T 16260.2—2006 软件工程 产品质量 第 2 部分：外部度量 标准和“电力变压器绕组在线故障诊断系统软件”相关文档，针对“电力变压器绕组在线故障诊断系统软件”，采用了等价类划分法、边界值分析法、错误推断法和场景法等测试用例设计方法，设计和编写了 13 个测试用例，覆盖了系统设置、显示、操作等 3 个功能模块的 13 个子功能模块，从功能的适合性、准确性方面对系统进行了考核，经过对测试数据的整理分析，得出以下测试结果：

（1）功能的适合性：该软件功能适合用户预期的目标，该软件实现了参数设置、通讯设置、报警设置、用户设置、高压侧电压曲线、低压侧电压曲线、高压侧电流曲线、低压侧电流曲线、振动信号、感抗曲线、感抗变化率曲线、历史查询、报警查询等功能。

（2）功能的准确性：该软件提供的数据结果满足数据精度要求，该软件的高压侧电压曲线、低压侧电压曲线、高压侧电流曲线、低压侧电流曲线、振动信号、感抗曲线、感抗变化率曲线满足数据精度要求。

经测试，13 个测试用例全部测试通过，依照《软件系统测评判定规约》，该软件验收测试通过。

辽宁省信息安全与软件测评认证中心
二〇一四年十二月十二日

编制：李宏莉　日期：2014. 12. 12
审核：王德卿　日期：2014. 12. 12
批准：[illegible]　日期：2014. 12. 12

辽宁省信息安全与软件测评认证中心　报告编号：2014-RY-009　第 2 页 共 9 页

LNSTC www.lnstc.gov.cn　　“电力变压器绕组在线故障诊断系统软件”测试报告

六、测试内容

本次测试主要内容包括“电力变压器绕组在线故障诊断系统软件”的系统设置、显示、操作等 3 个功能模块的 13 个子功能模块，具体测试内容如下：

序号	功能模块	子功能模块
1	系统设置	参数设置、通讯设置、报警设置、用户设置
2	显示	高压侧电压曲线、低压侧电压曲线、高压侧电流曲线、低压侧电流曲线、振动信号、感抗曲线、感抗变化率曲线
3	操作	历史查询、报警查询

七、测试结果

本次测试中，针对“电力变压器绕组在线故障诊断系统软件”的系统设置、显示、操作等 3 个功能模块的 13 个子功能模块，共完成了 13 个功能用例的测试。

编号	功能模块	测试用例	说明	等级	缺陷数量					结果
					P1	P2	P3	P4	P5	
GN001	系统设置	参数设置	设置变压器、电压互感器变比、电流互感器变比参数	L3	0	0	0	0	0	通过
GN002		通讯设置	设置串口通讯参数	L3	0	0	0	0	0	通过
GN003		报警设置	设置报警阈值	L3	0	0	0	0	0	通过
GN004		用户设置	修改用户密码	L3	0	0	0	0	0	通过
GN005	显示	高压侧电压曲线	实时显示高压侧电压曲线	L1	0	0	0	0	0	通过
GN006		低压侧电压曲线	实时显示低压侧电压曲线	L1	0	0	0	0	0	通过
GN007		高压侧电流曲线	实时显示高压侧电流曲线	L1	0	0	0	0	0	通过
GN008		低压侧电流曲线	实时显示低压侧电流曲线	L1	0	0	0	0	0	通过

辽宁省信息安全与软件测评认证中心　报告编号：2014-RY-009　第 5 页 共 9 页

LNSTC www.lnstc.gov.cn　　“电力变压器绕组在线故障诊断系统软件”测试报告

编号	功能模块	测试用例	说明	等级	缺陷数量					结果
					P1	P2	P3	P4	P5	
GN009	显示	振动信号	实时显示振动曲线	L1	0	0	0	0	0	通过
GN010		感抗曲线	感抗曲线	L1	0	0	0	0	0	通过
GN011		感抗变化率曲线	感抗变化率曲线	L1	0	0	0	0	0	通过
GN012	操作	历史查询	查询历史数据	L2	0	0	0	0	0	通过
GN013		报警查询	查询历史报警记录	L2	0	0	0	0	0	通过

依据《软件系统测评判定规约》，对“电力变压器绕组在线故障诊断系统软件”的测试结果判定如下：

等级项	L1	L2	L3
“不通过”项	0	0	0
“不通过”项所占百分比	0%	0%	0%
参照判定标准	=0%	<3%	<6%
判定结果	通过		

注：本页以下空白。

辽宁省信息安全与软件测评认证中心　报告编号：2014-RY-009　第 6 页 共 9 页

图 5－25　软件开发测试报告

本节介绍电力变压器绕组机械状态在线诊断系统软件，主要包括电力变压器绕组数据采集系统和电力变压器绕组故障诊断系统。电力变压器绕组数据采集系统通过调用振动和电抗平台采集分析数据，完成数据的采集和存储。电力变压器绕组故障诊断系统基于电力变压器绕组的振动及电抗信息，从信号采集、数据存储、数据分析、故障诊断角度出发，实现变压器绕组故障情况、相别、大小的准确判断。通过现场测试证明电力变压器绕组故障诊断系统软件的研发有效地弥补当前变压器绕组故障诊断上诊断信号离线化，无法实现在线诊断的不足，保证电力变压器绕组机械状态在线诊断的准确性及实时性。

5.3 电力变压器绕组机械状态评估应用

针对第 3 章获取的变压器正常绕组和故障绕组样机机械状态数据，以及不同运行年限和不同短路冲击历史的运行变压器在线监测数据，采用基于电抗在线参数辨识的绕组机械状态评估方法、基于盲源分离的绕组机械状态评估方法和基于支持向量机的绕组机械状态评估方法，开展电力变压器绕组机械状态评估实验，验证电力变压器绕组机械状态多信息融合评估和电力变压器绕组机械状态在线诊断系统的可靠性。

5.3.1 电力变压器绕组变形诊断

（1）正常变压器绕组诊断。试验用变压器型号为 S11－M－500/10，其中 $U_k\%=6.56$，$P_k=7259W$，$I_0\%=0.8$，$P_0=892W$。高压侧：电流互感器选用 HL28 型标准电流互感器，精度等级 0.01 级；电压互感器选用 HJ12 型标准电压互感器，精度等级 0.01 级。低压侧：电流互感器选用 HL28－1 型电流互感器，精度等级 0.05 级；电压互感器选用 HJ12－1 型电压互感器，精度等级 0.05 级。试验中选用两台变压器作为模拟负载运行，型号分别为 S11－M－200/10，S11－M－200/35 的三相变压器。试验接线原理图如图 5－26 所示。

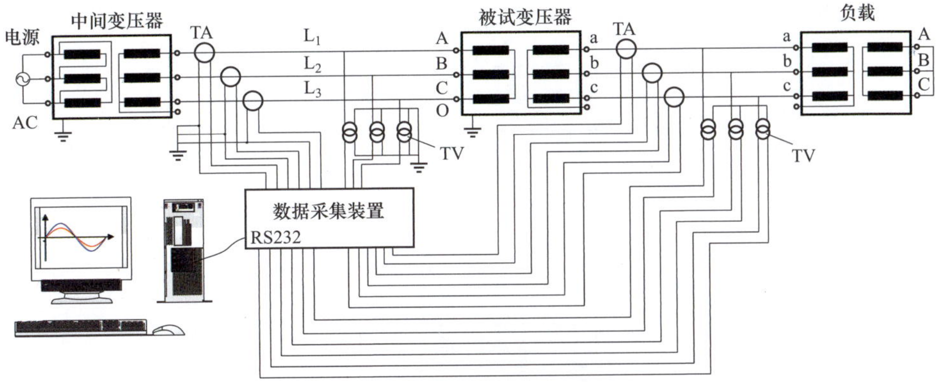

图 5－26　模拟负载试验接线图

首先将 S11－M－200/35 型变压器高压侧短接，低压侧接入被试变压器低压端，以此作为被试变压器的模拟负载，电源侧施加电压进行模拟负载试验，在线监测装置通过互感器获取被试变压器一二次侧电流、电压瞬时值，并算出第一组变量 m_1、n_1、a_1、b_1；然后将模拟负载变压器换为 S11－M－200/10 型变压器，同样将高压侧短接，低压侧接入被试变压器低压端，进行模拟负载试验，通过监测装置获取一二次侧电流、电压，算出第二组变量 m_2、n_2、a_2、b_2。最后通过 5.1.1 节中建立的短路电抗在线辨识方法计算出被试变压器的各相短路电抗。变压器短路电抗计算试验现场及流程图如图 5－27、图 5－28 所示。

图 5－27　变压器在线监测试验现场

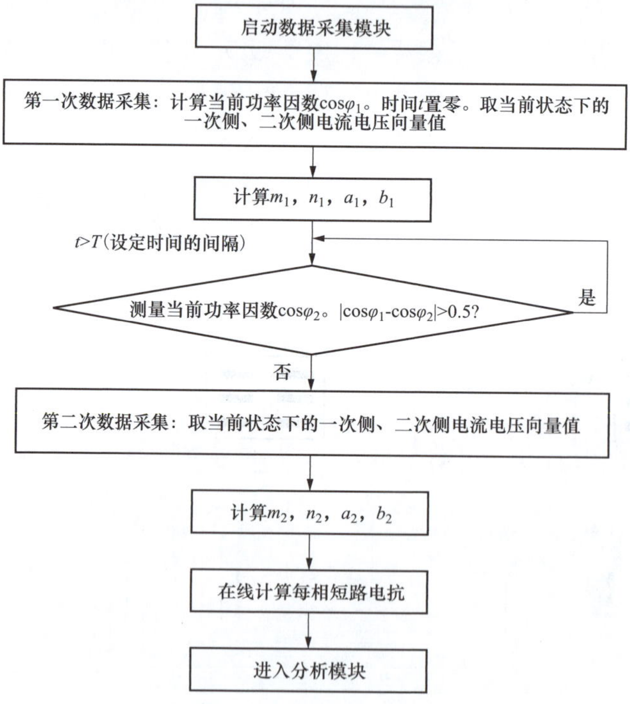

图 5－28　变压器短路电抗在线监测流程图

试验前，通过短路阻抗分析仪对变压器的短路阻抗进行离线测量，并以此作为各相在线测量的标准。将变压器短路电抗的在线计算结果与离线值做对比，如果变化率超过 3%（之后会对此进行说明），则说明绕组已经存在变形，应该停机进行检修。短路电抗的离线测量结果如表 5-1 所示。

表 5-1　　变压器短路电抗离线测量值

相别	A 相	B 相	C 相
短路电抗离线测量值（Ω）	156.58	156.77	159.47

在线监测试验中的测量结果如图 5-29 所示。

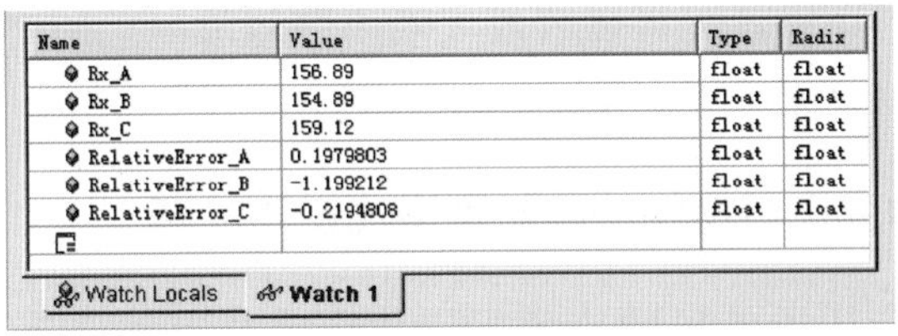

Name	Value	Type	Radix
Rx_A	156.89	float	float
Rx_B	154.89	float	float
Rx_C	159.12	float	float
RelativeError_A	0.1979803	float	float
RelativeError_B	-1.199212	float	float
RelativeError_C	-0.2194808	float	float

图 5-29　在线监测短路电抗数据

从试验结果中可以看出，在线测量的短路电抗值与离线测量结果相比最大相差 1.19%，由于测试系统精度原因，此误差可判定为由传感器误差引起。同时通过试验可以看出 A、B、C 三相的短路电抗变化率均未超过 2%。

（2）模拟故障绕组变压器诊断。为了检验在线监测装置是否可以有效地检测出绕组故障情况下短路电抗的变化率，使 A、B、C 三相绕组在绕制的过程中加入人为故障设置，在三相绕组存在故障的情况下对变压器的短路电抗进行在线测量，并与离线时测量的短路电抗做对比，验证本变压器绕组状态在线监测装置是否可以对绕组故障情况下的短路电抗进行有效反映。试验接线、试验设备及试验步骤与上文节所述一致。绕组故障情况下的在线监测试验结果，如图 5-30 所示。

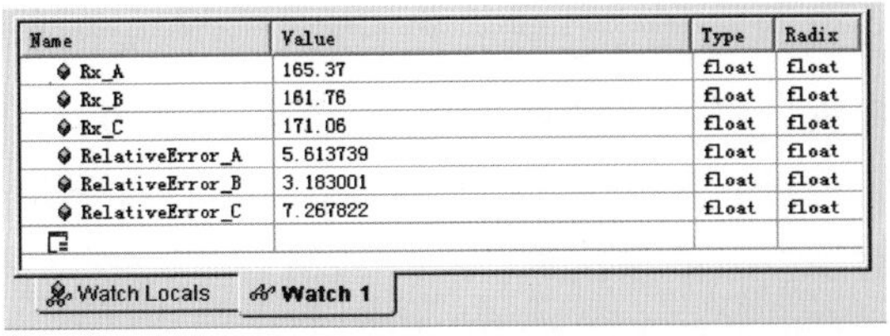

Name	Value	Type	Radix
Rx_A	165.37	float	float
Rx_B	161.76	float	float
Rx_C	171.06	float	float
RelativeError_A	5.613739	float	float
RelativeError_B	3.183001	float	float
RelativeError_C	7.267822	float	float

图 5-30　故障绕组在线监测短路电抗数据

从图 5-30 中可以看出，通过在线监测试验与离线测量短路电抗基准值相比，A 相变化率为 5.61%，B 相变化率为 3.18%，C 相变化率为 7.27%，均可反映出绕组已经产生了明显形变。表明了变压器绕组状态在线监测装置通过对变压器短路电抗的在线监测可以有效反映出绕组故障，同时也证明了基于短路电抗法的变压器绕组状态在线监测的可行性。

本小节通过搭建模拟负载试验平台验证在线短路电抗辨识评估方法的准确性，变压器绕组正常时，在线短路电抗辨识结果与离线测试值偏差很小同时通过试验可以看出 A、B、C 三相的短路电抗变化率均未超过 2%。当绕组发生低压绕组辐向压缩/高压绕组辐向拉伸、低压绕组轴向延伸和高压绕组上下端部叠套三种变形故障后，三相绕组的短路电抗变化均超过了 2%，均可反映出绕组已经产生了明显形变。表明了变压器绕组状态在线监测装置通过对变压器短路电抗的在线监测可以有效反映出绕组故障，同时也证明了基于短路电抗法的变压器绕组状态在线评估的可行性。

5.3.2 电力变压器绕组故障类型模式识别诊断

通过对电力变压器的振动监测可以看出，在电力变压器绕组振动过程中，监测到的振动信号并非完全集中在 100Hz 处，在其他频率范围仍含有振动信息；与试验变压器相比，现场运行的电力变压器振动信号中含有大量高次谐波，尤其 100Hz 倍频的振动也在振动信号中占有很大比重。因此，仅仅通过对振动信号进行时频变换分析，监测 100Hz 频率的振动幅值变化无法有效实现诊断电力变压器绕组故障的目的，需要采用其他方法提取振动信号各频域的特征信息。比对傅里叶变换、经验模念能量熵和小波能量变换等特征提取方法，最终选取小波能量变换方法提取变压器绕组振动信号特征值作为模式识别的特征向量。小波包分析属于非线性时频分析法，它具有良好的时频定位特性以及对信号的自适应能力，因而能够对各种时变信号进行有效的分解。从多分辨率分析的角度看，振动信号小波包分解的实质是让振动信号通过高低通滤波器组，每次分解总是将原信号分解为高低 2 个频率的信号，然后对这高低 2 个频率信号按照上式分别进行同样的分解。小波包变换将原始信号分解为各个不同频带内信号的组合。首先将信号进行 j 层小波包分解，得到序列 S_{jk}。根据信号的时间特性分成 N 段，对每一段时间的信号进行能量计算。能量计算之后对能量值进行归一化处理，计算各频段的小波包能量比重。

本文采用基于小波能量变换的方法提取变压器振动信号能量特征，选取各频段的能量比重，组成特征参量矩阵，再提取该矩阵的特征信息作为绕组振动特征值。首先利用小波包变换对机械振动信号进行 N 层小波分解，得到表示其细节部分的小波系数，表示其近似部分的小波系数，这些小波系数各自对应着不同频带的机械振动信号：然后利用获得的小波系数计算该振动信号的相对小波包能量谱计算各频段振动的能量比重，组成特征参量矩阵；最后提取得到的特征参量矩阵的范数作为绕组评估指标的输入特征参数。将不同状态下绕组振动信号特征向量进行归类，以此作为支持向量机模型的训练样本，采用一对多算法组合多个两类分类器构造分类器，组成支持向量机诊断系统模型。为了验证所提出基于支持向量机的变压器绕组状态评估及诊断方法的准确性和有效性，通过对 S11 - M - 500/35 型变压器样机的绕组设置不同故障状态下进行负载试验，对诊断方法进行试验验证。

A 相绕组故障设计为：低压绕组辐向压缩、高压绕组辐向拉伸。如图 5 - 31所示。

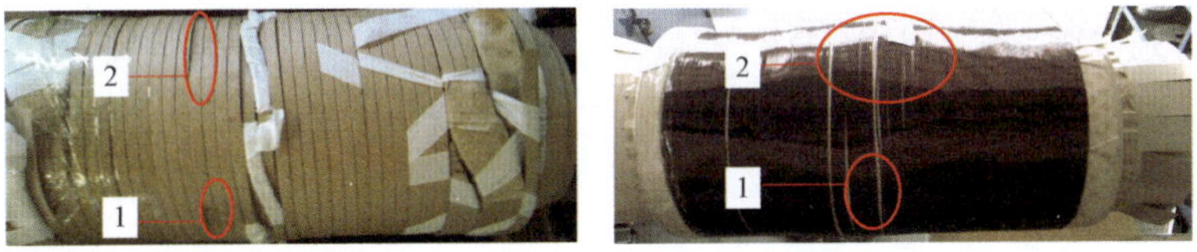

（a） （b）

图 5 - 31　A 相绕组故障图

（a）低压绕组故障图；（b）高压绕组故障图

B 相绕组故障设计为：低压绕组不进行楔形条及端绝缘的装加使得绕组轴向松动，高压绕组正常。如图 5 - 32 所示。

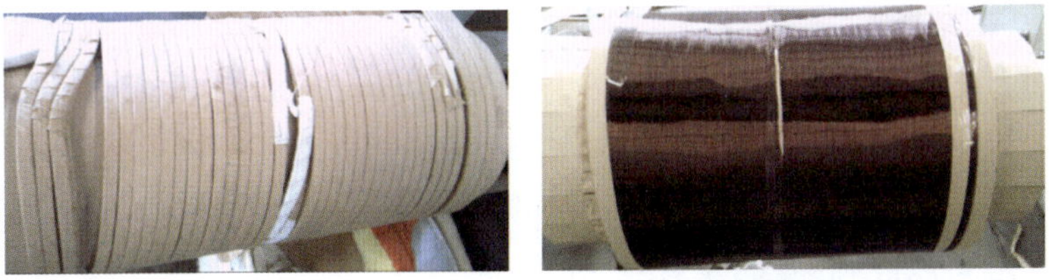

（a） （b）

图 5 - 32　B 相绕组故障图

（a）低压绕组故障图；（b）高压绕组故障图

C 相绕组故障设计为：低压绕组正常，高压绕组在线圈两端进行绕组端部叠套故障设计。如图 5 - 33 所示。

在每种状态测试样本中随机的抽取 5 组数据，将特征向量输入到训练后的 SVM 模型中并得出训练结果见表 5 - 2，其中输入向量代表未知的变压器绕组振动数据经小波包分解后得到的能量谱，即信号的特征向量；输入训练后的 SVM 模型中，经网络模型识别获得相应的类型识别码。训练过程为：将提取的特征值数据送入经过数据集训练后的分类器 1 中，分类器

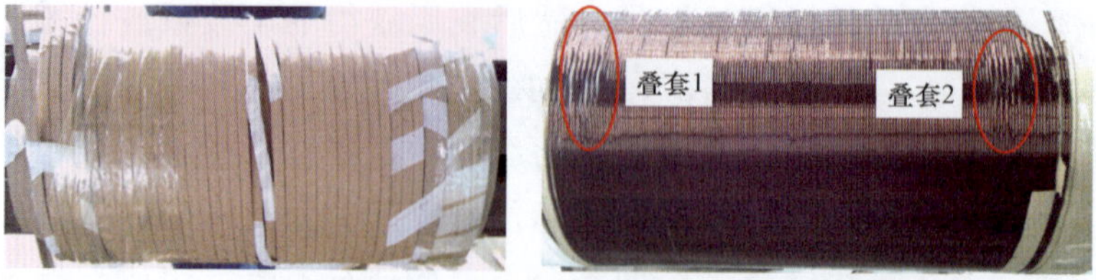

（a）　　　　　　　　　　（b）

图 5－33　C 相绕组故障图

（a）低压绕组故障图；（b）高压绕组故障图

1 能够分类轴辐向低压压缩、高压拉伸与其他状态。如果分类器输出不是辐向低压压缩、高压拉伸，再将特征值数据送入训练后的分类器 2 中，分类器 2 能够分类低压轴向拉伸和其他状态。如果分类器输出不是低压轴向拉伸，再将特征值数据送入训练后的分类器 3 中，分类器 3 能够分类高压绕组叠套和其余故障。经实验结果验证该方法能够准确快速地实现变压器绕组各种状态的故障诊断。

表 5－2　　部分测试数据及训练结果

输入向量					诊断类型编码	训练结果
H_1	H_2	H_3	H_4	H_5		
0.6982	0.1499	0.0337	0.0204	0.0174	1	辐向低压压缩、高压拉伸
0.7110	0.2053	0.0335	0.0523	0.0102	2	低压轴向拉伸
0.7491	0.0881	0.0280	0.0341	0.0122	3	高压绕组叠套

通过对目前诊断方法的分析，可以得出短路电抗法虽能够对变压器绕组进行故障诊断，但均存在缺点。短路电抗法在电抗变化率为 2%的范围内无法确定绕组状态，同时诊断结果无法确定故障类型，而机械振动法能够实现在线监测而且可以准确确认故障相别和类型。

针对变压器绕组 A 相绕组辐向压缩故障，对变压器故障模拟装置进行模拟负载试验，测试变压器此时振动信号。额定负载电流（8.25A）时其振动图谱如图 5－34 所示，通过 FFT 分解后绕组故障下振动信号的时频分布，图 5－34 中基频振动幅值为 0.03102m/s^2。

将采集的振动进行小波包能量谱特征提取，提取后的特征值如表 5－3 和图 5－35 所示。

表 5－3　　振动信号小波包能量谱特征值

特征名称	H_1	H_2	H_3	H_4	H_5
特征值	0.7121	0.1692	0.0401	0.0301	0.0169

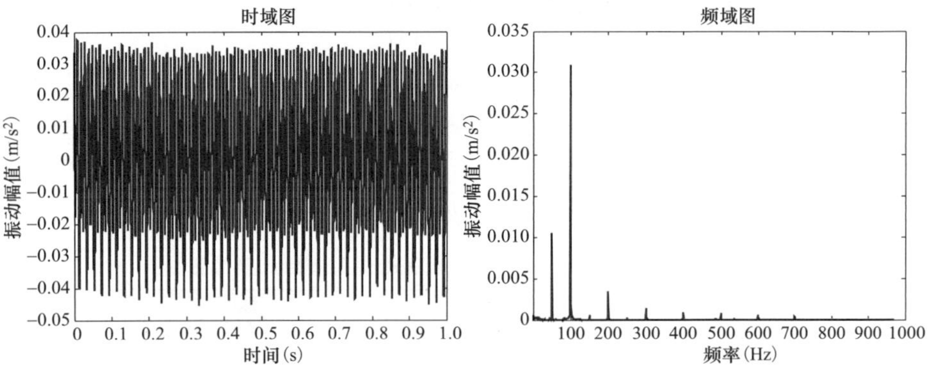

图 5－34　绕组辐向故障时负载试验下测得油箱侧壁振动信号

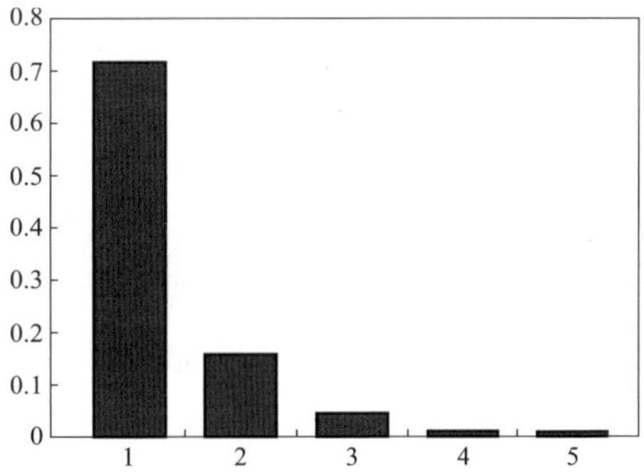

图 5－35　绕组辐向故障时振动特征值

通过获取的不同机械参量特征对变压器绕组进行诊断，诊断过程如下：将振动信号特征值输入到 SVM 故障诊断模型中，通过多分类器比较得出 A 相绕组为辐向故障。诊断结果与变压器实际状态相符。为了验证诊断结果的准确性，通过测试计算当前绕组的短路电抗为 165.37Ω，并与绕组正常下离线测量的短路电抗（156.58Ω）进行比较，此时短路电抗变化率为 5.6%，已超出绕组正常下短路电抗的 2%，因此判断变压器绕组内部已发生故障，证明诊断结果与实际故障状态一致。

本小节通过对绕组故障分类诊断方法的理论研究，提出了基于小波包能量变换和一对多分类支持向量机变压器绕组故障诊断模型，构建了基于 SVM 的分类诊断流程，并进行了电力变压器绕组故障类型分类诊断试验。在 S11－M－500/35 分类诊断试验中诊断结果与变压器绕组实际故障类型相符。通过对当前绕组的短路电抗与绕组正常下离线测量的短路电抗的比较，判断变压器绕组内部已发生故障，证明诊断结果与实际故障状态一致。通过变压器低压绕组辐向压缩/高压绕组辐向拉伸、低压绕组轴向延伸和高压绕组上下端部叠套三种变形故障下试验验证了所提出的方法能够准确诊断出绕组的故障类型。

5.3.3 运行变压器绕组松动状态在线诊断

为了研究基于 CEEMD 能量熵的故障诊断方法是否适合 220kV 变压器绕组的状态检测以及故障诊断，将 220kV 试验变压器负载试验所测量得到的负载电流为 30%I_N和 50%I_N状态下的绕组振动信号来进行分析，利用 CEEMD 对其进行分解并计算能量熵，计算结果如下表 5-4 所示。

表 5-4　某 220kV 变压器不同电流下绕组振动信号能量熵及能量比

试验		E_4/E	E_5/E	H
30%I_N	A 相	0.0161	0.8420	0.4573
	B 相	0.0113	0.8766	0.4139
	C 相	0.0181	0.7622	0.4355
50%I_N	A 相	0.0222	0.8343	0.4594
	B 相	0.0050	0.8825	0.4185
	C 相	0.0223	0.7793	0.4271

在保证变压器型号、容量、电压等级和绕制方式等参数均相同的前提下，绕组负载电流和振动时域加速度幅值的变化并未导致 CEEMD 能量熵值以及各个频率段能量比的变化，因此在利用 CEEMD 能量熵诊断故障的过程中，同类型变压器的负载电流和时域加速度并不会影响判断结果。因此 CEEMD 能量熵方法可以评估同类 220kV 变压器的绕组机械状态。

(1) 不同运行年限变压器测试及诊断。为检验算法分离运行变压器振动信号的效果，取两台相同型号相同容量而不同年限（分别为 2010 年投运、2002 年投运）挂网运行变压器振动信号，利用 SDICA 算法进行分离，运行变压器测试如图 5-36 所示。

图 5-36　运行变压器测试试验现场图

在测得信号后，采用 5.1 节中介绍的分离算法将获取的 A、B、C 三相不同测点的振动信号进行信源分离处理。由于涉及的分离计算只选取两路混合信号进行分离，因此信号的高阶统计量为二阶统计量。由于源信号的未知性，对其进行盲源分离会使分离结果的幅值和顺序混乱，但由于本文所述的盲源分离方法是为了应用于变压器振动信号，根据前文分析绕组和铁芯的振动信号特性，因此可以很容易判断出绕组和铁芯的振动信号。该算法的分离步骤如下：

1）小波包分解法对信号进行分解，将信号分成多个频段。

2）计算小波包分解后的信号各个频段子空间，求取 MI 值。选出 MI 值最小的一个或者几个子空间，即为统计独立的子空间，并这几个频段子空间重构。

3）运用 fastICA 算法将重构的信号分解并且计算得到分离矩阵 W 。

4）分离所得的源信号 $S'(t)$ 为混合信号 $S(t)$ 左边乘 fastICA 分解计算所得的分离矩阵 W 。

以 2010 年、2002 年投运变压器 A 相为例，运用 SDICA 分析方法将 2010 年、2002 年投运变压器油箱壁表面的振动信号分成铁芯和绕组信号，分离结果如图 5－37 和图 5－38 所示。然后对分离后的绕组信号进行 CEEMD 分解并计算能量熵，计算结果如表 5－5 和表 5－6 所示。

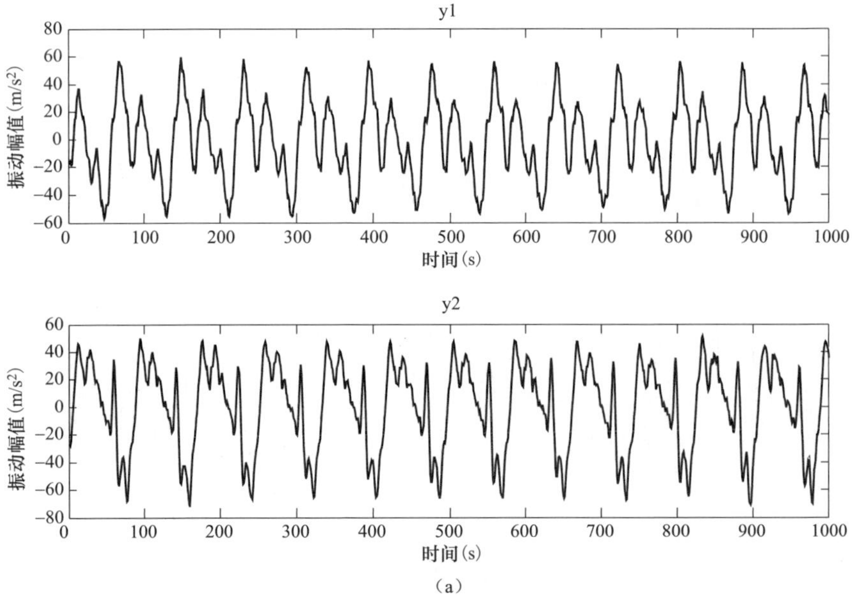

图 5－37　2010 年运行变压器分离信号（一）

（a）时域图

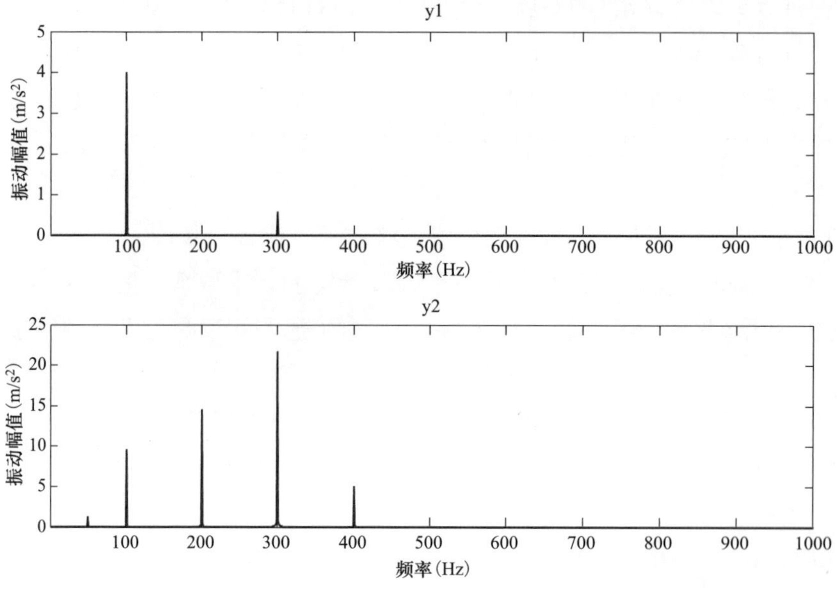

(b)

图 5-37　2010 年运行变压器分离信号（二）

（b）频域图

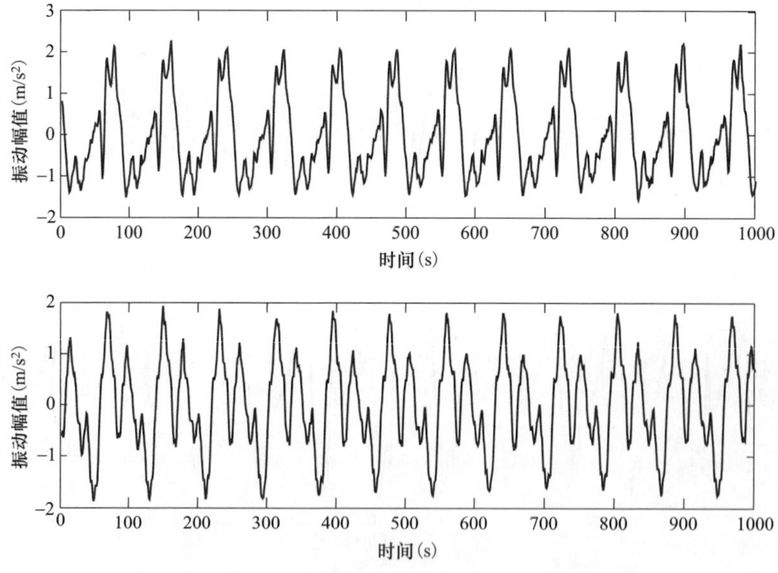

(a)

图 5-38　2002 年运行变压器分离信号（一）

（a）时域图

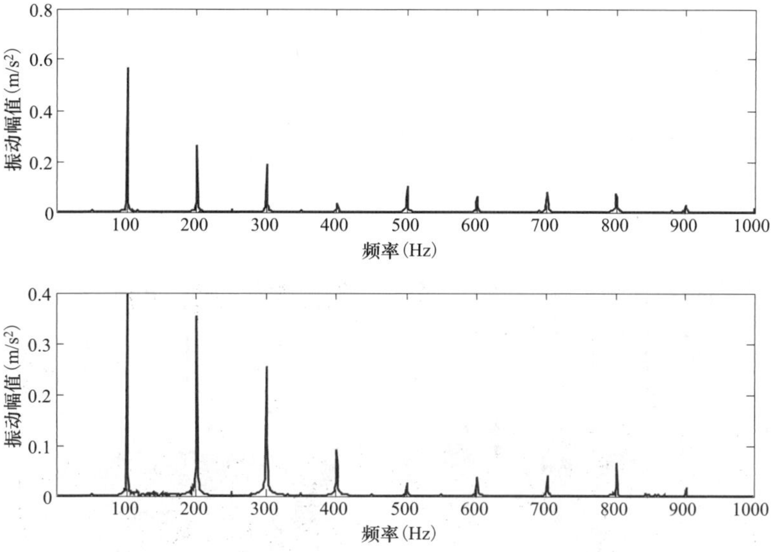

(b)

图 5-38　2002 年运行变压器分离信号（二）
（b）频域图

表 5-5　　2010 年投运变压器 SDICA 分离后绕组振动信号能量熵及能量比

分离后绕组		*H*
2010 年投运	A 相	0.4211
	B 相	0.4139
	C 相	0.4355

表 5-6　　2002 年投运变压器 SDICA 分离后绕组振动信号能量熵及能量比

分离后绕组		*H*
2002 年投运	A 相	0.3293
	B 相	0.3551
	C 相	0.3339

由表 5-5 和表 5-6 可知，2010 年投运变压器 SDICA 分离后绕组 CEEMD 能量熵值仍在 0.40 以上，而 2002 年投运变压器 SDICA 分离后绕组 CEEMD 能量熵值在 0.3～0.4 区间。随着投运时间的增加，同类电力变压器绕组振动的 CEEMD 能量熵值呈现减小趋势。研究表明在保证变压器型号、容量、电压等级和绕制方式等参数均相同的前提下，基于盲源分离—

经验模态电力变压器绕组机械状态评估方法可有效评价同类变压器绕组的机械状态。

(2) 不同冲击历史变压器测试及诊断。为检验算法分离运行变压器振动信号的效果，取两台相同型号（SFZ11 - 180000/220）相同容量而不同冲击历史挂网运行变压器振动信号，利用 SDICA 算法进行分离，运行变压器测试现场如图 5 - 39 所示。

(a) (b)

图 5 - 39　运行变压器测试试验现场图

(a) 1 号主变压器；(b) 2 号主变压器

在测得信号后，采用 5.1 节中介绍的分离算法将获取的 A、B、C 三相不同测点的振动信号进行信源分离处理。由于涉及的分离计算只选取两路混合信号进行分离，因此信号的高阶统计量为二阶统计量。由于源信号的未知性，对其进行盲源分离都会使分离结果的幅值和顺序混乱，但由于本文所述的盲源分离方法是为了应用于变压器振动信号，根据前文分析绕组和铁芯的振动信号特性，因此可以很容易判断出绕组和铁芯的振动信号。该算法的分离步骤如下：

1) 小波包分解法对信号进行分解，将信号分成多个频段。

2) 计算小波包分解后的信号各个频段子空间，求取 *MI* 值。选出 *MI* 值最小的一个或者几个子空间，即为统计独立的子空间，并这几个频段子空间重构。

3) 运用 fastICA 算法将重构的信号分解并且计算得到分离矩阵 $\boldsymbol{W}$。

4) 分离所得的源信号 $S'(t)$ 为混合信号 $S(t)$ 左边乘 fastICA 分解计算所得的分离矩阵 $\boldsymbol{W}$。

运用 SDICA 分析方法将 1 号主变压器与 2 号主变压器进行信源分离，分离出的绕组振动信号如图 5 - 40 和图 5 - 41 所示。

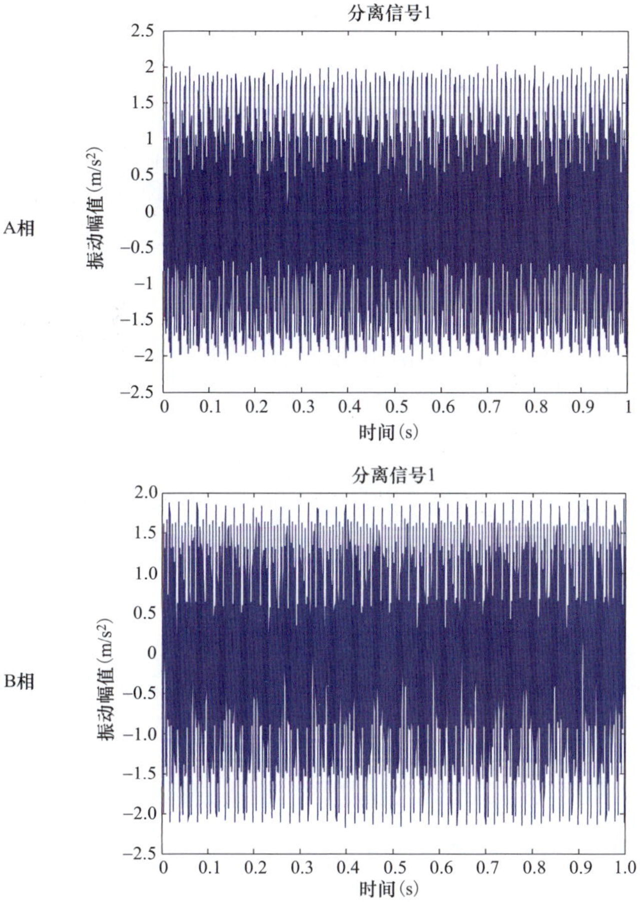

图 5-40　1 号主变压器绕组振动信号

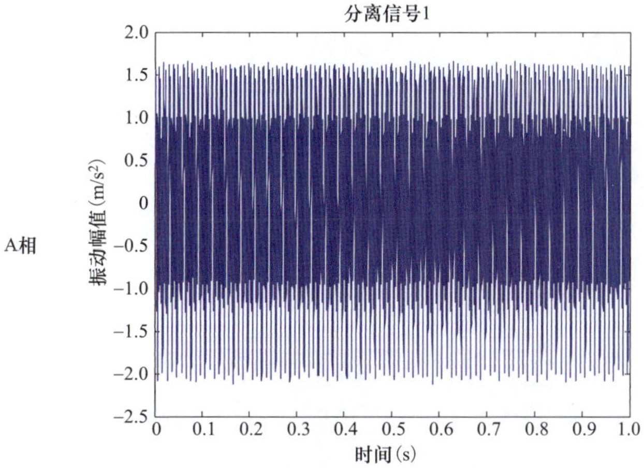

图 5-41　2 号主变压器绕组振动信号（一）

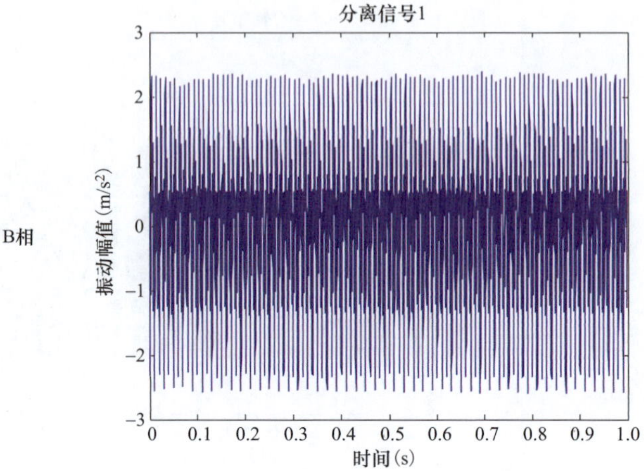

图 5-41　2 号主变压器绕组振动信号（二）

计算出分离出的绕组振动信号 CEEMD 能量熵，计算结果如表 5-7 所示。

表 5-7　　　不同冲击变压器 SDICA 分离后绕组振动信号能量熵

相别	1 号主变压器		2 号主变压器	
	冲击次数	能量熵 H	冲击次数	能量熵 H
A 相	13	0.5018	10	0.6165
B 相	12	0.5282	21	0.4385

由表 5-7 可以看出：随着短路冲击次数的增加，电力变压器绕组振动的 CEEMD 能量熵值呈现减小趋势。研究结果表明，在保证变压器型号、容量、电压等级和绕制方式等参数均相同的前提下，基于盲源分离—经验模态电力变压器绕组机械状态评估方法可有效评价同类变压器绕组的机械状态。

采用基于子空间独立分量分析和经验模态能量熵的状态评估方法对 220kV 运行电力变压器振动信号进行信源分离和特征提取，成功地分离出绕组振动信号，并提取出该振动信号的 CEEMD 能量熵值，结合该变压器各相冲击历史与各相绕组振动 CEEMD 能量熵分析可以得出：由于随着短路冲击次数的增加，绕组结构变化程度加剧，变压绕组的 CEEMD 能量熵越来越小。CEEMD 能量熵值法可以应用于变压器绕组状态监测，结合 SDICA 算法可以有效地检测出运行变压器绕组状态，验证了该方法可有效应用于相同类型的变压器绕组状态监测和故障诊断。研究结果表明基于盲源分离—经验模态能量熵值的电力变压器绕组机械状态评估方法可有效在线评估绕组松动状态。

参　考　文　献

[1] 禹冰，雷君召．浅谈发展中国式的智能电网［J］．煤炭技术，2013，23（01）：63－65.

[2] 李明，韩学山，王勇，等．变电站状态检修决策模型与求解［J］．中国电机工程学报，2012，32（25）：196－202.

[3] 陈安伟．输变电设备状态检修的应用［J］．电网技术，2009，33（20）：215－218.

[4] M. wang，A. Vandermaar，K. Srivastava，2002. Review of Condition Assessment of Power Transformers in Service［J］. IEEE Electrical Insulation Magazine，Vol，18，No. 6，12－25.

[5] CIGRE Working Group 05，1993. An international survey on failures in large power transformers in service［R］. Electra. no. 88.

[6] 郭红兵，孟建英，夏洪刚．220kV 电力变压器损坏原因分析及对策［J］．内蒙古电力技术，2012，29（6）：21－23.

[7] 许婧，王晶，束洪春，等．电力设备状态检修技术研究综述［J］．电网技术，2000，24（8）：48－52.

[8] S. Birlasekaran and F. Fetherston. Off/on－line FRA condition monitoring technique for power transformer［J］. IEEE Power Engineering Review，1999，54－56.

[9] L. Coffeen and J. Hilrenth. A new development in power transformer frequency response analysis to determine winding deformation WITHOUT the need for comparison to historical data the objective winding asymmetry test［C］. in Proc. EPRI Substation Equipment Diagnostics Conf. X，San Antonio，TX，USA，2002.

[10] Larry Coffeen，Jeffrey Britton，Johannes Rickmann. A New Technique to Detect winding Displacements in power Transformers Using Frequency Response Analysis［C］. IEEE Bologna Power Tech Conference，in Italy，2003.

[11] N. Kumar，J. Amamath，K. shrivastavaB. singh. Identification of winding faults in power transformers by low voltage impulse test and neutral method using wavelet transform approach［R］. Annual Report－Conference on Electrical Insulation and Dielectric Phenomena，Vol. 2005，140－143.

[12] 王钰，李彦明，秦少臻，等．变压器绕组变形检测中的故障判定［J］．高电压技术，1997，23（3）：23－26.

[13] Y. Wang，Y. M. Li，Y. C. Qiu. Application of Wavelet Analysis to the Detection of Transformer winding Deformation［C］. Proceedings of 10th International Symposium on High－Voltage Engineering，Montreal，Quebec，Canada，Vol. 8 2003，131－134.

[14] 傅晨钊，汲胜昌，李彦明，等．小波变换用于变压器冲击试验绝缘故障诊断［J］．高

电压技术，2000，26（5）：16－18.
[15] J. Secue，E. Mombello，E. Muela. Approach for determining a reliable set of spot frequencies to be used during a sweep frequency response analysis（SFRA）for power transformer diagnosis" [C]. Proceedings of 2008 IEEE/PES Transmission and Distribution Conference and Exposition：Latin America. Bogota，Colombia，1－5，2008.
[16] E. Al－Ammar，G. Karady，O. Hevia. Improved technique for fault detection sensitivity in transformer maintenance test [C]. Proceedings of 2007 IEEE Power Engineering Society General Meeting. Tampa，Florida，USA. 1－8，2007.
[17] A Babare etc. ENEI－Diagnosis of On and Offline Large Transformer，CIGRE Symposium on Diagnosis and Maintenance，Berlin，1993.
[18] 武剑利．频响分析法检测变压器绕组变形的理论研究 [D]. 武汉：武汉大学，2004.
[19] 林莘，白静．变压器绕组参数辩识原理及误差分析 [J]. 电网技术，2006（30）：305－308.
[20] Z. Berler，A. Golubev etc. Vibra－Acoustic of Transformer Clamping Pressure Monitoring，Conference Record of the 2000 IEEE International Symposium on Electrical Insulation，Anaheim，CA USA，April 2－5，2000.
[21] B. Garcia，J. C. Burgos，A. M. Alonso. Winding deformations detection in power transformers by tank vibrations monitoring，Electric Power Systems Research，Volume 74，129－138，2005.
[22] B. Garcia，J. C. Burgos，A. M. Alonso. Transformers tank vibration modelling as a method of detecting winding deformations－part I：theoretical foundation，IEEE Trans PD，Volume 21，157－163，2006.
[23] B. Garcia，J. C. Burgos，A. M. Alonso. Transformers tank vibration modelling as a method of detecting winding deformations － part II：experimental verification，IEEE Trans PD，Volume 21，164－169，2006.
[24] 汲胜昌．振动法用于在线监测电力变压器绕组及铁心状况的可行性研究 [J]. 高电压技术，2001，37（5）：4－7.
[25] 汲胜昌．变压器绕组与铁心振动特性及其在故障监测中的应用研究 [D]. 西安：西安交通大学，2003.
[26] 汲胜昌，李彦明，傅晨钊．负载电流法在基于振动信号分析法监测变压器铁心状况中的应用 [J]. 中国电机工程学报，2003，2（6）：154－158.
[27] 谢坡岸，饶柱石，朱子述．大型变压器绕组有限元模型与分析 [J]. 振动与冲击，2006，25（2）：134－137.
[28] 杨淑英，赵凯．基于 FTA 法的变压器故障分析 [J]. 电力系统及其自动化学报，2007，19（3）：96－99.
[29] 余尤好，陈宝志．大型电力变压器的噪声分析与控制 [J]. 变压器，2007，44（6）：23－26.

[30] Mizokami M，YabumotoM. Vibration analysis of a 3 - phase model transformer core. Electrical Engineering in Japan，1997，Vol. 119，No. 1，1 - 7.
[31] 邵宇鹰．大型变压器绕组振动特性理论和试验研究［D］. 上海：上海交通大学，2006.
[32] 宛德福．磁性理论及其应用［M］. 华中理工大学出版社，1996：148 - 163.
[33] 张冬雪．基于小波理论的电力变压器振动信号特性研究［D］. 北京：华北电力大学，2010.
[34] 李冰，胡国清．降低变压器噪声的措施初探［J］. 变压器，2004，41（8）：40 - 42.
[35] 唐卫民，傅坚，邵宇鹰，等．大型变压器绕组振动特性理论和试验研究［J］. 变压器，2010，47（1）：25 - 27.
[36] 汲胜昌，王俊德，李彦明．稳态条件下变压器绕组轴向振动特性研究［J］. 电工电能新技术，2006，25（1）：35 - 38.
[37] B Weiser，H Pfutzner. Relevance of Magnetostricyion and Forces for Generation of Audible Noise of Transformer Cores［J］. IEEE Transactions on Magnetics，2000，Vol. 36，No. 5，3759 - 3777.
[38] 钟星鸣，姚小虎，韩强，等．非品合金变压器铁芯振动的实验研究［J］. 科学技术与工程，2009，9（17）：4934 - 4939.
[39] JilesD. Introduction of mangnetism and magnetic materials（2nd Edition）. XIAO C T. Lanzhou University Press，2003.
[40] 董志刚．变压器的噪声［J］. 变压器，1995（12）：36 - 40.
[41] 冯慈璋．静态电磁场［M］. 西安：西安交通大学出版社，1998：222 - 226.
[42] 顾晓安，沈荣赢，徐基泰．大型电力变压器振动和噪声控制方法研究［J］. 噪声与振动控制，2001（5）：7 - 11.
[43] LI Xuebin，YU Zaiming，CAO Chen et al. Research on Fault Diagnosis Method of Transformer Winding Loosing. CICED2016，XIAN，2016.
[44] Xuebin Li，Xu Huang，Zhiqiang Zhou，et al. Analysis of the Measuring Points Selection of Power Transformer Winding Deformation through Vibration Test［A］. CICED2016［C］，XIAN，2016.
[45] 李学斌，于在明，程远，等．变压器绕组机械振动信号特征提取方法研究［J］. 电气应用，2017，36（08）：24 - 29.
[46] Cao Chen，Xu Jianyuan，Lin Xin，Li Xiaolong. State Diagnosis Method of Transformer Winding Deformation Based on Fusing Vibration and Reactance Parameters［J］. IET Electric Power Applications，2020，14（5）：818 - 826.
[47] 曹辰，林莘，李辉，等. 电力变压器绕组变形状态信息融合评估方法［J］. 高电压技术，2018，44（04）：1107 - 1113.
[48] 张彬，徐建源，陈江波，等．基于电力变压器振动信息的绕组变形诊断方法［J］. 高电压技术，2015，41（07）：2341 - 2349.

[49] 徐建源，陈彦文，李辉，等．基于短路电抗与振动信号联合分析的变压器绕组变形诊断 [J]. 高电压技术，2017，43 (06)：2001 - 2006.
[50] CAO Chen，LIN Xin. Research on Online Monitoring of Transformer Winding Deformation State Based on Short Circuit Reactance. CICED2016，XIAN，2016.
[51] XU Jianyuan，CAO Chen，LI Wei，LIN Xin. Research on State Diagnosis Model of Transformer Winding Based on Multiple Physical Fields Coupling [C]. IEEE 12th International Conference on Power Electronics and Drive Systems，USA，2017，655 - 658.
[52] Bin Zhang，Jiangbo Chen，Hui Li，Jianyuan Xu. Study on Mechanical State Diagnosis of Power Transformer Winding Based on Vibration Method [J]. Applied Mechanics and Materials，670 - 671，1140 - 1144，Oct. 2014.
[53] 张彬. 电力变压器绕组机械状态多信息诊断方法研究 [D]. 沈阳：沈阳工业大学，2015.
[54] 曹辰. 基于机械与电气参量的变压器绕组变形状态评估方法 [D]. 沈阳：沈阳工业大学，2018.
[55] 孙建锋，葛睿，郑力，等. 2010 年国家电网安全运行情况分析 [J]. 中国电力，2011，44 (5)：1 - 4.
[56] 钱国超，邹德旭，黄禾，等. 500kV 变压器突发短路故障的诊断分析 [J]. 电工技术，2015，(3)：33 - 34.
[57] 王梦云. 2005 年度 110 (66) kV 及以上变压器事故与缺陷统计分析 [J]. 电力设备，2006，7 (11)：99 - 102.
[58] 王飞鸣，徐建源，薛军，等．变压器绕组参数辨识中向量测量算法的选用及误差分析 [A]. 2010 年全国输变电设备状态检修技术交流研讨会论文集，2010 年．
[59] 李辉，徐建源，陈轩恕，等．电力变压器绕组状态在线辨识系统研究 [A]. 中国电机工程学会高电压专委会学术年会论文集，2009.
[60] 李辉，陈江波，曹辰，等．基于多物理场耦合方法的变压器绕组振动仿真与试验研究 [J]. 东北电力技术，2015，2 (36)：6 - 9.
[61] 王奕飞. 变压器绕组状态在线监测技术的研究 [D]. 沈阳：沈阳工业大学，2015.
[62] 李正茂. 电力变压器绕组振动特性的分析 [D]. 沈阳：沈阳工业大学，2015.
[63] 王硕辉. 基于振动法运行变压器绕组状态监测的研究 [D]. 沈阳：沈阳工业大学，2016.
[64] 曹辰，林莘．基于振动信号的电力变压器绕组状态监测方法研究．福州：中国电工技术学会电器智能化系统及应用专委会 2015 年学术年会论文集，2015.
[65] 李学斌，隋玉秋，周志强，等．220kV 挂网运行电力变压器油箱表面振动源数判定 [J]. 变压器，2017，54 (02)：45 - 48.
[66] 宋学彬，徐建源，曹辰，等．三相三绕组电力变压器绕组变形在线监测研究 [A]. 2016 输变电年会，2016 年．

[67] 臧状，张彬，李辉，等．变压器铁心振动特性分析与研究［J］．东北电力技术，2014，35（7）：1－6.

[68] 曹辰，林莘，金鑫，等．基于有限元方法的变压器绕组振动多物理场仿真研究［J］．变压器，2018，55（3）：21－26.

[69] 颜秋容，刘欣，尹建国．基于小波理论的电力变压器振动信号特征研究［J］．高电压技术 2007，33（1）：165－168.

[70] 张佳．油浸式电力变压器振动与传递特性研究［D］．沈阳：沈阳工业大学，2017.

[71] 陈彦文．220kV 油浸电力变压器绕组变形在线诊断方法研究［D］．沈阳：沈阳工业大学，2017.

[72] 李学斌．基于振动特征的电力变压器绕组松动与变形诊断关键技术研究［R］．沈阳：国网辽宁省电力有限公司，2017：71－76.

[73] Jinlong WANG，Jianyuan XU，Chen CAO，Xin LIN，Sha HAO. DC Transformer Detection of Power Transformer Based on Characteristic Analysis of Vibration Signal［C］. 5th International Conference on Electric Power Equipment－Switching Technology. 2019.

[74] 李学斌，金涌川，张彬，等．基于振动法的电力变压器绕组变形测点分析［J］．东北电力技术，2017，38（07）：35－40.

[75] 陈彦文，徐建源，曹辰等．变压器绕组变形多信息诊断［A］．2015 输变电年会［C］，2015 年．

[76] 赵义松，李学斌，于在明，张佳，陈彦文．负载电流下的变压器绕组振动仿真分析［J］．电器与能效管理技术，2017（12）：50－54＋69.

[77] 宋宇，林莘，曹辰等．负载试验条件下的变压器绕组振动仿真研究［A］．2016 输变电年会，2016 年．

[78] 李辉．电力变压器在线多信息融合状态评估方法研究［R］．武汉：中国电力科学研究院有限公司，2014：121－128.

[79] 王洋，曹辰，等．基于磁—结构耦合法的变压器绕组振动特性研究．电工电气，2016，2：5－8＋36.

[80] 陈至豪．电力谐波检测及计量算法研究［D］．北京：北京交通大学，2019.

[81] 赵晨．基于 FFT 和 DWT 混合谐波检测的改进策略研究［D］．威海：山东大学，2019.

[82] 郑琪琪．基于张量傅里叶变换的多属性信号分析方法研究［D］．成都：电子科技大学，2020.

[83] 臧状，陈江波，李辉等．EEMD 能量熵在配电变压器绕组状态监测中的应用［J］．高压电器，2015，51（11）：0187－0193.

[84] 王硕辉，徐建源，李辉等，基于 CEEMD 能量熵的变压器绕组故障诊断技术研究［A］．2015 全国电网节能与电能质量论文集．2015：209－215.

[85] 臧壮．针对振动信号的变压器绕组故障诊断及分析方法研究［D］．沈阳：沈阳工业大学，2015.

[86] 王硕辉. 基于振动法运行变压器绕组状态监测的研究 [D]. 沈阳：沈阳工业大学，2016.
[87] Hui Li，Bin Zhang，Jiangbo Chen，Chen Cao，Yang Wang. Simulation and Test on Vibration Characteristics of Power Transformer Windings [C]. 2015 International Symposium on Computer&Informatics. ISCI，2015，1258-1267.
[88] 王奕飞，李辉，陈江波，林莘. 基于振动信号特征的变压器绕组故障诊断技术研究 [C] //2014 输变电年会. 2014 输变电年会论文集，2014：121-125.
[89] Yanwen Chen，Jianyuan Xu，Chen Cao，et al.. Surface Vibration Source Number Estimation of The 220kV Running Power Transformer Based on The Wavelet-SVD-Clustering [A]. CICED2016 [C]，XIAN，2016.
[90] 李辉，李斌，陈江波，等. 基于变压器油中溶解气体的多智能体故障诊断方法 [A]. 2010 年全国输变电设备状态检修技术交流研讨会论文集，2010 年.
[91] 林莘，白静，丁柱. 变压器绕组参数辨识中非同步采样误差分析 [A]. 2006 中国国际电力工业技术大会.
[92] Fengjun Zhao，Hao Sun，Xin Lin，Jianyuan Xu. An On-line Power Transformer Monitoring System Based on Parameter Identification. The International Conference on Electrical Engineering 2009.
[93] 刘洋，徐建源. 电力变压器绕组状态监测系统的设计与实现 [A]. 2012 输变电年会论文集，2012，151-156.
[94] 孙建军，徐建源. 变压器在线检测与保护装置的研制 [A]. 2005 全国电工理论与新技术学术年会，西安：西安交通大学，2005. 282-85.
[95] 赵冲，徐建源，张宏宇，洪扬. 变压器绕组状态监测现场通讯技术研究 [A]. 第九届全国"智能化电器及应用"学术年会暨"2006 年配网自动化和变电站自动化"，论坛论文集，107-113.
[96] 徐建源，赵冲. 变压器绕组状态监测的通讯技术研究 [A]. 2006 中国国际电力工业技术大会.
[97] 徐建源，洪扬，王巍，等. 变压器绕组在线监测软件开发与研究 [A]. 2005 年全国电工理论与新技术学术年会论文集，2005.
[98] 徐建源，赵冲，张宏宇，等. 变压器绕组状态监测现场通信技术研究 [J]. 电气技术，2006 年 11 期.
[99] 白静. 变压器绕组参数辨识研究 [D]. 沈阳：沈阳工业大学，2007.
[100] 赵丰军. 电力变压器短路电抗在线监测方法的研究 [D]. 沈阳：沈阳工业大学，2010.
[101] 刘洋. 变压器绕组状态监测与故障诊断系统设计 [D]. 沈阳：沈阳工业大学，2013.
[102] 焦卫东，杨世锡，钱苏翔，等. 联合应用 MUSIC 与 FastICA 算法实现多个时空混叠源信号的波形重建 [J]. 机械工程学报，2010，46 (6)：63-70.

［103］谢坡岸．振动分析法在电力变压器绕组状态监测中的应用研究［D］．上海：上海交通大学，2008.

［104］宋学彬．电力变压器振动特性及绕组状态监测方法研究［D］．沈阳：沈阳工业大学，2018.

［105］陈伟根，邓帮飞．小波包能谱熵与神经网络在断路器故障诊断中的应用［J］．重庆大学学报，2008，31（7）：741－748.

［106］Weiser B，Hasenzagl A，Booth T，et al. Mechanisms of noise generation of model transformer cores［J］. Journal of magnetism and magnetic materials，1996，160：207－209.

［107］Kladas A G，Papadopoulos M P，Tegopoulos J A. Leakage flux and force calculation on power transformer windings under short－circuit：2D and 3D models based on the theory of images and the finite element method compared to measurements［J］. Magnetics，IEEE Transactions on，1994，30（5）：3487－3490.